Flash CS4 精品动画制作 50 例

曲培新 李 峰 刘晓光 等编著

U01131781

电子工业出版社
Publishing House of Electronics Industry
北京·BEIJING

内 容 简 介

本书是一本介绍 Flash CS4 在动画制作方面应用的实例书籍。全书共包含 50 个实例，分为按钮制作、网页动画制作、视频广告制作、互动游戏制作和动画片制作五大部分，全面分析了 Flash CS4 在动画制作方面的应用方法。

本书内容较为全面，知识点分析深入透彻，适合二维动画师、网页设计师、广告设计师、游戏美工及相关专业学生使用。

图书在版编目(CIP)数据

Flash CS4 精品动画制作 50 例 / 曲培新等编著. —北京 ：电子工业出版社,2010.5
（应用实例系列）
ISBN 978-7-121-10747-4

Ⅰ. ①F… Ⅱ. ①曲… Ⅲ. ①动画－设计－图形软件，Flash CS4 Ⅳ. ①TP391.41

中国版本图书馆 CIP 数据核字(2010)第 073949 号

策划编辑： 祁玉芹
责任编辑： 鄂卫华
印　　刷： 北京市天竺颖华印刷厂
装　　订： 三河市鑫金马印装有限公司
出版发行： 电子工业出版社
　　　　　北京市海淀区万寿路 173 信箱　邮编　100036
开　　本： 787×1092　1/16　印张：22.5　字数：576 千字
印　　次： 2010 年 5 月第 1 次印刷
定　　价： 45.00 元（含光盘 1 张）

凡所购买电子工业出版社图书有缺损问题，请向购买书店调换。若书店售缺，请与本社发行部联系，联系及邮购电话：(010) 88254888。

质量投诉请发邮件至 zlts@phei.com.cn，盗版侵权举报请发邮件至 dbqq@phei.com.cn。

服务热线：(010) 88258888。

Flash CS4 是一款专业的矢量编辑和二维动画设置软件，该软件易于操作、生成文件小、兼容性强，被广泛应用于网络、广告和多媒体等领域，是广大设计师的得力工具。本书是一本针对 Flash CS4 动画设置方面的实例书籍，全面讲解了 Flash CS4 中动画相关工具的功能以及实际操作方法。

Flash CS4 的动画部分难度较大，该软件除了动画设置中常用的帧和关键帧动画设置方法外，还涉及到程序编写方面的知识，为了使读者能够快速、牢固地掌握该软件，本书以实例为主，结构安排由浅入深、循序渐进，便于读者从基础开始，按照正确的方法学习，并牢固掌握所学知识；本书实例制作精美、短小精悍、效果出众，这样能够提高读者学习兴趣，强化学习效果。本书力图使读者掌握软件的使用方法，而非使读者只能机械地进行模仿，对于一些知识重点和难点，将以提示、注意形式加以强化，深化读者记忆。

本书共有 50 个实例，分为按钮制作、网页动画制作、视频广告制作、互动游戏制作和动画片制作五大部分，每部分包含 10 个实例，充分全面地介绍了 Flash CS4 中的各种工具及其具体操作方法。在按钮制作部分，将为读者讲解 Flash CS4 动画设置的基础知识，使读者了解 Flash CS4 中基础的动画设置工具和动画设置的工作流程；在网页动画制作部分将为读者讲解使用 Flash CS4 制作网页使用的动画、表格等素材和使用 Flash CS4 制作网页及发布的相关知识；在动画片制作部分，将为读者讲解动态广告的设置方法和相关工具的使用方法；在互动游戏制作部分，将指导读者使用 Flash CS4 来设置互动游戏；动画短片制作部分为综合性实例，将指导读者使用 Flash CS4 中的各种工具配合，来完成较为复杂的动画短片。通过这些实例的制作，可以使读者全面了解 Flash CS4 中动画相关工具的应用和动画制作流程，能够独立使用 Flash CS4 来制作各种类型动画。

本书作者有着多年的 Flash CS4 实例写作和实际应用经验，因此实例的选择和讲解较为灵活，将工具的功能与需要实现的效果巧妙结合，使读者在制作实例的过程中，能够深入领略相关知识点，更牢固掌握相关工具。本书力求完整，实用，准确。在理论的讲解上，不拘泥于单调刻板的理论讲解，而是通过对不同类型实例进行深刻地剖析，实例的选择很具代表性，使读者能够更深入了解软件的实际操作过程以及实际工作方法，并从中体会到使用软件的乐趣。

　　本书由曲培新、李峰和刘晓光主持编写。此外，参加编写的还有陈志红、刘孟杰、牛娜、张丽、王珂、侯媛、陈艳玲、刘明晶、张秋涛、卜炟、张波芳、张志勇等。由于作者水平有限，书中难免有疏漏和不足之处，恳请广大读者及专家提出宝贵意见。

　　我们的 E-mail 地址为 qiyuqin@phei.com.cn。

编著者

2010 年 2 月

目　　录

第 1 篇　按 钮 制 作

第 2 篇　网页动画制作

第 3 篇　视频广告制作

Contents

第 4 篇　互动游戏制作

第 5 篇　动画片制作

第1篇
按钮制作

    Flash CS4 为专业的二维动画制作软件，为了使读者了解使用 Flash CS4 制作动画的基本工作流程以及基础动画工具的应用，在本书的第一部分中，将通过 10 个实例，为读者讲解 Flash CS4 的基础动画设置知识，在这部分实例中，主要使用了按钮元件。通过这部分实例的学习，可以使读者了解 Flash CS4 的基础动画知识，并能够独立设置简单动画。

实例 1　设置帧与关键帧动画

实例说明　本实例中，将指导读者设置帧与关键帧动画，动画由箭头和小青蛙组成，当箭头在不同位置闪动时，小青蛙则出现在该位置。通过本实例的制作，使读者了解 Flash CS4 中帧与关键帧的设置。

技术要点　在制作本实例时，首先导入素材图像，然后设置背景层帧数，控制整个动画时间长度，使用关键帧与空白关键帧，设置箭头闪动效果，最后设置小青蛙动画，完成本实例的制作。图 1-1 所示为动画完成后的截图。

图 1-1　帧与关键帧动画

1 运行 Flash CS4，执行菜单栏中的"文件"/"新建"命令，打开"新建文档"对话框。在该对话框中的"常规"面板中，选择"Flash 文件（ActionScript 2.0）"选项，如图 1-2 所示，单击"确定"按钮，退出该对话框，创建一个新的 Flash 文档。

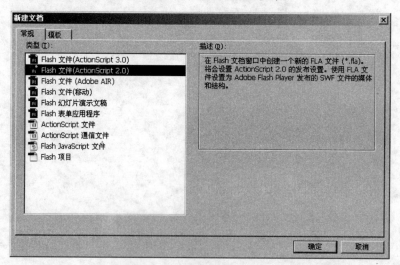

图 1-2　"新建文档"对话框

2 单击"属性"面板中的"属性"卷展栏内的"文档属性"按钮，打开"文档属性"对话框，在"尺寸"右侧的"宽"参数栏中键入"400 像素"，在"高"参数栏中键入"400 像素"，设置背景颜色为白色，设置帧频为 12，标尺单位为"像素"，如图 1-3 所示，单击"确定"按钮，退出该对话框。

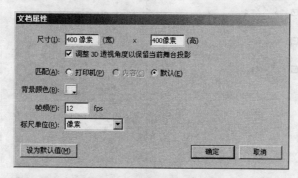

图 1-3　"文档属性"对话框

3 执行"文件" / "导入" / "导入到库"命令，打开"导入到库"对话框。选择本书附带光盘中的"按钮制作" / "实例 1：设置帧与关键帧动画" / "素材.psd"文件，如图 1-4 所示。

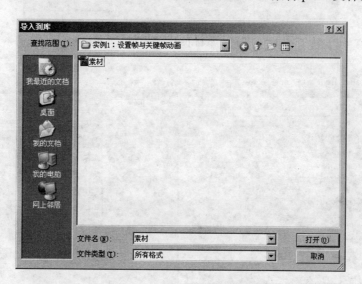

图 1-4　"导入到库"对话框

4 单击"导入到库"对话框中的"打开"按钮，退出"导入到库"对话框后打开"将'素材.psd'导入到库"对话框，如图 1-5 所示，单击"确定"按钮，退出该对话框。

5 退出"将'素材.psd'导入到库"对话框后将素材图像导入到"库"面板中。选择"库"面板中的"素材.psd 资源"文件夹中的"背景"图像，将其拖动至场景内，如图 1-6 所示。

6 确定场景内的"背景"图像仍处于被选择状态，在"属性"面板中的"位置和大小"卷展栏内的 X 参数栏中键入 0，Y 参数栏中键入 0，如图 1-7 所示。

7 单击时间轴面板中的"图层 1"内的第 120 帧，右击鼠标，在弹出的快捷菜单中选择"插入帧"选项，使该层的图像在第 1~120 帧之间显示。

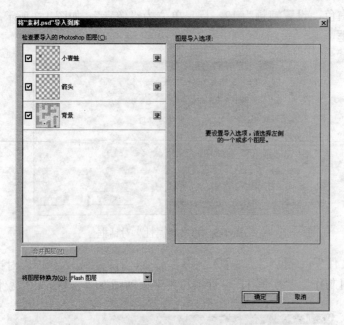

图 1-5　"将'素材.psd'导入到库"对话框

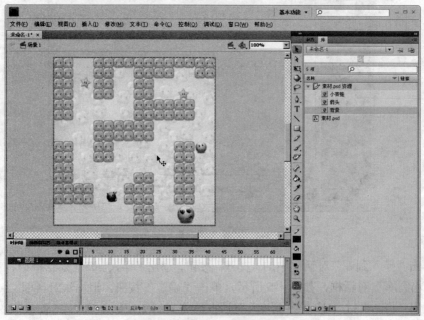

图 1-6　将图像拖动至场景内

图 1-7　设置图像位置

⑧ 单击时间轴面板中的 ▣ "新建图层"按钮，创建一个新图层，将新创建的图层命名为"箭头"，时间轴显示如图 1-8 所示。

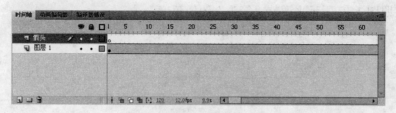

图 1-8 时间轴显示效果

⑨ 单击时间轴面板中的"箭头"层内的第 5 帧，右击鼠标，在弹出的快捷菜单中选择"插入空白关键帧"选项，插入空白关键帧，选择第 1 帧，将"库"面板中的"素材.psd 资源"文件夹中的"箭头"图像拖动至场景中，使其在第 1~4 帧之间显示，然后参照图 1-9 所示来调整"箭头"图像位置。

⑩ 按住键盘上的 Ctrl 键，加选第 10 帧、第 15 帧、第 20 帧、第 25 帧，右击鼠标，在弹出的快捷菜单中选择"转换为空白关键帧"选项，将所选的帧转换为空白关键帧。

⑪ 选择第 1~4 帧内的任意一帧，右击鼠标，在弹出的快捷菜单中选择"复制帧"选项，复制该帧内的"箭头"图像，选择第 10 帧，右击鼠标，在弹出的快捷菜单中选择"粘贴帧"选项，粘贴该帧内的"箭头"图像，使其在第 10~15 帧内显示，如图 1-10 所示。

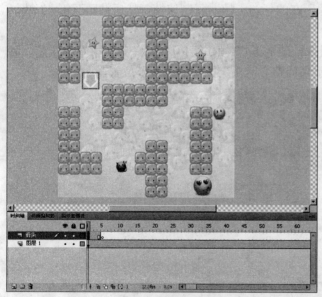

图 1-9 调整图像位置

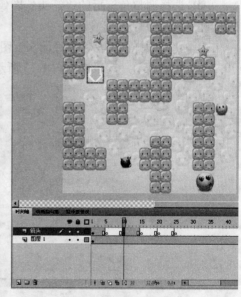

图 1-10 复制并粘贴帧

⑫ 选择第 20 帧，右击鼠标，在弹出的快捷菜单中选择"粘贴帧"选项，粘贴"箭头"图像，使其在第 20~25 帧内显示。

⑬ 按住键盘上的 Ctrl 键，加选第 35 帧、第 40 帧、第 45 帧、第 50 帧、第 60 帧、第 65 帧、第 70 帧、第 75 帧、第 85 帧、第 90 帧、第 95 帧，右击鼠标，在弹出的快捷菜单中选择"转换为空白关键帧"选项，将所选的帧转换为空白关键帧。

⑭ 选择第 35 帧，将"库"面板中的"素材.psd 资源"文件夹中的"箭头"图像拖动至

场景内，使其在第 35~40 帧内显示，然后参照图 1-11 所示来调整"箭头"图像位置。

15 选择第 35~40 帧内的"箭头"图像，右击图像，在弹出的快捷菜单中选择"任意变形"选项，然后参照图 1-12 所示来调整"箭头"图像角度。

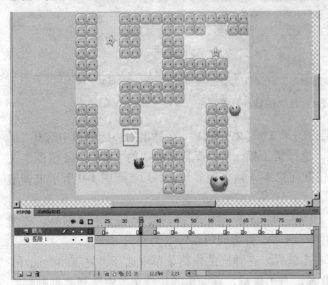

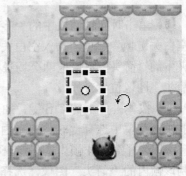

图 1-11　调整图像位置　　　　　　　　　　　　图 1-12　调整图像角度

16 选择调整角度后的"箭头"图像所在的任意一帧，复制该帧，然后粘贴至第 45 帧，使其在第 45~50 帧之间显示。

17 使用同样的方法，将"箭头"图像粘贴至第 60 帧、第 70 帧，使其在第 60~65 帧、第 70~75 帧之间显示，然后参照图 1-13 所示来调整"箭头"图像的角度及位置。

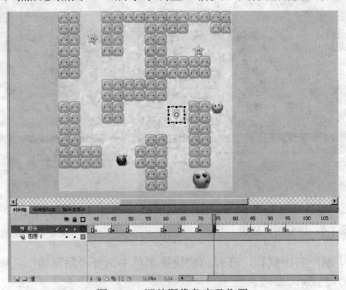

图 1-13　调整图像角度及位置

18 将图像粘贴至第 85 帧、第 95 帧，使其在第 85~90 帧、第 95~120 帧之间显示，然后参照图 1-14 所示来调整"箭头"图像的角度及位置。

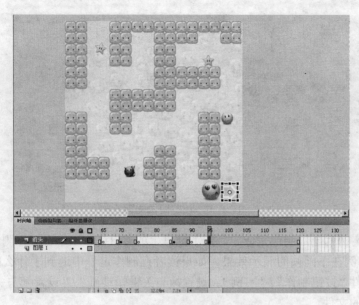

图 1-14　调整图像角度及位置

18　设置小青蛙动画。单击时间轴面板中的 "新建图层"按钮，创建一个新图层，将新创建的图层命名为"小青蛙"。

20　单击时间轴面板中的"小青蛙"层内的第 1 帧，将"库"面板中的"素材.psd 资源"文件夹中的"小青蛙"图像拖动至场景内，使其在第 1~120 帧之间显示，然后参照图 1-15 所示来调整"小青蛙"图像位置。

21　按住键盘上的 Ctrl 键，加选第 49 帧、第 74 帧、第 100 帧，右击鼠标，在弹出的快捷菜单中选择"转换为关键帧"选项，将所选的帧转换为关键帧。

22　选择第 49 帧，然后参照图 1-16 所示来调整"小青蛙"图像位置。

图 1-15　调整图像位置　　　　　　　　　　图 1-16　调整图像位置

23　使用同样的方法，调整第 74 帧、第 100 帧内的"小青蛙"图像位置，图 1-17 所示中的左图为第 74 帧内图像位置，右图为第 100 帧内图像位置。

图 1-17　调整图像位置

24 现在本实例就全部制作完成了，按下键盘上的 Ctrl+Enter 组合键，测试影片效果，图 1-18 所示为本实例在不同帧的显示效果。如果读者在制作过程中遇到了什么问题，可以打开本书附带光盘文件"按钮制作"/"实例 1：设置帧与关键帧动画"/"设置帧与关键帧动画.fla"，该实例为完成后的文件。

图 1-18　设置帧与关键帧动画

实例 2　设置补间动画

本实例中，将指导读者设置补间动画，动画由一只小熊和一个圆球组成，小熊的眼睛会随着小圆球的旋转而进行移动。通过本实例的制作，使读者了解 Flash CS4 中补间动画的设置。

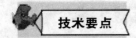

在制作本实例时，首先将素材图像导入至舞台，使用创建补间动画工具设置小圆球旋转动画，使用创建传统补间工具设置小熊眼睛移动动画，完成本实例的制作。图 2-1 所示为动画完成后的截图。

图 2-1　设置补间动画

1 运行 Flash CS4，执行菜单栏中的"文件"/"新建"命令，打开"新建文档"对话框。在该对话框中的"常规"面板中，选择"Flash 文件（ActionScript 2.0）"选项，如图 2-2 所示，单击"确定"按钮，退出该对话框，创建一个新的 Flash 文档。

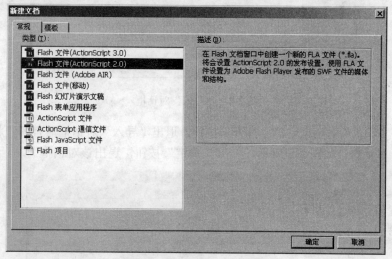

图 2-2　"新建文档"对话框

2 单击"属性"面板中的"属性"卷展栏内的"文档属性"按钮，打开"文档属性"对话框。在"尺寸"右侧的"宽"参数栏中键入"520 像素"，在"高"参数栏中键入"362 像素"，设置背景颜色为白色，设置帧频为 12，标尺单位为"像素"，如图 2-3 所示，单击"确定"按钮，退出该对话框。

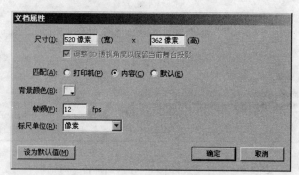

图 2-3　"文档属性"对话框

3 执行菜单栏中的"文件"/"导入"/"导入到舞台"命令，打开"导入"对话框，选择本书附带光盘中的"按钮制作"/"实例 2：设置补间动画"/"素材.psd"文件，如图 2-4 所示。

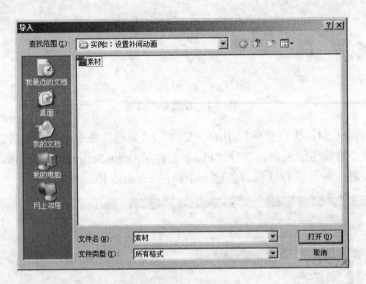

图 2-4 "导入"对话框

4 单击"导入"对话框中的"打开"按钮，退出"导入"对话框后打开"将'素材.psd'导入到舞台"对话框，如图 2-5 所示，单击"确定"按钮，退出该对话框。

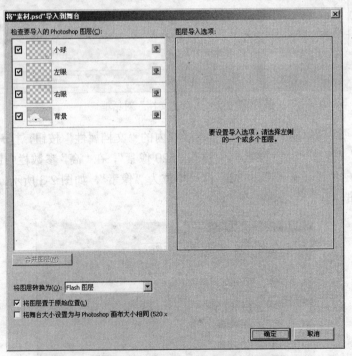

图 2-5 "将'素材.psd'导入到舞台"对话框

5 退出"将'素材.psd'导入到舞台"对话框后素材图像导入到舞台，如图 2-6 所示。

6 选择"背景"层内的第 100 帧，按下键盘上的 F5 键，使"背景"层内的图像延续到第 100 帧。

⑦ 选择"小球"层内的第 85 帧，右击鼠标，在弹出的快捷菜单中选择"插入帧"选项，使图像在第 1~85 帧之间显示。

⑧ 选择第 1~85 帧内的任意一帧，右击鼠标，在弹出的快捷菜单中选择"创建补间动画"选项，选择第 1 帧，然后参照图 2-7 所示将第 1 帧内的图像移动至场景外。

图 2-6 导入素材图像

图 2-7 移动图像位置

⑨ 选择第 85 帧，将图像移动至如图 2-8 所示的位置。

⑩ 选择生成的路径，进入"属性"面板，将"旋转"卷展栏内的旋转次数设置为 2 次，如图 2-9 所示。

图 2-8 移动图像位置

图 2-9 设置旋转次数

⑪ 选择"小球"层内的第 100 帧，右击鼠标，在弹出的快捷菜单中选择"插入帧"选项，使图像延续到第 100 帧。

⑫ 设置眼睛动画，选择"右眼"层内的第 21 帧，右击鼠标，在弹出的快捷菜单中选择"插入关键帧"选项，使图像在第 1~21 帧之间显示。

⑬ 选择"右眼"层内的第 1 帧，右击场景内的图像，在弹出的快捷菜单中选择"任意变形"选项，然后参照图 2-10 所示来调整图像形态。

⑭ 选择第 39 帧，右击鼠标，在弹出的快捷菜单中选择"插入关键帧"选项，使图像在第 21~39 帧之间显示。

⑮ 选择第 48 帧，右击鼠标，在弹出的快捷菜单中选择"插入帧"选项，使图像在第 39~48 帧之间显示。

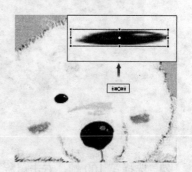

图 2-10 调整图像形态

16 选择第 39 帧内的图像，按下键盘上的 ↓ 键，将图像向下微移，图 2-11 所示中的左图为未进行微移前的效果，右图为进行微移后的效果。

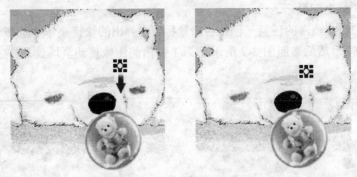

图 2-11　调整图像位置

17 按住键盘上的 Ctrl 键，加选第 49 帧和第 85 帧，右击鼠标，在弹出的快捷菜单中选择"插入帧"选项，使图像在第 49~85 帧之间显示。

18 选择第 49 帧，右击鼠标，在弹出的快捷菜单中选择"创建传统补间"选项，确定在第 49~84 帧之间创建传统补间动画，时间轴显示如图 2-12 所示。

图 2-12　时间轴显示效果

19 选择第 85 帧内的图像，按下键盘上的 ↓ 键和 → 键，将图像向右下侧微移，图 2-13 所示中的左图为未进行微移前的效果，右图为进行微移后的效果。

图 2-13　调整图像位置

20 选择第 100 帧，右击鼠标，在弹出的快捷菜单中选择"插入帧"选项，使图像延续到第 100 帧。

21 使用以上设置右眼动画的方法，设置左眼动画效果，时间轴显示如图 2-14 所示。

22 现在本实例的制作就全部完成了，按下键盘上的 **Ctrl+Enter** 组合键，测试影片效果，图 2-15 所示为本实例在不同帧的显示效果。如果读者在制作过程中遇到了什么问题，可以打开本书附带光盘文件"按钮制作"/"实例 2：设置补间动画"/"设置补间动画.fla"，该实例为完成后的文件。

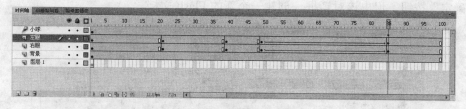

图 2-14 时间轴显示效果

图 2-15 设置补间动画

实例 3 设置形状补间动画

在本实例中，将指导读者设置形状补间动画，实例分为 4 个由小变大、由显示到透明的水泡飘动动画和一束光源在海底晃动的动画组成。通过本实例的制作，使读者了解 Flash CS4 中形状补间动画的运用方法。

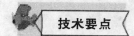

在制作本实例时，首先导入一张素材图片作为背景，然后使用椭圆工具绘制水泡，使用放射状填充样式设置逼真的水泡效果，使用形状补间动画设置水泡飘动效果，使用创建传统补间设置水泡由显示到透明变化效果，使用矩形工具绘制光源，使用线性填充样式设置逼真的光源效果，最后使用创建传统补间设置光源晃动效果，完成本实例的制作。图 3-1 所示为动画完成后的截图。

图 3-1 设置形状补间动画

1 运行 Flash CS4，执行菜单栏中的"文件"/"新建"命令，打开"新建文档"对话框。在该对话框中的"常规"面板中，选择"Flash 文件（ActionScript 2.0）"选项，如图 3-2 所示，单击"确定"按钮，退出该对话框，创建一个新的 Flash 文档。

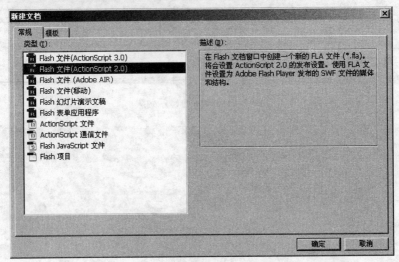

图 3-2　"新建文档"对话框

2 单击"属性"面板中的"属性"卷展栏内的"文档属性"按钮，打开"文档属性"对话框，在"尺寸"右侧的"宽"参数栏中键入"450 像素"，在"高"参数栏中键入"300 像素"，设置背景颜色为白色，设置帧频为 12，标尺单位为"像素"，如图 3-3 所示，单击"确定"按钮，退出该对话框。

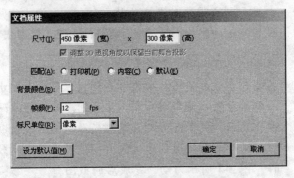

图 3-3　"文档属性"对话框

3 执行菜单栏中的"文件"/"导入"/"导入到舞台"命令，打开"导入"对话框，选择本书附带光盘中的"按钮制作"/"实例 3：设置形状补间动画"/"背景.jpg"文件，如图 3-4 所示。

4 单击"导入"对话框中的"打开"按钮，退出"导入"对话框后背景图像导入到舞台，如图 3-5 所示。

5 选择"图层 1"层内的第 50 帧，按下键盘上的 F5 键，使"背景"层内的图像在第 1~50 帧之间显示。

6 单击时间轴面板中的 🖿 "新建图层"按钮，创建一个新图层，将新创建的图层命名为"水泡 01"。

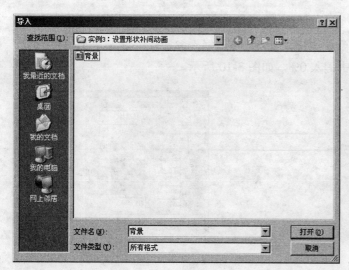

图 3-4　"导入"对话框

图 3-5　导入背景图像

7　选择"水泡 01"层内的第 30 帧，按下键盘上的 F6 键，插入一个关键帧，时间轴显示如图 3-6 所示。

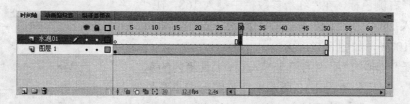

图 3-6　时间轴显示效果

8　选择"水泡 01"层内的第 1 帧，单击工具箱内的 ▢ "矩形工具"下拉按钮，在弹出的下拉按钮中选择 ◯ "椭圆工具"选项，按住键盘上的 Shift 键，在场景内绘制一个正圆，如图 3-7 所示。

9　单击工具箱内的 ▶ "选择工具"，选择绘制的正圆，执行菜单栏中的"窗口"/"颜色"命令，打开"颜色"面板，如图 3-8 所示。

图 3-7　绘制正圆

图 3-8　"颜色"面板

10　在"类型"下拉选项栏中选择"放射状"选项，然后参照图 3-9 所示将色彩滑条左侧色标滑动至中间位置。

[11] 选择中间色标，在"红"参数栏中键入 255，在"绿"参数栏中键入 255，在"蓝"参数栏中键入 255，在 Alpha 参数栏中键入 0%，如图 3-10 所示。

图 3-9　滑动色标位置

图 3-10　设置色标颜色

[12] 选择右侧色标，在"红"参数栏中键入 168，在"绿"参数栏中键入 240，在"蓝"参数栏中键入 236，在 Alpha 参数栏中键入 100%，如图 3-11 所示。

[13] 选择"水泡 01"层内的第 1 帧，选择工具箱内的 "任意变形工具"，然后参照图 3-12 所示来调整图形大小及位置。

[14] 选择第 29 帧，按下键盘上的 F6 键，将第 29 帧转换为关键帧，选择第 29 帧，然后参照图 3-13 所示来调整图形大小及位置。

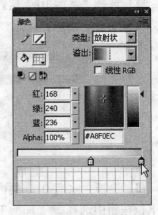

图 3-11　设置色标颜色

图 3-12　调整图形大小及位置

图 3-13　调整图形大小及位置

[15] 选择第 1 帧，右击鼠标，在弹出的快捷菜单中选择"创建形状补间"选项，确定在第 1~29 帧之间创建形状补间动画。

[16] 选择第 29 帧，右击鼠标，在弹出的快捷菜单中选择"复制帧"选项，复制第 29 帧内的图形，选择第 30 帧，右击鼠标，在弹出的快捷菜单中选择"粘贴帧"选项，将图形粘贴至第 30~50 帧之间，选择第 50 帧，按下键盘上的 F6 键，将第 50 帧转换为关键帧，时间轴显示

如图 3-14 所示。

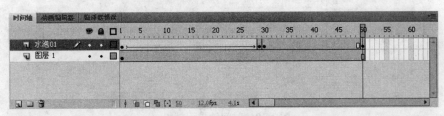

图 3-14 时间轴显示效果

17 选择第 50 帧内的图形,将其转换为名称为"水泡"的图形元件,然后参照图 3-15 所示来调整元件大小及位置。

18 确定选择的元件仍处于被选择状态,进入"属性"面板,在"色彩效果"卷展栏内的"样式"下拉选项栏中选择 Alpha 选项,在 Alpha 参数栏中键入 0,如图 3-16 所示。

图 3-15 调整元件大小及位置

图 3-16 设置元件 Alpha

19 选择第 30 帧,右击鼠标,在弹出的快捷菜单中选择"创建传统补间"选项,确定在第 30~50 帧之间创建传统补间动画,时间轴显示如图 3-17 所示。

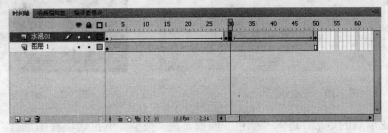

图 3-17 时间轴显示效果

20 使用创建"水泡 01"动画的方法,创建"水泡 02"、"水泡 03"、"水泡 04"动画,时间轴显示如图 3-18 所示。

提示

读者可以根据需要,自行调整水泡的起始位置和结束位置。

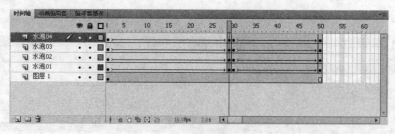

图 3-18 时间轴显示效果

21 创建光源动画。单击时间轴面板中的 ⊡ "新建图层" 按钮，创建一个新图层，将新创建的图层命名为 "光束"。

22 单击工具箱内的 ◯ "椭圆工具" 下拉按钮，在弹出的下拉按钮中选择 ▢ "矩形工具" 选项，在场景内绘制一个矩形，如图 3-19 所示。

23 单击工具箱内的 ▦ "任意变形工具" 按钮，选择新绘制的矩形，这时在矩形外会出现一个范围框，按住键盘上的 Ctrl 键，分别将范围框底部的两个角手柄向两侧拖动，将矩形调整为如图 3-20 所示的形态。

图 3-19 绘制矩形

图 3-20 调整矩形形态

24 选择变形后的矩形，进入 "颜色" 面板，在 "类型" 下拉选项栏中选择 "线性" 选项，选择色彩滑条最左侧的色标，在 "红" 参数栏中键入 110，在 "绿" 参数栏中键入 226，在 "蓝" 参数栏中键入 223，在 Alpha 参数栏中键入 80%，选择色彩滑条最右侧的色标，在 "红"、"绿"、"蓝" 参数栏中均键入 255，在 Alpha 参数栏中键入 0%，如图 3-21 所示。

25 选择工具箱内的 ▦ "任意变形工具" 下拉按钮，在弹出的下拉按钮中选择 ▤ "渐变变形工具" 按钮，将矩形的色彩设置为如图 3-22 所示的形态。

26 选择 "光束" 层第 1 帧，执行菜单栏中的 "修改" / "转换为元件" 命令，打开 "创建新元件" 对话框，在 "名称" 文本框中键入 "光束" 文本，在 "类型" 下拉选项栏中选择 "图形" 选项，如图 3-23 所示，单击 "确定" 按钮，退出该对话框。

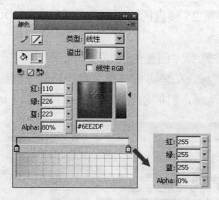

图 3-21 设置色标颜色

图 3-22 设置渐变填充

27 按住键盘上的 **Ctrl** 键，加选第 25 帧、第 26 帧、第 50 帧，右击鼠标，在弹出的快捷菜单中选择"转换为关键帧"选项，将第 25 帧、第 26 帧、第 50 帧转换为关键帧，时间轴显示如图 3-24 所示。

28 选择第 1 帧，单击工具箱内的 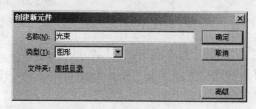 任意变形工具"按钮，将该元件的中心点移动至顶部正中间位置，并将元件旋转至如图 3-25 所示的位置。

图 3-23 "创建新元件"对话框

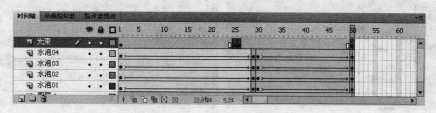

图 3-24 时间轴显示效果

28 选择第 25 帧，将该元件的中心点移动至顶部正中的位置，并将元件旋转至如图 3-26 所示的位置。

图 3-25 旋转元件位置

图 3-26 旋转元件位置

30 使用同样的方法，将第 26 帧内的元件旋转至第 25 帧内的位置，将第 50 帧内的元件旋转至第 1 帧内的位置。

31 选择第 1 帧，右击鼠标，在弹出的快捷菜单中选择"创建传统补间"选项，确定在第 1~25 帧之间创建传统补间动画，选择第 26 帧，右击鼠标，在弹出的快捷菜单中选择"创建传统补间"选项，确定在第 26~50 帧之间创建传统补间动画，时间轴显示如图 3-27 所示。

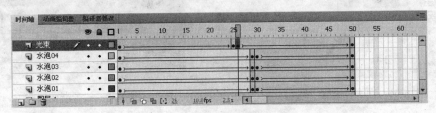

图 3-27 时间轴显示效果

32 现在本实例的制作就全部完成了，按下键盘上的 Ctrl+Enter 组合键，测试影片效果，图 3-28 所示为本实例在不同帧的显示效果。如果读者在制作过程中遇到了什么问题，可以打开本书附带光盘文件"按钮制作"/"实例 3：设置形状补间动画"/"设置形状补间动画.fla"，该实例为完成后的文件。

图 3-28 设置形状补间动画

实例 4 按钮控制颜色动画

在本实例中，将为读者制作按钮控制颜色动画，当鼠标单击指定色块时，人物衣服颜色会随色块颜色进行变换。通过本实例的制作，使读者了解 Flash CS4 中按钮控制颜色动画的制作方法。

在制作本实例时，首先将素材图像导入至库，将素材图像转换为图形，在关键帧内添加脚本，然后创建按钮，为按钮设置脚本，完成本实例的制作。图 4-1 所示为动画完成后的截图。

图 4-1　按钮控制颜色动画

1 运行 Flash CS4，执行菜单栏中的"文件"/"新建"命令，打开"新建文档"对话框。在该对话框中的"常规"面板中，选择"Flash 文件（ActionScript 2.0)"选项，如图 4-2 所示，单击"确定"按钮，退出该对话框，创建一个新的 Flash 文档。

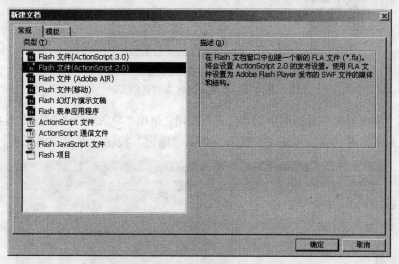

图 4-2　"新建文档"对话框

2 单击"属性"面板中的"属性"卷展栏内的"文档属性"按钮，打开"文档属性"对话框。在"尺寸"右侧的"宽"参数栏中键入"650 像素"，在"高"参数栏中键入"459 像素"，设置背景颜色为白色，设置帧频为 12，标尺单位为"像素"，如图 4-3 所示，单击"确定"按钮，退出该对话框。

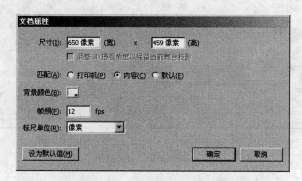

图 4-3　"文档属性"对话框

3 执行菜单栏中的"文件"/"导入"/"导入到库"命令，打开"导入到库"对话框，选择本书附带光盘中的"按钮制作"/"实例4：帧按钮控制颜色动画"/"素材.psd"文件，如图 4-4 所示。

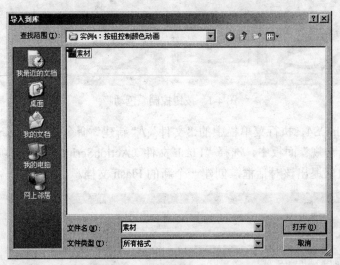

图 4-4 "导入到库"对话框

4 单击"导入到库"对话框中的"打开"按钮，退出"导入到库"对话框后打开"将'素材.psd'导入到库"对话框，如图 4-5 所示，单击"确定"按钮，退出该对话框。

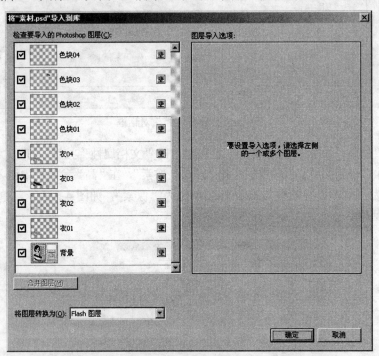

图 4-5 "将'素材.psd'导入到库"对话框

5 退出"将'素材.psd'导入到库"对话框后将素材图像导入到"库"面板中。选择"库"面板中的"素材.psd 资源"文件夹中的"背景"图像，将其拖动至场景内，如图 4-6 所示。

图 4-6　将图像拖动至场景内

6 确定场景内的"背景"图像仍处于被选择状态，在"属性"面板中的"位置和大小"卷展栏内的 X 参数栏中键入 0，Y 参数栏中键入 0。

7 单击时间轴面板中的"图层 1"内的第 10 帧，右击鼠标，在弹出的快捷菜单中选择"插入帧"选项，使该层的图像在第 1～10 帧之间显示。

8 选择"图层 1"内的第 1 帧，按下键盘上的 F9 键，打开"动作-帧"面板，在该面板中键入 stop();，如图 4-7 所示。

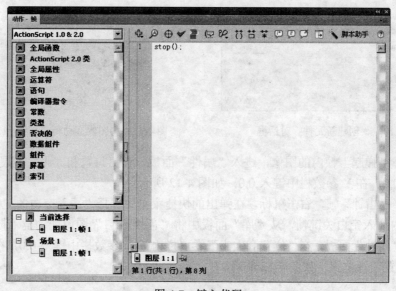

图 4-7　键入代码

8 单击"动作-帧"面板中的 ✔ "语法检查"按钮，打开"Adobe Flash CS4"对话框，如图 4-8 所示，单击"确定"按钮，退出该对话框。

使用"语法检查"工具可检查读者键入的代码是否正确。

提示

10 关闭"动作-帧"面板，时间轴显示如图 4-9 所示。

图 4-8　Adobe Flash CS4 对话框　　　　　　　　图 4-9　时间轴显示效果

11 创建按钮。执行菜单栏中的"插入"/"新建元件"命令，打开"创建新元件"对话框。在"名称"文本框内键入"按钮 01"文本，在"类型"下拉选项栏中选择"按钮"选项，如图 4-10 所示，单击"确定"按钮，退出该对话框。

12 退出"创建新元件"对话框后进入"按钮 01"编辑窗，选择"弹起"帧，从"库"面板中将"色块 01"图像拖动至"按钮 01"编辑窗内，如图 4-11 所示。

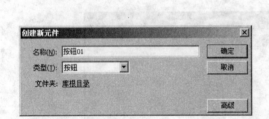

图 4-10　"创建新元件"对话框　　　　　　图 4-11　将图像拖动至"按钮 01"编辑窗内

13 选择"弹起"帧内的图像，进入"属性"面板，在"位置和大小"卷展栏内的 X 参数栏中键入 0.0，在 Y 参数栏中键入 0.0，如图 4-12 所示。

14 选择"指针"帧，右击鼠标，在弹出的快捷菜单中选择"插入空白关键帧"选项，在"指针"帧内插入空白关键帧，从"库"面板中将"色块 01-1"图像拖动至"按钮 01"编辑窗内，进入"属性"面板，在"位置和大小"卷展栏内的 X 参数栏中键入 0.0，在 Y 参数栏中键入 0.0，设置图像位置，如图 4-13 所示。

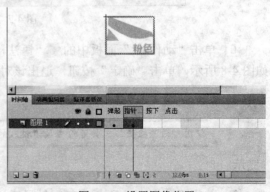

图 4-12　设置图像位置　　　　　　　　　图 4-13　设置图像位置

15 选择"按下"帧，右击鼠标，在弹出的快捷菜单中选择"插入空白关键帧"选项，在"按下"帧内插入空白关键帧，从"库"面板中将"色块 01"图像拖动至"按钮 01"编辑窗内，进入"属性"面板，在"位置和大小"卷展栏内的 X 参数栏中键入 0.0，在 Y 参数栏中键入 0.0，设置图像位置。

16 选择"按下"帧内的图像，右击鼠标，在弹出的快捷菜单中选择"任意变形"选项，按住键盘上的 Shift 键，然后参照图 4-14 所示来成比例缩小图像。

17 使用同样的方法，创建"按钮 02"、"按钮 03"、"按钮 04"，进入"场景 1"编辑窗。

18 单击时间轴面板中的  "新建图层"按钮，创建一个新图层，将新创建的图层命名为"按钮 01"。

19 选择"按钮 01"层内的第 1 帧，将创建的"按钮 01"元件拖动至场景内，然后参照图 4-15 所示来调整元件位置。

图 4-14　成比例缩小图像　　　　　　　　　图 4-15　调整元件位置

20 使用同样的方法，创建"按钮 02"、"按钮 03"、"按钮 04"层，分别将"按钮 02"、"按钮 03"、"按钮 04"元件拖动至场景内，如图 4-16 所示。

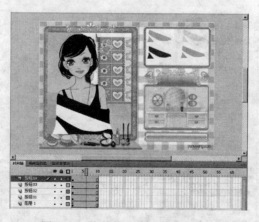

图 4-16　将其他元件拖动至场景内

21 选择"按钮 01"层内的元件，按下键盘上的 F9 键，打开"动作-帧"面板，在该面板中键入如下代码：

```
on(press){
    gotoAndPlay(2);
}
```

22 选择"按钮 02"层内的元件，按下键盘上的 **F9** 键，打开"动作-帧"面板，在该面板中键入如下代码：

```
on(press){
    gotoAndPlay(4);
}
```

23 选择"按钮 03"层内的元件，按下键盘上的 **F9** 键，打开"动作-帧"面板，在该面板中键入如下代码：

```
on(press){
    gotoAndPlay(6);
}
```

24 选择"按钮 04"层内的元件，按下键盘上的 **F9** 键，打开"动作-帧"面板，在该面板中键入如下代码：

```
on(press){
    gotoAndPlay(8);
}
```

25 单击时间轴面板中的 ⬛ "新建图层"按钮，创建一个新图层，将新创建的图层命名为"衣服"。

26 按住键盘上的 **Shift** 键，加选第 1~10 帧，右击鼠标，在弹出的快捷菜单中选择"转换为空白关键帧"选项，将第 1~10 帧转换为空白关键帧。

27 选择第 2 帧，从"库"面板中将"衣 01"图像拖动至场景内，进入"属性"面板，在"位置和大小"卷展栏内的 X 参数栏中键入 50，在 Y 参数栏中键入 296，设置图像位置，如图 4-17 所示。

图 4-17 设置图像位置

28 使用同样的方法，将"库"面板中的"衣 01"图像拖动至第 3 帧内，将"库"面板中的"衣 02"图像拖动至第 4 帧、第 5 帧内，将"库"面板中的"衣 03"图像拖动至第 6 帧、第 7 帧内，将"库"面板中的"衣 04"图像拖动至第 8 帧、第 9 帧内。

29 选择第 2 帧，按下键盘上的 F9 键，打开"动作-帧"面板，在该面板中键入如下代码：

```
stop();
```

30 使用同样的方法，分别在第 4 帧、第 6 帧、第 8 帧内添加脚本。

31 现在本实例就全部完成了，按下键盘上的 **Ctrl+Enter** 组合键，测试影片效果，图 4-18 所示为本实例在不同帧的显示效果。如果读者在制作过程中遇到了什么问题，可以打开本书附带光盘文件"按钮制作" / "实例 4：按钮控制颜色动画" / "按钮控制颜色动画.fla"，该实例为完成后的文件。

图 4-18　按钮控制颜色动画

实例 5　按钮响应鼠标动画

在本实例中，将为读者制作按钮响应鼠标动画，当放大镜移动至指定区域时，设置的背景按钮将进行变换。通过本实例的制作，使读者了解 Flash CS4 中按钮响应鼠标动画的制作方法。

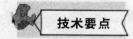

在制作本实例时，首先将素材图像导入至库，创建按钮元件，设置按钮在弹起帧时为生气图像，在指针和按下帧时为笑脸图像，使用工具箱内的矩形工具和钢笔工具在点击帧内绘制区域范围，然后将放大镜图像转换为元件，设置实例名称，最后为元件所在帧添加相关脚本，完成本实例的制作。图 5-1 所示为动画完成后的截图。

图 5-1　按钮响应鼠标动画

1 运行 Flash CS4，执行菜单栏中的"文件"/"新建"命令，打开"新建文档"对话框。在该对话框中的"常规"面板中，选择"Flash 文件（ActionScript 2.0）"选项，如图 5-2 所示，单击"确定"按钮，退出该对话框，创建一个新的 Flash 文档。

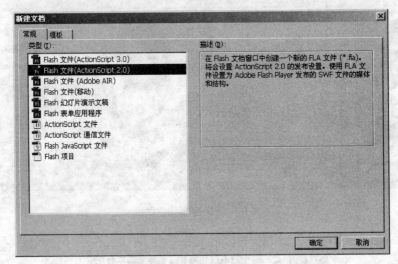

图 5-2　"新建文档"对话框

2 单击"属性"面板中的"属性"卷展栏内的"文档属性"按钮，打开"文档属性"对话框，在"尺寸"右侧的"宽"参数栏中键入"700 像素"，在"高"参数栏中键入"450 像素"，设置背景颜色为白色，设置帧频为 12，标尺单位为"像素"，如图 5-3 所示，单击"确定"按钮，退出该对话框。

图 5-3　"文档属性"对话框

3 执行菜单栏中的"文件"/"导入"/"导入到库"命令，打开"导入到库"对话框，选择本书附带光盘中的"按钮制作"/"实例5：按钮响应鼠标动画"/"素材.psd"文件，如图5-4所示。

图 5-4 "导入到库"对话框

4 单击"导入到库"对话框中的"打开"按钮，退出"导入到库"对话框后打开"将'素材.psd'导入到库"对话框，如图5-5所示，单击"确定"按钮，退出该对话框，退出"将'素材.psd'导入到库"对话框后将素材图像导入到"库"面板中。

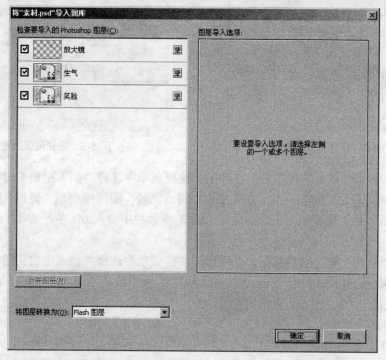

图 5-5 "将'素材.psd'导入到库"对话框

5 执行菜单栏中的"插入"/"新建元件"命令，打开"创建新元件"对话框。在"名称”文本框内键入“背景”文本，在“类型”下拉选项栏中选择“按钮”选项，如图 5-6 所示，单击“确定”按钮，退出该对话框。

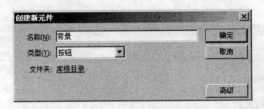

图 5-6 “创建新元件”对话框

⑥ 退出“创建新元件”对话框后进入“背景”编辑窗，选择“弹起”帧，从“库”面板中将“生气”图像拖动至“背景”编辑窗内，进入“属性”面板，在“位置和大小”卷展栏内的 X 参数栏中键入 0，在 Y 参数栏中键入 0，如图 5-7 所示。

⑦ 选择“指针”帧，右击鼠标，在弹出的快捷菜单中选择“插入空白关键帧”选项，在“指针”帧内插入空白关键帧，从“库”面板中将“笑脸”图像拖动至“背景”编辑窗内，进入“属性”面板，在“位置和大小”卷展栏内的 X 参数栏中键入 0，在 Y 参数栏中键入 0，设置图像位置，如图 5-8 所示。

图 5-7 设置图像位置　　　　　　　图 5-8 设置图像位置

⑧ 选择“指针”帧，右击鼠标，在弹出的快捷菜单中选择“插入空白关键帧”选项，在“按下”帧内插入空白关键帧，从“库”面板中将“笑脸”图像拖动至“背景”编辑窗内，进入“属性”面板，在“位置和大小”卷展栏内的 X 参数栏中键入 0，在 Y 参数栏中键入 0，设置图像位置。

⑨ 选择“点击”帧，右击鼠标，在弹出的快捷菜单中选择“插入空白关键帧”选项，在“按下”帧内插入空白关键帧，单击时间轴面板中的 🔲 “绘图纸外观”按钮，选择工具箱内的 🔲 “矩形工具”，在如图 5-9 所示的位置绘制一个矩形。

⑩ 使用同样的方法，分别绘制其他 3 个矩形，如图 5-10 所示。

⑪ 选择工具箱内的 🖊 “钢笔工具”，在如图 5-11 所示的位置绘制一个闭合路径。

⑫ 选择工具箱内的 🛢 “颜料桶工具”，然后参照图 5-12 所示来填充闭合路径。

图 5-9　绘制矩形

图 5-10　绘制其他矩形

图 5-11　绘制闭合路径

图 5-12　填充路径

13　使用同样的方法，绘制另一个闭合路径，并填充路径，如图 5-13 所示。

14　进入"场景 1"编辑窗，将创建的"背景"元件拖动至场景内，进入"属性"面板，在"位置和大小"卷展栏内的 X 参数栏中键入 0，在 Y 参数栏中键入 0，设置元件位置。

15　单击时间轴面板中的 🔲 "新建图层"按钮，创建一个新图层——"图层 2"。

16　从"库"面板中将"放大镜"图像拖动至场景内，如图 5-14 所示。

图 5-13　绘制并填充路径

图 5-14　将图像拖动至场景内

17 选择"放大镜"图像，执行菜单栏中的"修改"/"转换为元件"命令，打开"创建新元件"对话框，在"名称"文本框中键入"放大镜"文本，在"类型"下拉选项栏中选择"影片剪辑"选项，如图 5-15 所示，单击"确定"按钮，退出该对话框。

18 进入"属性"面板，将实例名称设置为 aaa，如图 5-16 所示。

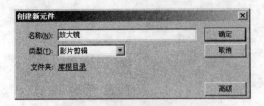

图 5-15 "创建新元件"对话框   图 5-16 设置实例名称

19 选择"图层 2"内的第 1 帧，按下键盘上的 F9 键，打开"动作-帧"面板，在该面板中键入如下代码：

```
startDrag (aaa, true);
```

20 现在本实例的制作就全部完成了，按下键盘上的 Ctrl+Enter 组合键，测试影片效果，图 5-17 所示为本实例在不同帧的显示效果。如果读者在制作过程中遇到了什么问题，可以打开本书附带光盘文件"按钮制作"/"实例 5：按钮响应鼠标动画"/"按钮响应鼠标动画.fla"，该实例为完成后的文件。

图 5-17 按钮响应鼠标动画

实例 6 按钮控制声音动画

实例说明

在本实例中，将为读者制作按钮控制声音动画，当鼠标划过音符时，音符会发生变化并伴有声音。通过本实例的制作，使读者了解 Flash CS4 中按钮控制声音动画的制作方法。

技术要点

在制作本实例时，首先将素材图像导入至库，创建按钮元件，设置音符图像在弹起、指针、按下帧时的不同显示效果，然后在各按钮元件的指针帧内添加声音，最后在场景内置入创建的相关按钮元件，完成本实例的制作。图 6-1 所示为动画完成后的截图。

图 6-1　按钮控制声音动画

1　运行 Flash CS4，执行菜单栏中的"文件"/"新建"命令，打开"新建文档"对话框。在该对话框中的"常规"面板中，选择"Flash 文件（ActionScript 2.0）"选项，如图 6-2 所示，单击"确定"按钮，退出该对话框，创建一个新的 Flash 文档。

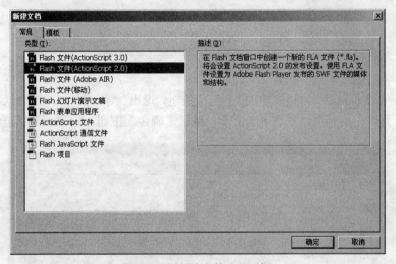

图 6-2　"新建文档"对话框

2　单击"属性"面板中的"属性"卷展栏内的"文档属性"按钮，打开"文档属性"对话框。在"尺寸"右侧的"宽"参数栏中键入"580 像素"，在"高"参数栏中键入"370 像素"，设置背景颜色为白色，设置帧频为 12，标尺单位为"像素"，如图 6-3 所示，单击"确定"按钮，退出该对话框。

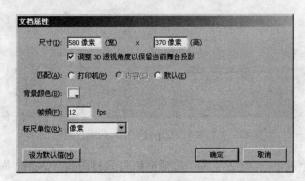

图 6-3　"文档属性"对话框

3 执行菜单栏中的"文件"/"导入"/"导入到库"命令，打开"导入到库"对话框，选择本书附带光盘中的"按钮制作"/"实例6：按钮控制声音动画"/"素材.psd"文件，如图6-4所示。

图 6-4 "导入到库"对话框

4 单击"导入到库"对话框中的"打开"按钮，退出"导入到库"对话框后打开"将'素材.psd'导入到库"对话框，如图 6-5 所示，单击"确定"按钮，退出该对话框。

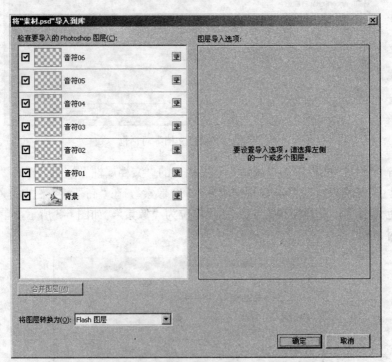

图 6-5 "将'素材.psd'导入到库"对话框

5 退出"将'素材.psd'导入到库"对话框后将素材图像导入到"库"面板中。选择"库"面板中的"素材.psd 资源"文件夹中的"背景"图像，将其拖动至场景内，在"属性"面板中

的"位置和大小"卷展栏内的 X 参数栏中键入 0，Y 参数栏中键入 0，设置图像位置，如图 6-6 所示。

6 执行菜单栏中的"插入"/"新建元件"命令，打开"创建新元件"对话框。在"名称"文本框内键入"音符 01"文本，在"类型"下拉选项栏中选择"按钮"选项，如图 6-7 所示，单击"确定"按钮，退出该对话框。

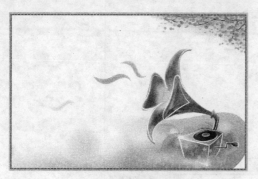

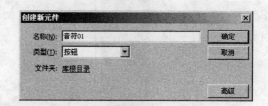

图 6-6 设置图像位置   图 6-7 "创建新元件"对话框

7 退出"创建新元件"对话框后进入"音符 01"编辑窗，选择"弹起"帧，从"库"面板中将"音符 01"图像拖动至"音符 01"编辑窗内，进入"属性"面板，在"位置和大小"卷展栏内的 X 参数栏中键入 0，在 Y 参数栏中键入 0，设置图像位置，如图 6-8 所示。

8 选择"弹起"帧，右击鼠标，在弹出的快捷菜单中选择"复制帧"选项，复制该帧内的图像，选择"指针"帧，右击鼠标，在弹出的快捷菜单中选择"粘贴帧"选项，将复制的"弹起"帧内的图像粘贴至"指针"帧内。

9 选择"指针"帧内的图像，在图像上右击鼠标，在弹出的快捷菜单中选择"任意变形"选项，按住键盘上的 Shift 键，等比例缩小图像并将图像进行旋转，如图 6-9 所示中的左图为未进行等比例缩小图像并将图像进行旋转前的效果，右图为进行等比例缩小图像并将图像进行旋转后的效果。

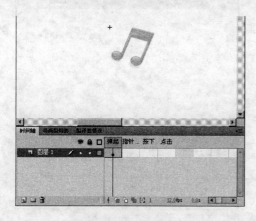

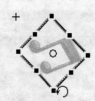

图 6-8 设置图像位置   图 6-9 等比例缩小图像并将图像进行旋转

10 选择"按下"帧，右击鼠标，在弹出的快捷菜单中选择"粘贴帧"选项，将复制的"弹起"帧内的图像粘贴至"按下"帧内。

11 执行菜单栏中的"文件"/"导入"/"导入到库"命令，打开"导入到库"对话框。

选择本书附带光盘中的"按钮制作"/"实例 6：按钮控制声音动画"/01.mp3 文件，如图 6-10 所示，单击"打开"按钮，退出该对话框。

图 6-10　"导入到库"对话框

12 退出"导入到库"对话框后素材文件导入到"库"面板中。选择"指针"帧，从"库"面板中将 01.mp3 文件拖动至"音符 01"编辑窗内，时间轴显示如图 6-11 所示。

13 创建另一按钮元件。执行菜单栏中的"插入"/"新建元件"命令，打开"创建新元件"对话框，在"名称"文本框内键入"音符 02"文本，在"类型"下拉选项栏中选择"按钮"选项，单击"确定"按钮，退出该对话框。

14 退出"创建新元件"对话框后进入"音符 02"编辑窗，选择"弹起"帧，从"库"面板中将"音符 02"图像拖动至"音符 02"编辑窗内，进入"属性"面板，在"位置和大小"卷展栏内的 X 参数栏中键入 0，在 Y 参数栏中键入 0，设置图像位置，如图 6-12 所示。

图 6-11　时间轴显示效果　　　　　　　　图 6-12　设置图像位置

15 选择"弹起"帧，右击鼠标，在弹出的快捷菜单中选择"复制帧"选项，复制该帧内的图像，选择"指针"帧，右击鼠标，在弹出的快捷菜单中选择"粘贴帧"选项，将复制的"弹起"帧内的图像粘贴至"指针"帧内。

▐16▌ 选择"指针"帧内的图像,在图像上右击鼠标,在弹出的快捷菜单中选择"任意变形"选项,按住键盘上的 Shift 键,等比例缩小图像并将图像向上进行微移,如图 6-13 所示中的左图为未等比例缩小图像并将图像向上进行微移前的效果,右图为等比例缩小图像并将图像向上进行微移后的效果。

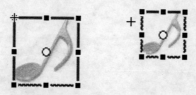

图 6-13 等比例缩小图像并将图像向上进行微移

▐17▌ 选择"指针"帧,右击鼠标,在弹出的快捷菜单中选择"复制帧"选项,复制该帧内的图像,选择"按下"帧,右击鼠标,在弹出的快捷菜单中选择"粘贴帧"选项,将复制的"指针"帧内的图像粘贴至"按下"帧内。

▐18▌ 执行菜单栏中的"文件"/"导入"/"导入到库"命令,打开"导入到库"对话框,选择本书附带光盘中的"按钮制作"/"实例6:按钮控制声音动画"/02.mp3 文件,如图 6-14 所示,单击"打开"按钮,退出该对话框。

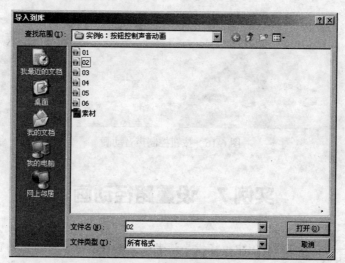

图 6-14 "导入到库"对话框

▐19▌ 退出"导入到库"对话框后将素材文件导入到"库"面板中。选择"指针"帧,从"库"面板中将 02.mp3 文件拖动至"音符 02"编辑窗内。

▐20▌ 使用同样的方法,分别创建名称为"音符 03"、"音符 04"、"音符 05"、"音符 06"的按钮元件。

读者可以根据需要,设置图像在不同帧内缩放、旋转、位置移动效果。

提示

21 进入"场景1"编辑窗，将创建的"音符01"~"音符06"元件拖动至场景内，然后参照图 6-15 所示来调整元件位置。

图 6-15　调整元件位置

22 现在本实例就全部完成了，按下键盘上的 Ctrl+Enter 组合键，测试影片效果，图 6-16 所示为本实例在不同帧的显示效果。如果读者在制作过程中遇到了什么问题，可以打开本书附带光盘文件"按钮制作"/"实例 6：按钮控制声音动画"/"按钮控制声音动画.fla"，该实例为完成后的文件。

图 6-16　按钮控制声音动画

实例 7　设置路径动画

在本实例中，将指导读者设置路径动画，动画中的窗有 3 种状态，当默认状态下窗是关闭状态；当鼠标经过时，窗为半开状态；当单击该窗时，窗为开启状态。整个动画中一只蝴蝶由右向左飞舞，通过本实例的制作。使读者了解 Flash CS4 中设置路径动画的制作方法。

在制作本实例时，首先将素材图像导入至库，创建按钮元件，设置窗图像在弹起、指针、按下帧时的不同显示效果，然后创建影片剪辑元件，设置蝴蝶飞舞影片剪辑，最后使用钢笔工具绘制路径，使用添加引导层的方法创建蝴蝶飞舞影片剪辑沿路径飞舞动画，完成本实例的制作。图 7-1 所示为动画完成后的截图。

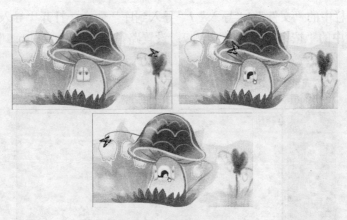

图 7-1　设置路径动画

[1] 运行 Flash CS4，执行菜单栏中的"文件"/"新建"命令，打开"新建文档"对话框。在该对话框中的"常规"面板中，选择"Flash 文件（ActionScript 2.0）"选项，如图 7-2 所示，单击"确定"按钮，退出该对话框，创建一个新的 Flash 文档。

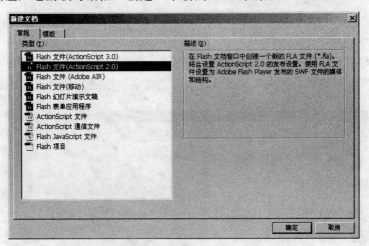

图 7-2　"新建文档"对话框

[2] 单击"属性"面板中的"属性"卷展栏内的"文档属性"按钮，打开"文档属性"对话框，在"尺寸"右侧的"宽"参数栏中键入"700 像素"，在"高"参数栏中键入"400 像素"，设置背景颜色为白色，设置帧频为 12，标尺单位为"像素"，如图 7-3 所示，单击"确定"按钮，退出该对话框。

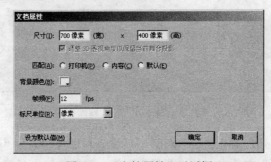

图 7-3　"文档属性"对话框

3 执行菜单栏中的"文件"/"导入"/"导入到库"命令，打开"导入到库"对话框，选择本书附带光盘中的"按钮制作"/"实例 7：设置路径动画"/"素材.psd"文件，如图 7-4 所示。

图 7-4　"导入到库"对话框

4 单击"导入到库"对话框中的"打开"按钮，退出"导入到库"对话框后打开"将'素材.psd'导入到库"对话框，如图 7-5 所示，单击"确定"按钮，退出该对话框。

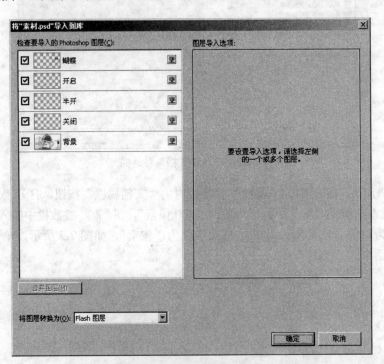

图 7-5　"将'素材.psd'导入到库"对话框

5 退出"将'素材.psd'导入到库"对话框后将素材图像导入到"库"面板中。选择"库"面板中的"素材.psd 资源"文件夹中的"背景"图像，将其拖动至场景内，在"属性"面板中

的"位置和大小"卷展栏内的 X 参数栏中键入 0，Y 参数栏中键入 0，设置图像位置，如图 7-6 所示。

6 选择"图层 1"内的第 60 帧，右击鼠标，在弹出的快捷菜单中选择"插入帧"选项，使该层的图像在第 1～60 帧之间显示。

7 单击时间轴面板中的 "新建图层"按钮，创建一个新图层，将新创建的图层命名为"窗"。

8 执行菜单栏中的"插入"/"新建元件"命令，打开"创建新元件"对话框。在"名称"文本框内键入"窗"文本，在"类型"下拉选项栏中选择"按钮"选项，如图 7-7 所示，单击"确定"按钮，退出该对话框。

图 7-6　设置图像位置

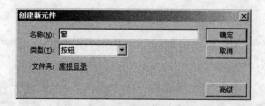

图 7-7　"创建新元件"对话框

9 退出"创建新元件"对话框后进入"窗"编辑窗，选择"弹起"帧，从"库"面板中将"关闭"图像拖动至"窗"编辑窗内，进入"属性"面板，在"位置和大小"卷展栏内的 X 参数栏中键入 0，在 Y 参数栏中键入 0，设置图像位置，如图 7-8 所示。

10 选择"指针"帧，右击鼠标，在弹出的快捷菜单中选择"插入空白关键帧"选项，确定在该帧插入空白关键帧，从"库"面板中将"半开"图像拖动至"窗"编辑窗内，进入"属性"面板，在"位置和大小"卷展栏内的 X 参数栏中键入 0，在 Y 参数栏中键入 0，设置图像位置，如图 7-9 所示。

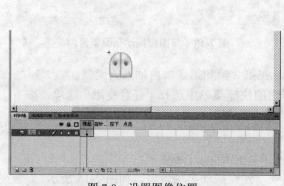

图 7-8　设置图像位置

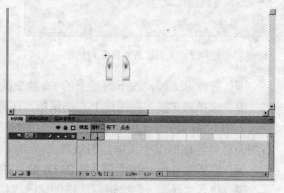

图 7-9　设置图像位置

11 选择"按下"帧，右击鼠标，在弹出的快捷菜单中选择"插入空白关键帧"选项，插入空白关键帧，从"库"面板中将"开启"图像拖动至"窗"编辑窗内，进入"属性"面板，在"位置和大小"卷展栏内的 X 参数栏中键入-12，在 Y 参数栏中键入 0，设置图像位置，如图 7-10 所示。

⓬ 进入"场景 1"编辑窗，将"库"面板中的"窗"元件拖动至场景内，进入"属性"面板，在"位置和大小"卷展栏内的 X 参数栏中键入 281，在 Y 参数栏中键入 220，设置元件位置，如图 7-11 所示。

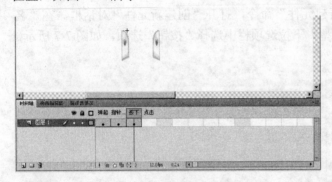

图 7-10 设置图像位置

图 7-11 设置元件位置

⓭ 单击时间轴面板中的 ◱ "新建图层"按钮，创建一个新图层，将新创建的图层命名为"蝴蝶"。

⓮ 执行菜单栏中的"插入" / "新建元件"命令，打开"创建新元件"对话框。在"名称"文本框内键入"蝴蝶"文本，在"类型"下拉选项栏中选择"影片剪辑"选项，如图 7-12 所示，单击"确定"按钮，退出该对话框。

⓯ 退出"创建新元件"对话框后进入"蝴蝶"编辑窗，选择"图层 1"内的第 1 帧，从"库"面板中将"蝴蝶"图像拖动至"蝴蝶"编辑窗内，如图 7-13 所示。

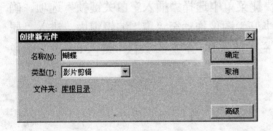

图 7-12 "创建新元件"对话框

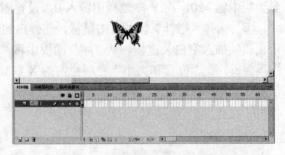

图 7-13 将图像拖动至编辑窗内

⓰ 选择第 2 帧，按下键盘上的 F6 键 2 次，在第 2 帧和第 3 帧内插入关键帧。

⓱ 选择第 3 帧，在图像上右击鼠标，在弹出的快捷菜单中选择"任意变形"选项，按下键盘上的 Shift 键，等比例缩小图像，如图 7-14 所示中的左图为进行等比例缩小图像前的效果，右图为进行等比例缩小图像后的效果。

⓲ 选择第 4 帧，按下键盘上的 F6 键，在第 4 帧内插入关键帧。

⓳ 进入"场景 1"编辑窗，将创建的"蝴蝶"元件拖动至场景内，如图 7-15 所示。

⓴ 单击时间轴面板中的 ◱ "新建图层"按钮，创建一个新图层，将新创建的图层命名为"路径"。

图 7-14　等比例缩小图像

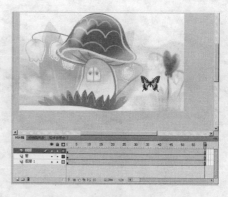

图 7-15　将元件拖动至场景内

21 选择工具箱内的 ⬧ "钢笔工具"，然后参照图 7-16 所示来绘制一个路径。

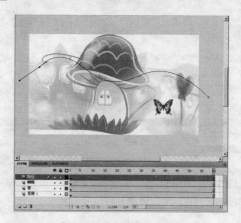

图 7-16　绘制路径

22 选择"路径"层，右击鼠标，在弹出的快捷菜单中选择"引导层"选项，将"路径"层转换为引导层。

23 将"蝴蝶"层拖动至引导层内，时间轴显示如图 7-17 所示。

图 7-17　时间轴显示效果

24 选择"蝴蝶"层内的元件，将元件的中心点吸附在引导线的起始点位置，如图 7-18 所示。

25 确定元件仍处于被选择状态，单击工具箱内的 ▦ "任意变形工具"，然后参照图 7-19 所示来调整元件大小及角度。

26 选择"蝴蝶"层内的第 60 帧，按下键盘上的 F6 键，插入关键帧，然后参照图 7-20 所示将第 60 帧内的元件的中心点吸附在引导线的终点位置并调整元件角度。

图 7-18 调整元件位置

图 7-19 调整元件大小及角度

图 7-20 调整元件位置及角度

27 选择"蝴蝶"层的第 1 帧，右击鼠标，在弹出的快捷菜单中选择"创建传统补间"选项，确定在第 1~60 帧之间创建传统补间动画。

28 选择"蝴蝶"层内的第 10 帧，按下键盘上的 F6 键，插入关键帧，然后参照图 7-21 所示来调整该帧内的元件角度，使元件的角度与路径相适配。

图 7-21 调整元件状态

29 使用同样的方法，分别在第 20 帧、第 30 帧、第 40 帧、第 50 帧内插入关键帧，调整各帧内元件角度，如图 7-22 所示为元件在第 20 帧、第 30 帧、第 40 帧、第 50 帧内的状态。

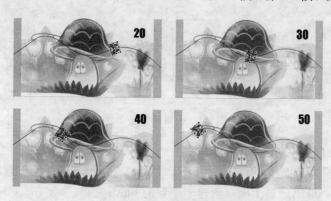

图 7-22　调整各帧内的元件角度

30 现在本实例的制作就全部完成了，按下键盘上的 Ctrl+Enter 组合键，测试影片效果，图 7-23 所示为本实例在不同帧的显示效果。如果读者在制作过程中遇到了什么问题，可以打开本书附带光盘文件"按钮制作"/"实例 7：设置路径动画"/"设置路径动画.fla"，该实例为完成后的文件。

图 7-23　设置路径动画

实例 8　设置透明度动画

在本实例中，将指导读者设置透明度动画，动画中小蘑菇图像会自动变换色彩，食物的图像由透明到逐渐显示。通过本实例的制作，使读者了解 Flash CS4 中设置透明度动画的制作方法。

在制作本实例时，首先将素材图像导入至库，将蘑菇图像转换为图形元件，使用色彩样式调整图形元件颜色，使用创建传统补间创建颜色之间的变化，使用 Alpna 工具设置元件透明效果，使用创建传统补间设置元件由透明到渐显效果，完成本实例的制作。图 8-1 所示为动画完成后的截图。

图 8-1 设置透明度动画

1 运行 Flash CS4，执行菜单栏中的"文件" / "新建"命令，打开"新建文档"对话框。在该对话框中的"常规"面板中，选择"Flash 文件（ActionScript 2.0）"选项，如图 8-2 所示，单击"确定"按钮，退出该对话框，创建一个新的 Flash 文档。

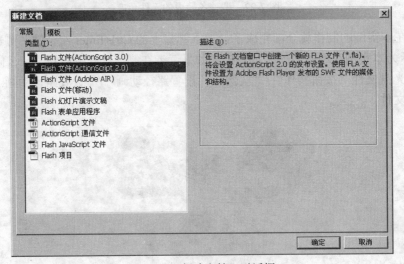

图 8-2 "新建文档"对话框

2 单击"属性"面板中的"属性"卷展栏内的"文档属性"按钮，打开"文档属性"对话框。在"尺寸"右侧的"宽"参数栏中键入"445 像素"，在"高"参数栏中键入"433 像素"，设置背景颜色为白色，设置帧频为 12，标尺单位为"像素"，如图 8-3 所示，单击"确定"按钮，退出该对话框。

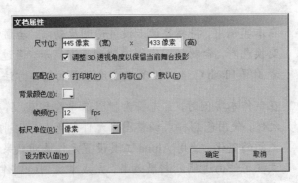

图 8-3 "文档属性"对话框

3 执行菜单栏中的"文件"/"导入"/"导入到库"命令，打开"导入到库"对话框。选择本书附带光盘中的"按钮制作"/"实例 8：设置透明度动画"/"素材.psd"文件，如图 8-4 所示。

图 8-4　"导入到库"对话框

4 单击"导入到库"对话框中的"打开"按钮，退出"导入到库"对话框后打开"将'素材.psd'导入到库"对话框，如图 8-5 所示，单击"确定"按钮，退出该对话框。

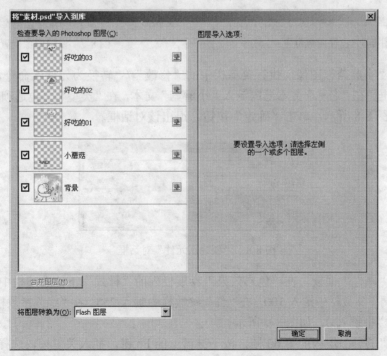

图 8-5　"将'素材.psd'导入到库"对话框

5 退出"将'素材.psd'导入到库"对话框后将素材图像导入到"库"面板中。选择"库"面板中的"素材.psd 资源"文件夹中的"背景"图像，将其拖动至场景内，在"属性"面板中

的"位置和大小"卷展栏内的 X 参数栏中键入 0，Y 参数栏中键入 0，设置图像位置，如图 8-6 所示。

6 选择"图层 1"内的第 60 帧，右击鼠标，在弹出的快捷菜单中选择"插入帧"选项，使该层的图像在第 1～60 帧之间显示。

7 单击时间轴面板中的 🔲 "新建图层"按钮，创建一个新图层，将新创建的图层命名为"蘑菇"。

8 选择"库"面板中的"素材.psd 资源"文件夹中的"小蘑菇"图像，将其拖动至场景内，在"属性"面板中的"位置和大小"卷展栏内的 X 参数栏中键入 76，Y 参数栏中键入 296，设置图像位置，如图 8-7 所示。

图 8-6　设置图像位置

图 8-7　设置图像位置

9 选择"小蘑菇"图像，执行菜单栏中的"修改"/"转换为元件"命令，打开"创建新元件"对话框。在"名称"文本框内键入"小蘑菇"文本，在"类型"下拉选项栏中选择"图形"选项，如图 8-8 所示，单击"确定"按钮，退出该对话框。

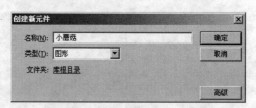

图 8-8　"创建新元件"对话框

10 进入"属性"面板，在"色彩效果"卷展栏内的"样式"下拉选项栏中选择"色调"选项，在"色调"参数栏中键入 100，在"红"参数栏中键入 255，在"绿"参数栏中键入 255，在"蓝"参数栏中键入 0，如图 8-9 所示。

11 选择"蘑菇"层内的第 60 帧，按下键盘上的 F6 键，插入关键帧，选择第 60 帧内的元件，在"色彩效果"卷展栏内的"样式"下拉选项栏中选择"色调"选项，在"色调"参数栏中键入 100，在"红"参数栏中键入 0，在"绿"参数栏中键入 0，在"蓝"参数栏中键入 255，如图 8-10 所示。

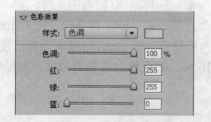

图 8-9　设置元件色调

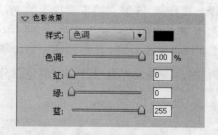

图 8-10　设置元件色调

12 右击"蘑菇"层内的第 1~59 帧内的任意一帧，在弹出的快捷菜单中选择"创建传统补间"选项，确定在第 1~59 帧之间创建传统补间动画，时间轴显示如图 8-11 所示。

13 选择第 15 帧，按下键盘上的 F6 键，插入关键帧，选择第 15 帧内的元件，在"色彩效果"卷展栏内的"样式"下拉选项栏中选择"高级"选项，将 Alpha 百分比设置为 100%，Alpha 偏移设置为 0，将红色百分比设置为-100%，红色偏移设置为 194，将绿色百分比设置为 0%，绿色偏移设置为 194，将蓝色百分比设置为 0%，蓝色偏移设置为 61，如图 8-12 所示。

图 8-11　时间轴显示效果

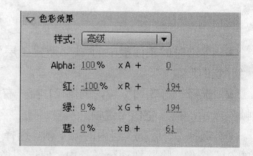

图 8-12　设置元件色调

14 选择第 30 帧，按下键盘上的 F6 键，插入关键帧，选择第 30 帧内的元件，在"色彩效果"卷展栏内的"样式"下拉选项栏中选择"高级"选项，将 Alpha 百分比设置为 100%，Alpha 偏移设置为 0，将红色百分比设置为 25%，红色偏移设置为 255，将绿色百分比设置为-100%，绿色偏移设置为-120，将蓝色百分比设置为-100%，蓝色偏移设置为 0，如图 8-13 所示。

图 8-13　设置元件色调

15 选择第 45 帧，按下键盘上的 F6 键，插入关键帧，选择第 30 帧内的元件，在"色彩效果"卷展栏内的"样式"下拉选项栏中选择"高级"选项，将 Alpha 百分比设置为 100%，Alpha 偏移设置为 0，将红色百分比设置为 100%，红色偏移设置为 220，将绿色百分比设置为 100%，绿色偏移设置为 125，将蓝色百分比设置为-100%，蓝色偏移设置为-255，如图 8-14 所示。

图 8-14　设置元件色调

16 单击时间轴面板中的 ▢ "新建图层"按钮，创建一个新图层，将新创建的图层命名为"好吃的"。

17 选择"好吃的"层内的第 21 帧，右击鼠标，在弹出的快捷菜单中选择"插入空白关键帧"选项，插入空白关键帧。

18 选择"好吃的"层内的第 1 帧，选择"库"面板中的"素材.psd 资源"文件夹中的"好吃的 01"图像，将其拖动至场景内，使该图像在第 1~20 帧之间显示，在"属性"面板中的"位置和大小"卷展栏内的 X 参数栏中键入 260，Y 参数栏中键入 20，设置图像位置，如图 8-15 所示。

图 8-15　设置图像位置

19 选择"好吃的 01"图像，执行菜单栏中的"修改"/"转换为元件"命令，打开"转换为元件"对话框，在"名称"文本框内键入"好吃的 01"文本，在"类型"下拉选项栏中选择"图形"选项，单击"确定"按钮，退出该对话框。

20 选择"好吃的"层内的第 20 帧，按下键盘上的 F6 键，将第 20 帧转换为关键帧。

21 选择第 1 帧内的元件，进入"属性"面板，在"色彩效果"卷展栏内的"样式"下拉选项栏中选择 Alpha 选项，在 Alpha 参数栏中键入 0，如图 8-16 所示。

图 8-16　设置元件 Alpha

22 选择"好吃的"层内第 1~20 帧内的任意一帧，右击鼠标，在弹出的快捷菜单中选择"创建传统补间"选项，确定在第 1~20 帧之间创建传统补间动画，时间轴显示如图 8-17 所示。

图 8-17　时间轴显示效果

23 使用同样的方法，分别在第 21~40 帧之间添加"好吃的 02"图像的透明度变化补间动画，在第 41~60 帧之间添加"好吃的 03"图像的透明度变化补间动画，时间轴显示如图 8-18 所示。

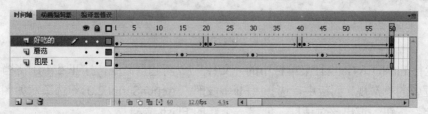

图 8-18　时间轴显示效果

24 现在本实例的制作就全部完成了，按下键盘上的 Ctrl+Enter 组合键，测试影片效果，图 8-19 所示为本实例在不同帧的显示效果。如果读者在制作过程中遇到了什么问题，可以打开本书附带光盘文件"按钮制作"/"实例 8：设置透明度动画"/"设置透明度动画.fla"，该实例为完成后的文件。

图 8-19　设置透明度动画

实例 9　车子开过门前动画

在本实例中，将指导读者制作一个车子开过门前动画，场景内有一扇半开启的门，当车子经过门前时会停下来，车灯闪动一下，然后开走。通过本实例的制作，使读者了解 Flash CS4 中遮罩层动画的制作方法。

在制作本实例中，首先需要导入 psd 文件素材，然后制作车子灯光闪烁的影片剪辑，使用创建传统补间动画设置车子开动效果，创建新图层，使用钢笔工具绘制闭合路径，然后将闭合路径所在图层转换为遮罩层，完成本实例的制作。图 9-1 所示为动画完成后的截图。

图 9-1　车子开过门前动画

1 运行 Flash CS4，执行菜单栏中的"文件"/"新建"命令，打开"新建文档"对话框。在该对话框中的"常规"面板中，选择"Flash 文件（ActionScript 2.0）"选项，如图 9-2 所示，单击"确定"按钮，退出该对话框，创建一个新的 Flash 文档。

2 单击"属性"面板中的"属性"卷展栏内的"文档属性"按钮，打开"文档属性"对话框，在"尺寸"右侧的"宽"参数栏中键入"500 像素"，在"高"参数栏中键入"376 像素"，设置背景颜色为白色，设置帧频为 12，标尺单位为"像素"，如图 9-3 所示，单击"确定"按钮，退出该对话框。

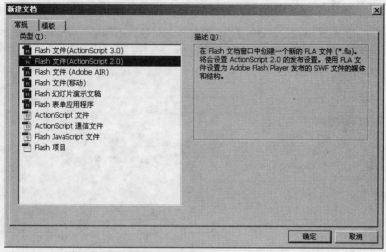

图 9-2 "新建文档"对话框

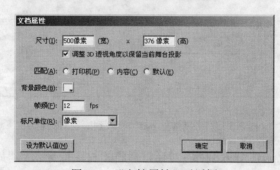

图 9-3 "文档属性"对话框

3 执行菜单栏中的"文件"/"导入"/"导入到库"命令，打开"导入到库"对话框，选择本书附带光盘中的"按钮制作"/"实例 9：车子开过门前动画"/"素材.psd"文件，如图 9-4 所示。

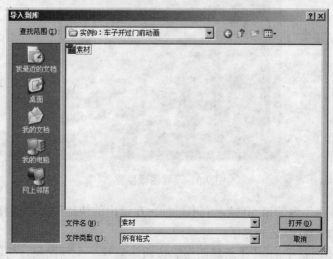

图 9-4 "导入到库"对话框

4 单击"导入到库"对话框中的"打开"按钮，退出"导入到库"对话框后打开"将'素材.psd'导入到库"对话框，如图 9-5 所示，单击"确定"按钮，退出该对话框。

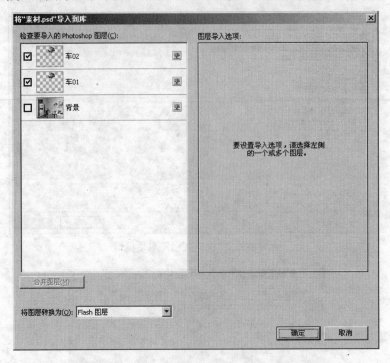

图 9-5　"将'素材.psd'导入到库"对话框

5 退出"将'素材.psd'导入到库"对话框后将素材图像导入到"库"面板中。选择"库"面板中的"素材.psd 资源"文件夹中的"背景"图像，将其拖动至场景内，在"属性"面板中的"位置和大小"卷展栏内的 X 参数栏中键入 0，Y 参数栏中键入 0，设置图像位置，如图 9-6 所示。

图 9-6　设置图像位置

6 选择"图层 1"内的第 60 帧，右击鼠标，在弹出的快捷菜单中选择"插入帧"选项，使该层的图像在第 1～60 帧之间显示。

7 单击时间轴面板中的 □ "新建图层"按钮，创建一个新图层，将新创建的图层命名为"车"。

⑧ 执行菜单栏中的"插入"/"新建元件"命令，打开"创建新元件"对话框，在"名称"文本框内键入"车"文本，在"类型"下拉选项栏中选择"影片剪辑"选项，如图 9-7 所示，单击"确定"按钮，退出该对话框。

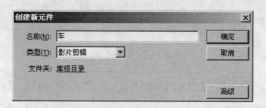

图 9-7 "创建新元件"对话框

⑨ 退出"创建新元件"对话框后进入"车"编辑窗，从"库"面板中将"车 01"图像拖动至"车"编辑窗内，进入"属性"面板，在"位置和大小"卷展栏内的 X 参数栏中键入 0，在 Y 参数栏中键入 0，设置图像位置，如图 9-8 所示。

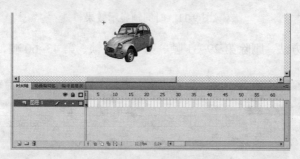

图 9-8 设置图像位置

⑩ 选择"图层 1"内的第 60 帧，右击鼠标，在弹出的快捷菜单中选择"插入帧"选项，使该层的图像在第 1～60 帧之间显示。

⑪ 单击时间轴面板中的 🔲 "新建图层"按钮，创建一个新图层——"图层 2"。

⑫ 从"库"面板中将"车 02"图像拖动至"车"编辑窗内，进入"属性"面板，在"位置和大小"卷展栏内的 X 参数栏中键入 0，在 Y 参数栏中键入 0，设置图像位置，如图 9-9 所示。

图 9-9 设置图像位置

⑬ 按住键盘上的 Ctrl 键，加选"图层 2"内的第 26 帧、第 29 帧、第 32 帧、第 36 帧、第 39 帧、第 43 帧，右击鼠标，在弹出的快捷菜单中选择"转换为关键帧"选项，将所选的帧转换为关键帧，时间轴显示如图 9-10 所示。

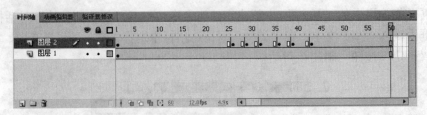

图 9-10　时间轴显示效果

14 选择第 1~25 帧，按下键盘上的 Delete 键，删除所选的帧，时间轴显示如图 9-11 所示。

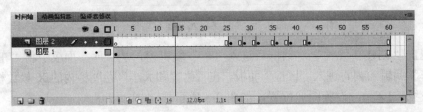

图 9-11　时间轴显示效果

15 使用同样的方法，删除第 29~31 帧、第 36~38 帧、第 43~60 帧，时间轴显示如图 9-12 所示。

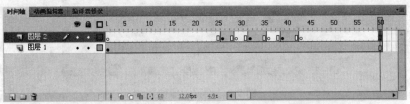

图 9-12　时间轴显示效果

16 进入"场景 1"编辑窗，将创建的"车"元件拖动至场景内，如图 9-13 所示。

图 9-13　将元件拖动至场景内

17 取消元件选择状态，按下键盘上的 Ctrl+Alt 组合键，加选"车"层内的第 25 帧和第 60 帧，按下键盘上的 F6 键，将第 25 帧和第 60 帧转换为关键帧。

18 选择第 1 帧，右击鼠标，在弹出的快捷菜单中选择"创建传统补间"选项，确定在第 1~25 帧之间创建传统补间动画，时间轴显示如图 9-14 所示。

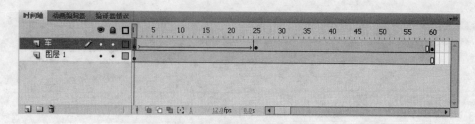

图 9-14 时间轴显示效果

19 选择第 25 帧内的元件，然后参照图 9-15 所示来移动元件位置。

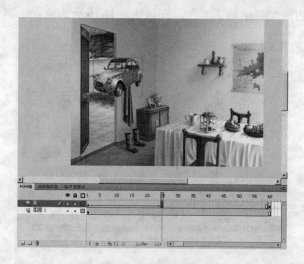

图 9-15 移动元件位置

20 选择第 42 帧，按下键盘上的 F6 键，将第 42 帧转换为关键帧。

21 选择第 60 帧内的元件，然后参照图 9-16 所示来调整元件位置。

图 9-16 调整元件位置

22 选择第 42 帧，右击鼠标，在弹出的快捷菜单中选择"创建传统补间"选项，确定在第 42~60 帧之间创建传统补间动画，时间轴显示如图 9-17 所示。

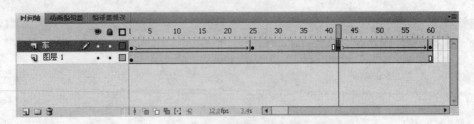

图 9-17　时间轴显示效果

23 单击时间轴面板中的 ⬚ "新建图层"按钮，创建一个新图层——"图层 3"。

24 选择工具箱内的 ⬚ "钢笔工具"，在如图 9-18 所示的位置绘制一个闭合路径。

图 9-18　绘制闭合路径

25 选择工具箱内的 ⬚ "颜料桶工具"，填充闭合路径，如图 9-19 所示。

图 9-19　填充闭合路径

26　选择"图层 3"，右击鼠标，在弹出的快捷菜单中选择"遮罩层"选项，时间轴显示如图 9-20 所示。

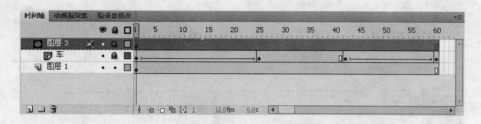

图 9-20　时间轴显示效果

27　现在本实例的制作就全部完成了，按下键盘上的 Ctrl+Enter 组合键，测试影片效果，图 9-21 所示为本实例在不同帧的显示效果。如果读者在制作过程中遇到了什么问题，可以打开本书附带光盘文件"按钮制作"/"实例 9：车子开过门前动画"/"车子开过门前.fla"，该实例为完成后的文件。

图 9-21　车子开过门前动画

实例 10　导入视频文件

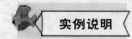

在本实例中，将导入视频文件，场景会自动播放导入的视频文件，三段文本从上至下划过场景。通过本实例的制作，使读者了解 Flash CS4 中导入视频文件的制作方法。

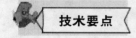

在制作本实例中，首先需要导入背景素材，然后使用文本工具创建文本，使用创建传统补间工具创建传统补间动画，最后导入视频文件，完成本实例的制作。图 10-1 所示为动画完成后的截图。

图 10-1　导入视频文件

1 运行 Flash CS4，执行菜单栏中的"文件"/"新建"命令，打开"新建文档"对话框。在该对话框中的"常规"面板中，选择"Flash 文件（ActionScript 2.0）"选项，如图 10-2 所示，单击"确定"按钮，退出该对话框，创建一个新的 Flash 文档。

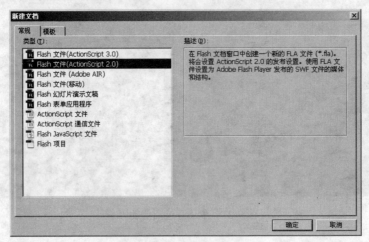

图 10-2　"新建文档"对话框

2 单击"属性"面板中的"属性"卷展栏内的"文档属性"按钮，打开"文档属性"对话框，在"尺寸"右侧的"宽"参数栏中键入"480 像素"，在"高"参数栏中键入"435 像素"，设置背景颜色为白色，设置帧频为 12，标尺单位为"像素"，如图 10-3 所示，单击"确定"按钮，退出该对话框。

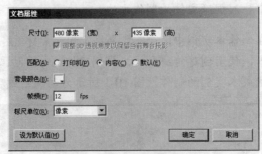

图 10-3　"文档属性"对话框

3 执行菜单栏中的"文件"/"导入"/"导入到舞台"命令，打开"导入"对话框，选择本书附带光盘中的"按钮制作"/"实例 10：导入视频文件"/"背景.jpg"文件，如图 10-4 所示，单击"打开"按钮，退出该对话框。

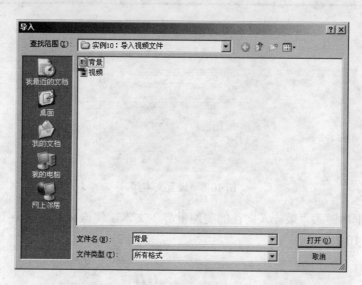

图 10-4　"导入"对话框

4 退出"导入"对话框后将素材图像导入到舞台，如图 10-5 所示。

5 选择"图层 1"内的第 170 帧，右击鼠标，在弹出的快捷菜单中选择"插入帧"选项，使该层的图像在第 1～170 帧之间显示。

6 单击时间轴面板中的 ⬚ "新建图层"按钮，创建一个新图层，将新创建的图层命名为"文本"。

7 选择"文本"层内的第 101 帧，按下键盘上的 F6 键，将第 101 帧转换为空白关键帧。

图 10-5　导入素材图像

8 选择第 1 帧，单击工具箱内的 **T** "文本工具"按钮，在场景内任意位置单击鼠标，此时会出现文本框，确定文本输入位置，进入"属性"面板，在"字符"卷展栏内的"系列"下拉选项栏中选择"方正胖头鱼简体"选项，在"大小"参数栏中键入 15.0，将"文本填充颜色"设置为蓝色（#74D4BC），如图 10-6 所示。

提示

如果读者机器上没有"方正胖头鱼简体"，可以使用其他字体替代。

图 10-6　设置文本属

8 在文本框内键入"最让人向往的美丽世界"文本，使该文本在第 1~100 帧之间显示，时间轴显示如图 10-7 所示。

图 10-7　时间轴显示效果

10 选择工具箱内的 ▶ "选择工具"，拖动文本框右上角控制点，将文本调整为如图 10-8 所示的形态。

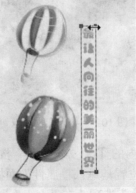

图 10-8　调整文本形态

11　选择第 1 帧内的文本，将其移动至场景以外如图 10-9 所示的位置。

图 10-9　移动文本位置

12　选择第 100 帧，按下键盘上的 F6 键，将第 100 帧转换为关键帧，选择第 100 帧内的文本，将其移动至场景以外如图 10-10 所示的位置。

图 10-10　移动文本位置

13　选择第 1 帧，右击鼠标，在弹出的快捷菜单中选择"创建传统补间"选项，确定在第 1~100 帧之间创建传统补间动画。

14　单击时间轴面板中的 **◻** "新建图层"按钮，创建一个新图层，将新创建的图层命名为"文本 01"。

15　使用同样的方法，创建"文本 01"层动画，该层文本内容为"最具梦幻色彩的神秘小屋"，动画显示为第 71~170 帧，时间轴显示如图 10-11 所示。

16　导入视频文件，单击时间轴面板中的 **◻** "新建图层"按钮，创建一个新图层，将新创建的图层命名为"视频"。

17　执行菜单栏中的"导入"/"导入视频"命令，打开"导入视频"对话框，如图 10-12 所示。

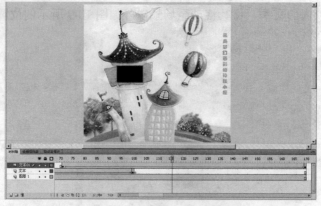

图 10-11   时间轴显示效果

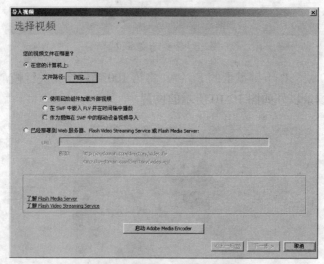

图 10-12   "导入视频"对话框

18 单击"导入视频"对话框中的"浏览"按钮，打开"打开"对话框，选择本书附带光盘中的"按钮制作"/"实例 10：导入视频文件"/"视频.lfv"文件，如图 10-13 所示，单击"打开"按钮，退出该对话框。

图 10-13   "打开"对话框

19　退出"打开"对话框后返回到"导入视频"对话框，单击"下一步"按钮，进入"外观"面板，如图 10-14 所示。

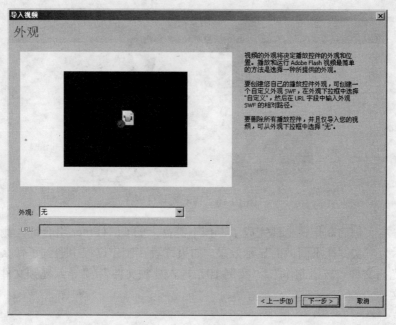

图 10-14　"外观"面板

20　单击"外观"面板中的"下一步"按钮，进入"完成视频导入"面板，如图 10-15 所示，单击"确定"按钮，退出该面板。

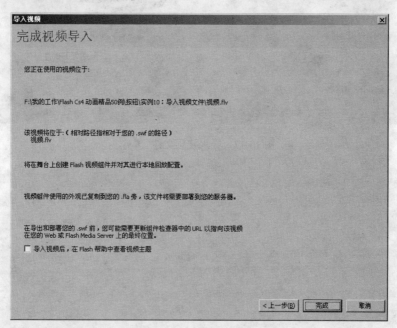

图 10-15　"完成视频导入"面板

21　将导入的视频移动至如图 10-16 所示的位置。

图 10-16 移动视频位置

22 现在本实例的制作就全部完成了，按下键盘上的 **Ctrl+Enter** 组合键，测试影片效果，图 10-17 所示为本实例在不同帧的显示效果。如果读者在制作过程中遇到了什么问题，可以打开本书附带光盘文件"按钮制作"/"实例 10：导入视频文件"/"导入视频文件.fla"，该实例为完成后的文件。

图 10-17 导入视频文件

第 2 篇

网页动画制作

　　Flash CS4 在网络应用非常普遍，由于该软件制作的文件较小，所以可以保证网页以更快的速度打开，使用 Flash CS4 还可以直接将 Flash 文件发布为网页，加快了网页的制作速度。在实际的应用中，Flash CS4 主要用于制作网页中的动画、互动元素的对象，在这一部分中，将指导读者使用 Flash CS4 编辑网页。

实例 11　设置星座情缘网页——素材

实例说明　本实例中，将指导读者设置星座情缘网页，由于该网页制作较为复杂，将分为设置星座情缘网页——素材和设置星座情缘网页——动画二部分组成。通过本实例的制作，使读者了解在 Flash CS4 中如何在创建的按钮元件中添加音乐。

技术要点　在制作本实例时，首先导入素材图像，然后创建按钮元件，使用文本工具键入文本，使用矩形工具绘制矩形条，使用线性填充样式设置矩形条半透明效果，最后使用多角星形工具绘制五角星，完成本实例的制作。图 11-1 所示为本实例完成后的效果。

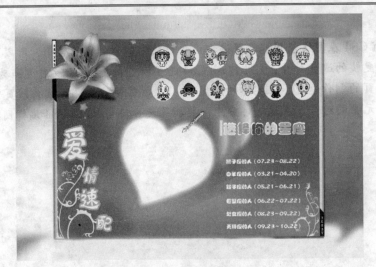

图 11-1　设置星座情缘网页——素材

1 运行 Flash CS4，创建一个新的 Flash（ActionScript 2.0）文档。

2 单击"属性"面板中的"属性"卷展栏内的"文档属性"按钮，打开"文档属性"对话框。在"尺寸"右侧的"宽"参数栏中键入"1024 像素"，在"高"参数栏中键入"768 像素"，设置背景颜色为白色，设置帧频为 12，标尺单位为"像素"，如图 11-2 所示，单击"确定"按钮，退出该对话框。

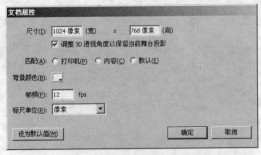

图 11-2　"文档属性"对话框

3 执行菜单栏中的"文件"/"导入"/"导入到库"命令，打开"导入到库"对话框，选择本书附带光盘中的"网页动画制作"/"实例 11~12：设置星座情缘网页"/"素材.psd"文件，如图 11-3 所示。

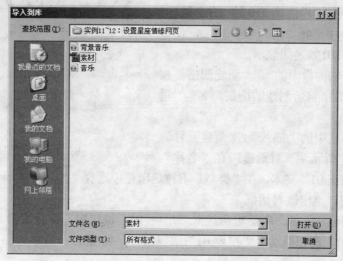

图 11-3　"导入到库"对话框

4 单击"导入到库"对话框中的"打开"按钮，退出"导入到库"对话框后打开"将'素材.psd'导入到库"对话框，如图 11-4 所示，单击"确定"按钮，退出该对话框。

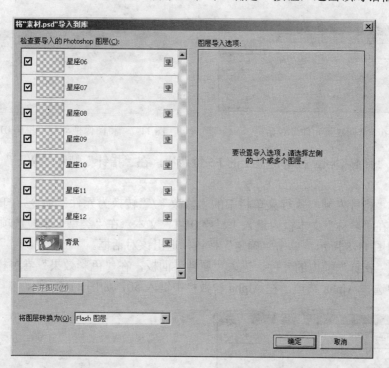

图 11-4　"将'素材.psd'导入到库"对话框

5 退出"将'素材.psd'导入到库"对话框后将素材图像导入到"库"面板中。选择"库"面板中的"素材.psd 资源"文件夹中的"背景"图像，将其拖动至场景内，在"属性"面板中

的"位置和大小"卷展栏内的 X 参数栏中键入 0，
Y 参数栏中键入 0，设置图像位置，如图 11-5 所
示。

[6] 选择"图层 1"内的第 210 帧，右击鼠标，
在弹出的快捷菜单中选择"插入帧"选项，使该
层的图像在第 1～210 帧之间显示。

[7] 单击时间轴面板中的 ▣ "新建图层"按
钮，创建一个新图层，将新创建的图层命名为"星
座"。

[8] 执行菜单栏中的"插入" / "新建元件"
命令，打开"创建新元件"对话框，在"名称"

图 11-5　设置图像位置

文本框内键入"星座 01"文本，在"类型"下拉选项栏中选择"按钮"选项，如图 11-6 所示，
单击"确定"按钮，退出该对话框。

[9] 退出"创建新元件"对话框后进入"星座 01"编辑窗，选择"弹起"帧，从"库"
面板中将"星座 01"图像拖动至"星座 01"编辑窗内，如图 11-7 所示。

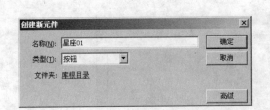

图 11-6　"创建新元件"对话框

图 11-7　将图像拖动至"星座 01"编辑窗内

[10] 选择"弹起"帧，按下键盘上的 F6 键两次，在"指针"帧和"按下"帧内插入关键
帧。

[11] 选择"指针"帧，执行菜单栏中的"修改" / "转换为元件"命令，打开"转换为元
件"对话框，在"名称"文本框内键入"星座 01-1"文本，在"类型"下拉选项栏中选择"图
形"选项，如图 11-8 所示，单击"确定"按钮，退出该对话框。

[12] 选择"指针"帧内的元件，进入"属性"面板，在"色彩效果"卷展栏内的"样式"
下拉选项栏中选择 Alpha 选项，在 Alpha 参数栏中键入 50，如图 11-9 所示。

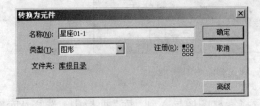

图 11-8　"转换为元件"对话框

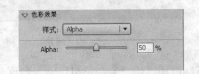

图 11-9　设置元件 Alpha

13　执行菜单栏中的"文件"/"导入"/"导入到库"命令，打开"导入到库"对话框。选择本书附带光盘中的"网页动画制作"/"实例 11~12：设置星座情缘网页"/"音乐.mp3"文件，如图 11-10 所示，单击"打开"按钮，退出该对话框。

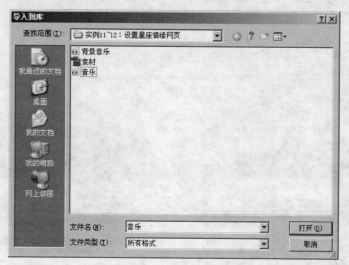

图 11-10　"导入到库"对话框

14　退出"导入到库"对话框后将素材文件导入到"库"面板中。选择"指针"帧，从"库"面板中将"音乐.mp3"文件拖动至"星座 01"编辑窗内，时间轴显示如图 11-11 所示。

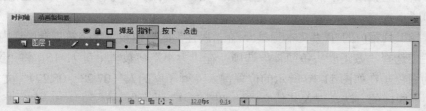

图 11-11　时间轴显示效果

15　选择"指针"帧，进入"属性"面板，在"声音"卷展栏内的"同步"下拉选项栏中选择"开始"选项，如图 11-12 所示。

16　进入"场景 1"编辑窗，将创建的"星座 01"元件拖动至场景内，然后参照图 11-13 所示来调整元件位置。

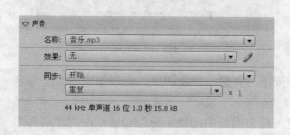

图 11-12　设置声音同步

图 11-13　调整元件位置

17 双击"星座"层内的"星座 01"元件，打开"星座 01"编辑窗，选择"指针"帧，从"库"面板中将 01.jpg 图像拖动至编辑窗内，然后参照图 11-14 所示来调整图像位置。

18 使用同样的方法，设置"星座 02"~"星座 12"按钮元件，然后参照图 11-15 所示来调整各元件在场景内的位置。

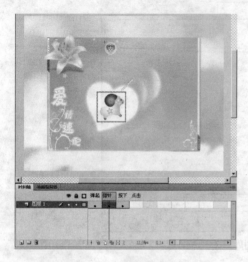

图 11-14　调整图像位置

图 11-15　调整元件位置

19 单击时间轴面板中的 🔲 "新建图层"按钮，创建一个新图层，将新创建的图层命名为"文本 01"。

20 选择工具箱内的 **T** "文本工具"，在"属性"面板中设置"字符"卷展栏内的"系列"下拉选项栏中选择"方正胖头鱼简体"选项，在"大小"参数栏中键入 15，将"文本填充颜色"设置为白色，在如图 11-16 所示的位置键入"狮子座的人（07.23~08.22）"文本。

21 使用同样的方法，键入其他文本，如图 11-17 所示。

图 11-16　键入文本

图 11-17　键入其他文本

22 单击时间轴面板中的 🔲 "新建图层"按钮，创建一个新图层，将新创建的图层命名为"文本 02"

23 选择工具箱内的 **T** "文本工具"，在"属性"面板中的"字符"卷展栏内的"系列"下拉选项栏中选择"方正胖头鱼简体"选项，在"大小"参数栏中键入 40，将"文本填充颜色"设置为白色，在如图 11-18 所示的位置键入"选择你的星座"文本。

⎡24⎤ 选择键入的文本，按下键盘上的 Ctrl+C 组合键，复制文本；按下键盘上的 Ctrl+Shift+V 组合键，将文本粘贴至原位置。

⎡25⎤ 选择粘贴后的文本，右击鼠标，在弹出的快捷菜单中选择"分离"选项，将文本分离，如图 11-19 所示。

图 11-18　键入文本

图 11-19　分离文本

⎡26⎤ 选择"选"文本，在"属性"面板中的"字符"卷展栏内的"大小"参数栏中键入 40，将"文本填充颜色"设置为黄色（#FFFF32），然后参照图 11-20 所示来调整文本位置。

⎡27⎤ 使用同样的方法，设置其他文本字体大小、颜色及位置，如图 11-21 所示。

提示

读者可以根据需要，自行设置文本颜色。

图 11-20　调整文本位置

图 11-21　设置其他文本大小、颜色及位置

⎡28⎤ 单击时间轴面板中的 ▣ "新建图层"按钮，创建一个新图层，将新创建的图层命名为"长方条"。

⎡29⎤ 选择工具箱内的 ▢ "矩形工具"，取消"笔触颜色"，将"填充颜色"设置为白色，在如图 11-22 所示的位置绘制一个矩形。

⎡30⎤ 选择绘制的矩形，执行菜单栏中的"窗口"/"颜色"命令，打开"颜色"面板，在"类型"下拉选项栏中选择"线性"选项，在色标滑块中间添加一个色标，选择最左侧色标，在"红"参数栏中键入 255，在"绿"参数栏中键入 255，在"蓝"参数栏中键入 255，在 Alpha 参数栏中键入 0%，如图 11-23 所示。

⎡31⎤ 选择中间色标，在"红"参数栏中键入 255，在"绿"参数栏中键入 255，在"蓝"参数栏中键入 255，在 Alpha 参数栏中键入 100%；选择最右侧色标，在"红"参数栏中键入

255，在"绿"参数栏中键入 255，在"蓝"参数栏中键入 255，在 Alpha 参数栏中键入 0%，设置矩形填充样式如图 11-24 所示。

图 11-22　绘制矩形

图 11-23　设置色标颜色

32　单击时间轴面板中的 ▣ "新建图层"按钮，创建一个新图层，将新创建的图层命名为"星星"。

33　选择"星星"层内的第 170 帧，按下键盘上的 F6 键，将空白帧转换为空白关键帧。

34　选择第 170 帧，选择工具箱内的 ○ "多角星形工具"，取消"笔触颜色"，将"填充颜色"设置为白色，在"属性"面板中的"工具设置"卷展栏内单击"选项"按钮，打开"工具设置"对话框，在"样式"下拉选项栏中选择"星形"选项，在"边数"参数栏中键入 5，在"星形顶点大小"参数栏中键入 0.50，如图 11-25 所示，单击"确定"按钮，退出该对话框。

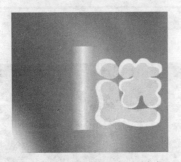

图 11-24　设置矩形填充样式

图 11-25　"工具设置"对话框

35　参照图 11-26 所示绘制多个大小不等的星形。

为了使读者能看清绘制的星形，在出示图 11-26 时星形以蓝色显示。

提示

36　现在本实例的制作就全部完成了，完成后的设置星座情缘网页——素材截图效果如图 11-27 所示。

图 11-26　绘制星形　　　　　　　　图 11-27　设置星座情缘网页——素材

37 将本实例进行保存，以便在实例 12 中应用。

实例 12　设置星座情缘网页——动画

本实例中，将继续指导读者设置星座情缘网页——动画部分。该部分动画主要包括长方条图形划动动画、文本跳动动画和星星划动动画部分，同时伴有背景音乐响起。

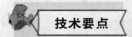

在制作本实例时，首先使用创建补间动画工具设置长方条图形划动效果，然后通过调节各帧内的文本位置，创建文本跳动动画，使用建补间动画工具设置星星动画效果，最后添加背景音乐，完成本实例的制作。图 12-1 所示为动画完成后的截图。

图 12-1　设置星座情缘网页

1 打开实例 11 中保存的文件。

2 选择"长方条"层内的第 71 帧，按下键盘上的 F6 键，将第 71 帧转换为关键帧，加选第 71~210 帧，按下键盘上的 Delete 键，删除所选帧内的图形。

3 选择第 70 帧，按下键盘上的 F6 键，将第 70 帧转换为关键帧，然后参照图 12-2 所示来调整图形位置。

图 12-2　调整图形位置

4 选择第 1 帧，右击鼠标，在弹出的快捷菜单中选择"创建传统补间"选项，确定在第
1~70 帧之间创建传统补间动画。

5 选择第 15 帧，按下键盘上的 F6 键，将第 15 帧转换为关键帧，然后参照图 12-3 所示
来调整图形位置。

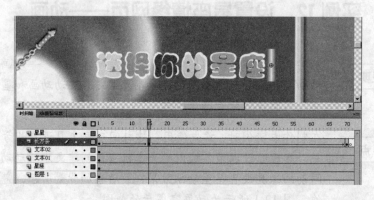

图 12-3　调整图形位置

6 使用同样的方法，将第 30 帧、第 45
帧和第 60 帧转换为关键帧，然后参照图 12-4
所示来调整图形位置。

7 加选"文本 2"层内的第 71 帧、第 75
帧、第 80 帧、第 85 帧、第 90 帧、第 95 帧、
第 100 帧、第 105 帧、第 110 帧、第 115 帧、
第 120 帧、第 125 帧、第 130 帧、第 135 帧、
第 140 帧、第 145 帧、第 150 帧、第 155 帧、
第 160 帧、第 165 帧，按下键盘上的 F6 键，将

图 12-4　调整图形位置

所选的帧转换为关键帧，将第 71 帧、第 80 帧、第 90 帧、第 100 帧、第 110 帧、第 120 帧、
第 130 帧、第 140 帧、第 150 帧、第 160 帧内的文本向上微移，将第 75 帧、第 85 帧、第 95
帧、第 105 帧、第 115 帧、第 125 帧、第 135 帧、第 145 帧、第 155 帧内的文本向下微移。

8 选择"星星"层内的第 185 帧，按下键盘上的 F6 键，将第 185 帧转换为关键帧，然
后参照图 12-5 所示来调整图形位置。

8 选择"星星"层内的第 210 帧，按下键盘上的 F6 键，将第 210 帧转换为关键帧，然
后参照图 12-6 所示来调整图形位置。

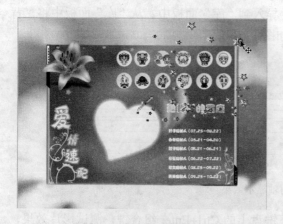

图 12-5　调整图形位置　　　　　　　　　图 12-6　调整图形位置

⑩ 选择第 170 帧，右击鼠标，在弹出的快捷菜单中选择"创建传统补间"选项，确定在第 170~185 帧之间创建传统补间动画；选择第 185 帧，右击鼠标，在弹出的快捷菜单中选择"创建传统补间"选项，确定在第 185~210 帧之间创建传统补间动画，时间轴显示如图 12-7 所示。

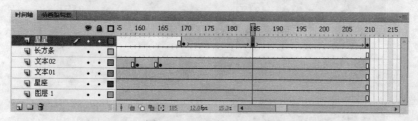

图 12-7　时间轴显示效果

⑪ 单击时间轴面板中的 📄 "新建图层"按钮，创建一个新图层，将新创建的图层命名为"音乐"。

⑫ 执行菜单栏中的"文件"/"导入"/"导入到库"命令，打开"导入到库"对话框。选择本书附带光盘中的"网页动画制作"/"实例 11~12：设置星座情缘网页"/"背景音乐.mp3"文件，如图 12-8 所示，单击"打开"按钮，退出该对话框。

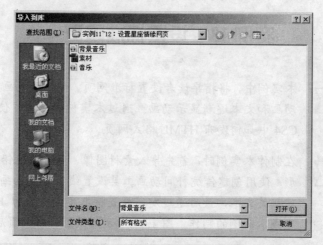

图 12-8　"导入到库"对话框

13 退出"导入到库"对话框后将素材文件导入到"库"面板中。从"库"面板中将"背景音乐.mp3"文件拖动至场景内，时间轴显示如图 12-9 所示。

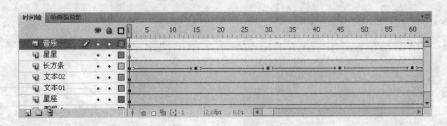

图 12-9　时间轴显示效果

14 现在本实例的制作就全部完成了，按下键盘上的 Ctrl+Enter 组合键，测试影片效果，图 12-10 所示为本实例在不同帧的显示效果。如果读者在制作过程中遇到了什么问题，可以打开本书附带光盘文件"网页动画制作" / "实例 11~12：设置星座情缘网页" /设置星座情缘网页.fla"，该实例为完成后的文件。

图 12-10　设置星座情缘网页

实例 13　设置标准网页

本实例中，将指导读者设置标准网页，该网页动画主要包括线条划动动画和文本逐渐显示动画。通过本实例的制作，使读者了解在 Flash CS4 中如何发布 HTML 格式网页。

在制作本实例时，首先导入素材图像，然后使用铅笔工具绘制线条图形，使用创建传统补间动画工具设置线条划动画，使用文本工具创建相关文本，最后通过发布设置将本实例发布为 HTML 格式网页，完成本实例的制作。图 13-1 所示为设置标准网页后的截图。

图 13-1　设置标准网页

1 运行 Flash CS4，创建一个新的 Flash（ActionScript 2.0）文档。

2 单击"属性"面板中的"属性"卷展栏内的"文档属性"按钮，打开"文档属性"对话框。在"尺寸"右侧的"宽"参数栏中键入"1004 像素"，在"高"参数栏中键入"752 像素"，设置背景颜色为白色，设置帧频为 12，标尺单位为"像素"，如图 13-2 所示，单击"确定"按钮，退出该对话框。

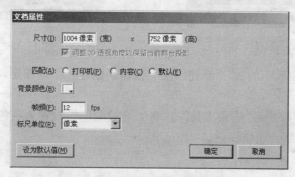

图 13-2　"文档属性"对话框

3 执行菜单栏中的"文件" / "导入" / "导入到舞台"命令，打开"导入"对话框。选择本书附带光盘中的"网页动画制作" / "实例 13：设置标准网页" / "背景.jpg"文件，如图 13-3 所示，单击"确定"按钮，退出该对话框。

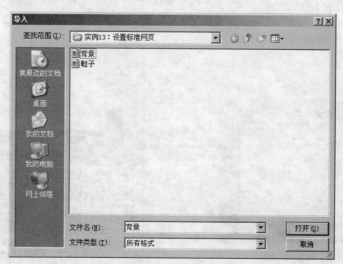

图 13-3　"导入"对话框

4 退出"导入"对话框，将"背景.jpg"图像导入至舞台内，如图 13-4 所示。

5 选择"图层 1"内的第 60 帧，按下键盘上的 F5 键，使"图层 1"内的图像在第 1~60 帧之间显示。

6 单击时间轴面板中的 □ "新建图层"按钮，创建一个新图层，将新创建的图层命名为"白块"。

7 选择工具箱内的 □ "矩形工具"，取消"笔触颜色"，将"填充颜色"设置为白色，在如图 13-5 所示的位置绘制一个矩形。

图 13-4　导入素材图像

图 13-5　绘制矩形

8 单击时间轴面板中的 □ "新建图层"按钮，创建一个新图层，将新创建的图层命名为"线条 01"。

8 选择工具箱内的 ＼ "线条工具"，将"笔触颜色"设置为灰色（#CCCCCC），在如图 13-6 所示的位置绘制一个横线条。

提示　为了使读者能看清楚绘制的横线条，在出示图 13-6 时线条以黑色显示。

10 使用同样的方法，绘制其他横线条，每个横线条为一个单独的层，如图 13-7 所示。

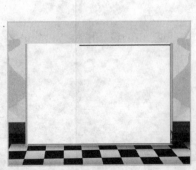

图 13-6　绘制横线条

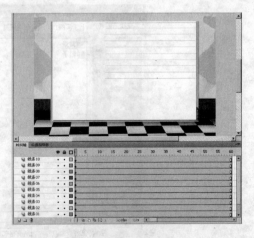

图 13-7　绘制其他横线条

11 使用同样的方法绘制其他竖线条，每个竖线条为一个单独的层，如图 13-8 所示。

12 选择"线条 01"~"线条 22"层内的第 15 帧，按下键盘上的 F6 键，将"线条 01"层~"线条 22"层内的第 15 帧转换为关键帧。

13 单击"线条 01"层内的第 1 帧，选择"线条 01"、"线条 03"、"线条 05"、"线条 07"、"线条 09"层内的横线条，将其移动至场景以外右侧如图 13-9 所示的位置。

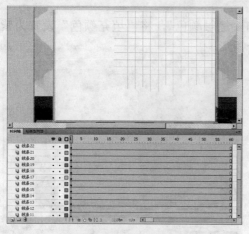

图 13-8　绘制其他竖线条

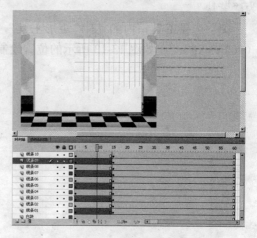

图 13-9　移动横线条位置

14 单击"线条 02"层内的第 1 帧，选择"线条 02"、"线条 04"、"线条 06"、"线条 08"、"线条 10"层内的横线条，将其移动至场景以外左侧如图 13-10 所示的位置。

15 使用同样的方法，将"线条 11"、"线条 13"、"线条 15"、"线条 17"、"线条 19"、"线条 21"层内的竖线条移动至场景以外顶部位置，将"线条 12"、"线条 14"、"线条 16"、"线条 18"、"线条 20"、"线条 22"层内的竖线条移动至场景以外底部位置，如图 13-11 所示。

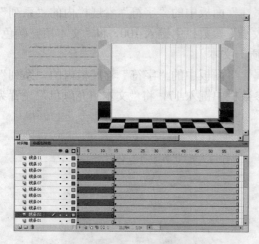

图 13-10　移动横线条位置

图 13-11　移动竖线条位置

16 加选"线条 01"~"线条 22"层内的第 1 帧，右击鼠标，在弹出的快捷菜单中选择"创建传统补间"选项，确定在"线条 01"~"线条 22"层内的第 1~15 帧之间创建传统补间动画。

17 单击时间轴面板中的 📑 "新建图层"按钮，创建一个新图层，将新创建的图层命名为"粗线条"。

18 选择"粗线条"层内的第 15 帧，按下键盘上的 F6 键，将空白帧转换为空白关键帧。

19 单击第 15 帧，选择工具箱内的 \ "线条工具"，进入"属性"面板，在"填充和笔触"卷展栏内将"笔触颜色"设置为黑色，在"笔触"参数栏中键入 3，在如图 13-12 所示的位置绘制 4 个线条。

20 单击时间轴面板中的 🖿 "新建图层"按钮，创建一个新图层，将新创建的图层命名为"紫块"。

21 选择工具箱内的 ▢ "矩形工具"，取消"笔触颜色"，将"填充颜色"设置为紫色（#CF95AB），在如图 13-13 所示的位置绘制一个矩形。

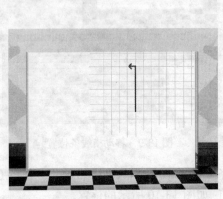
图 13-12　绘制线条

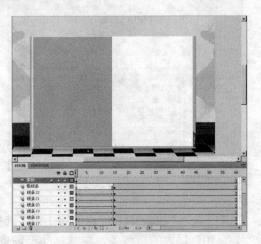
图 13-13　绘制矩形

22 单击时间轴面板中的 🖿 "新建图层"按钮，创建一个新图层，将新创建的图层命名为"文本"。

23 选择工具箱内的 T "文本工具"，在"属性"面板中的"字符"卷展栏内的"系列"下拉选项栏中选择"方正祥隶简体"选项，在"大小"参数栏中键入 100，将"文本填充颜色"设置为白色，在如图 13-14 所示的位置键入"金质"文本。

24 选择工具箱内的 T "文本工具"，在"属性"面板中的"字符"卷展栏内的"系列"下拉选项栏中选择 Orator Std 选项，在"大小"参数栏中键入 17，将"文本填充颜色"设置为白色，在如图 13-15 所示的位置键入文本。

图 13-14　键入文本

图 13-15　键入文本

25　选择工具箱内的 **T** "文本工具",在"属性"面板中的"字符"卷展栏内的"系列"下拉选项栏中选择"方正北魏楷书简体"选项,在"大小"参数栏中键入 45,将"文本填充颜色"设置为黑色,在如图 13-16 所示的位置键入"时尚"文本。

26　选择工具箱内的 **T** "文本工具",在"属性"面板中的"字符"卷展栏内的"系列"下拉选项栏中选择 Eccentric Std 选项,在"大小"参数栏中键入 30,将"文本填充颜色"设置为黑色,在如图 13-17 所示的位置键入"YANG-K"文本。

图 13-16　键入文本

图 13-17　键入文本

27　选择"文本"层内的第 15 帧,按下键盘上的 F6 键,将第 15 帧转换为关键帧。

28　单击第 15 帧,选择工具箱内的 **T** "文本工具",在"属性"面板中的"字符"卷展栏内的"系列"下拉选项栏中选择 Blackoak Std 选项,在"大小"参数栏中键入 16,将"文本填充颜色"设置为黑色,在如图 13-18 所示的位置键入"GKNGPBNG"文本。

28　选择工具箱内的 **T** "文本工具",在"属性"面板中的"字符"卷展栏内的"系列"下拉选项栏中选择"方正北魏楷书简体"选项,在"大小"参数栏中键入 16,将"文本填充颜色"设置为紫色(#CF95AB),在如图 13-19 所示的位置键入"TMNYYK"文本。

图 13-18　键入文本

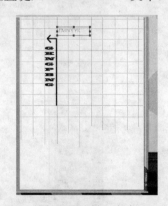

图 13-19　键入文本

30　单击时间轴面板中的 "新建图层"按钮,创建一个新图层,将新创建的图层命名为"文本 01"。

31　选择"文本 01"层内的第 15 帧,按下键盘上的 F6 键,将第 15 帧转换为关键帧。

32　单击第 15 帧,选择工具箱内的 **T** "文本工具",在"属性"面板中的"字符"卷展栏内的"系列"下拉选项栏中选择"方正铁筋隶书简体"选项,在"大小"参数栏中键入 20,将"文本填充颜色"设置为黑色,在如图 13-20 所示的位置键入"1:最新精品上市"文本。

33 选择第 20 帧，按下键盘上的 F6 键，将第 20 帧转换为关键帧，在第 20 帧内键入 "2：最受欢迎款式" 文本；选择第 25 帧，按下键盘上的 F6 键，将第 25 帧转换为关键帧，在第 25 帧内键入 "3：体现成熟之美" 文本；选择第 30 帧，按下键盘上的 F6 键，将第 30 帧转换为关键帧，在第 30 帧内键入 "4：上期活动女鞋" 文本，如图 13-21 所示。

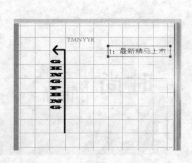

图 13-20　键入文本

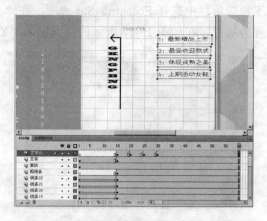

图 13-21　键入文本

34 单击时间轴面板中的 ➡ "新建图层" 按钮，创建一个新图层，将新创建的图层命名为 "鞋子"。

35 执行菜单栏中的 "文件" / "导入" / "导入到舞台" 命令，打开 "导入" 对话框，选择本书附带光盘中的 "网页动画制作" / "实例 13：设置标准网页" / "鞋子.jpg" 文件，如图 13-22 所示，单击 "确定" 按钮，退出该对话框。

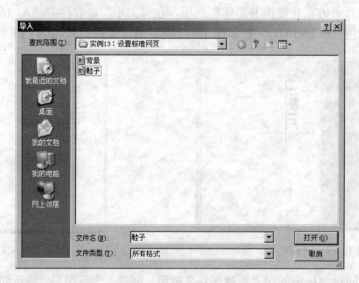

图 13-22　"导入" 对话框

36 退出 "导入" 对话框后将 "鞋子.jpg" 图像导入至舞台内，然后参照图 13-23 所示来调整图像位置。

图 13-23　调整图像位置

37 发布网页。执行菜单栏中的"文件"/"发布设置"命令，打开"发布设置"对话框，进入 HTML 选项卡，如图 13-24 所示，单击"发布"按钮，发布网页，单击"确定"按钮，退出该对话框。

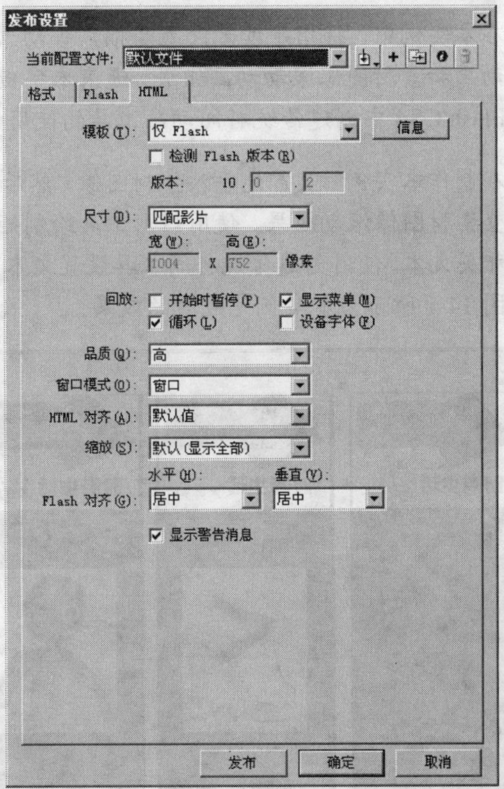

图 13-24　"发布设置"对话框

38 现在本实例的制作就全部完成了，按下键盘上的 Ctrl+Enter 组合键，测试影片效果，图 13-25 所示为本实例在不同帧的显示效果。如果读者在制作过程中遇到了什么问题，可以打开本书附带光盘文件"网页动画制作"/"实例 13：设置标准网页"/设置标准网页.fla"，该实例为完成后的文件。

图 13-25　设置标准网页

实例 14　设置竖幅广告动画

在本实例中，将指导读者设置竖幅广告动画，实例中主要由文本划动动画和素材图像滚动动画组成。通来本实例的学习，加强读者了解在 Flash CS4 中创建传统补间动画工具的使用方法。

在制作本实例时，首先导入素材图像，然后使用创建传统补间工具设置素材图像滚动效果，使用矩形工具绘制矩形块，使用文本工具键入相关文本，使用创建传统补间工具设置文本动画，完成本实例的制作。图 14-1 所示为本实例完成后的效果。

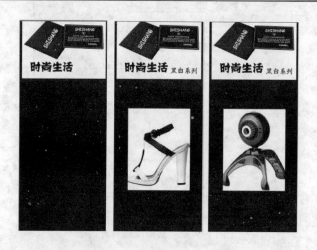

图 14-1　设置竖幅广告动画

1　运行 Flash CS4，创建一个新的 Flash（ActionScript 2.0）文档。

2　单击"属性"面板中的"属性"卷展栏内的"文档属性"按钮，打开"文档属性"对话框，在"尺寸"右侧的"宽"参数栏中键入"203 像素"，在"高"参数栏中键入"488 像素"，设置背景颜色为黑色，设置帧频为 12，标尺单位为"像素"，如图 14-2 所示，单击"确定"

按钮，退出该对话框。

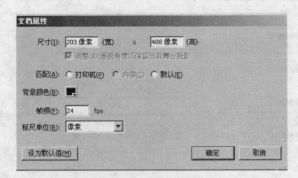

图 14-2　"文档属性"对话框

3　执行菜单栏中的"文件"/"导入"/"导入到库"命令，打开"导入到库"对话框，选择本书附带光盘中的"网页动画制作"/"实例 14：设置竖幅广告动画"/"素材.psd"文件，如图 14-3 所示，单击"确定"按钮，退出该对话框。

图 14-3　"导入到库"对话框

4　单击"导入到库"对话框中的"打开"按钮，退出"导入到库"对话框后打开"将'素材.psd'导入到库"对话框，如图 14-4 所示，单击"确定"按钮，退出该对话框。退出"将'素材.psd'导入到库"对话框后将素材图像导入到"库"面板中。

5　单击时间轴面板中的 ▣ "新建图层"按钮，创建一个新图层，将新创建的图层命名为"素材 01"。

6　选择"素材 01"层内的第 20 帧，按下键盘上的 F6 键，插入空白关键帧，选择第 20 帧，将"库"面板中的"素材.psd 资源"文件夹中的"素材 01"图像拖动至场景以外，然后参照图 14-5 所示来调整图像位置。

7　选择第 40 帧，按下键盘上的 F6 键，使图像延续到第 40 帧，选择第 40 帧内的图像，然后参照图 14-6 所示来调整图像位置。

8　选择第 250 帧，按下键盘上的 F5 键，使图像延续到第 250 帧。

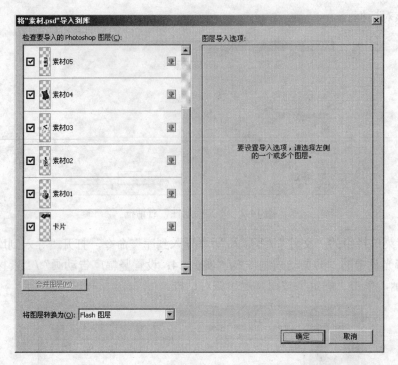

图 14-4 "将'素材.psd'导入到库"对话框

图 14-5 调整图像位置

图 14-6 调整图像位置

⑧ 选择第 20 帧，右击鼠标，在弹出的快捷菜单中选择"创建传统补间"选项，确定在第 20~40 帧之间创建传统补间动画。

⑩ 单击时间轴面板中的 □ "新建图层"按钮，创建一个新图层，将新创建的图层命名为"素材 02"。

⑪ 选择"素材 02"层内的第 40 帧，按下键盘上的 F6 键，插入空白关键帧，选择第 40 帧，将"库"面板中的"素材.psd 资源"文件夹中的"素材 02"图像拖动至场景以外，然后

参照图 14-7 所示来调整图像位置。

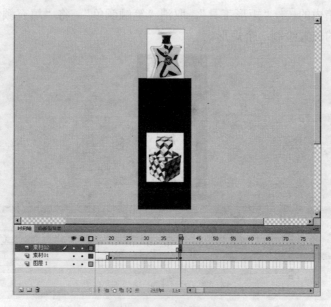

图 14-7　调整图像位置

12 选择第 70 帧，将第 70 帧转换为关键帧，选择第 70 帧内的图像，然后参照图 14-8 所示来调整图像位置。

图 14-8　调整图像位置

13 选择第 40 帧，右击鼠标，在弹出的快捷菜单中选择"创建传统补间"选项，确定在第 40~70 帧之间创建传统补间动画。

14 使用同样的方法，设置其他素材图像动画，每个动画为一个单独的层，动画开始帧相差 30 帧，如图 14-9 所示。

15 单击时间轴面板中的　"新建图层"按钮，创建一个新图层，将新创建的图层命名为"白块"。

16 选择工具箱内的 "矩形工具",取消"笔触颜色",将"填充颜色"设置为白色,在如图 14-10 所示的位置绘制一个矩形。

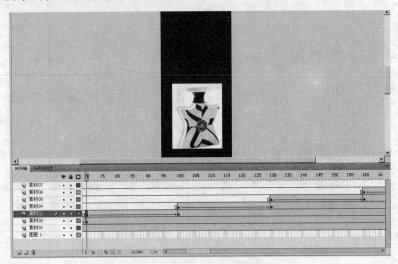

图 14-9　设置其他素材图像动画

17 将"库"面板中的"素材.psd 资源"文件夹中的"卡片"图像拖动至场景内,然后参照图 14-11 所示来调整图像位置。

图 14-10　绘制矩形

图 14-11　调整图像位置

18 单击时间轴面板中的 "新建图层"按钮,创建一个新图层,将新创建的图层命名为"文本 01"。

19 选择"文本 01"层内的第 5 帧,按下键盘上的 F6 键,将空白帧转换为空白关键帧。

20 单击第 5 帧,选择工具箱内的 **T** "文本工具",在"属性"面板中的"字符"卷展栏内的"系列"下拉选项栏中选择"方正剪纸简体"选项,在"大小"参数栏中键入 25,将"文本填充颜色"设置为黑色,在如图 14-12 所示的位置键入"时"文本。

21 选择第 10 帧,按下键盘上的 F6 键,将第 10 帧转换为关键帧,在文本右侧键入"尚"文本,选择第 15 帧,按下键盘上的 F6 键,将第 15 帧转换为关键帧,在文本右侧键入"生"文本,选择第 20 帧,按下键盘上的 F6 键,将第 20 帧转换为关键帧,在文本右侧键入"活"

文本，如图 14-13 所示。

22　单击时间轴面板中的 "新建图层" 按钮，创建一个新图层，将新创建的图层命名为 "文本 02"。

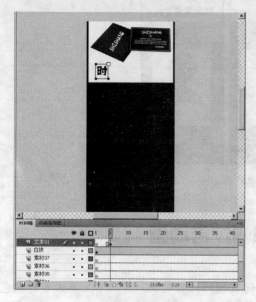

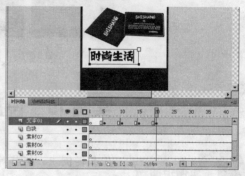

图 14-12　键入文本　　　　　　　　　　　图 14-13　键入其他文本

23　选择 "文本 02" 层内的第 20 帧，按下键盘上的 F6 键，将空白帧转换为空白关键帧。

24　单击第 20 帧，选择工具箱内的 T "文本工具"，在 "属性" 面板中的 "字符" 卷展栏内的 "系列" 下拉选项栏中选择 "方正北魏楷书简体" 选项，在 "大小" 参数栏中键入 16，将 "文本填充颜色" 设置为黑色，在如图 14-14 所示的位置键入 "黑白系列" 文本。

25　选择第 40 帧，按下键盘上的 F6 键，将第 40 帧转换为关键帧；选择第 20 帧内的文本，将其移动至场景以外如图 14-15 所示的位置。

图 14-14　键入文本　　　　　　　　　　　图 14-15　移动文本位置

26　选择第 20 帧，右击鼠标，在弹出的快捷菜单中选择 "创建传统补间" 选项，确定在第 20~40 帧之间创建传统补间动画。

27　现在本实例的制作就全部完成了，按下键盘上的 Ctrl+Enter 组合键，测试影片效果，图 14-16 所示为本实例在不同帧的显示效果。如果读者在制作过程中遇到了什么问题，可以打开本书附带光盘文件 "网页动画制作"/"实例 14：设置竖幅广告动画"/设置竖幅广告动画.fla"，该实例为完成后的文件。

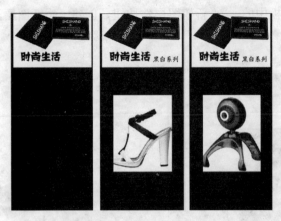

图 14-16　设置竖幅广告动画

实例 15　设置横幅广告动画

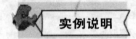

在本实例中，将指导读者设置横幅广告动画，实例中主要由各种颜色的圆圈从无到有、从大到小的动画和文本逐个显示动画组成。通来本实例的学习，使读者了解在 Flash CS4 中创建传统补间工具的使用方法。

在制作本实例时，首先创建图形元件，然后使用椭圆工具绘制正圆，使用对齐工具设置绘制的多个正圆水平、垂直、居中对齐，通过创建传统补间工具设置圆圈补间动画，最后使用文本工具键入相关文本，使用创建传统补间工具设置文本动画，完成本实例的制作。图 15-1 所示为本实例完成后的效果。

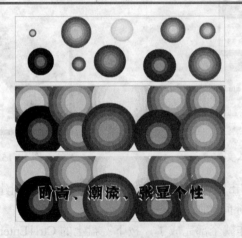

图 15-1　设置横幅广告动画

1 运行 Flash CS4，创建一个新的 Flash（ActionScript 2.0）文档。

2 单击"属性"面板中的"属性"卷展栏内的"文档属性"按钮,打开"文档属性"对话框。在"尺寸"右侧的"宽"参数栏中键入"500 像素",在"高"参数栏中键入"150 像素",设置背景颜色为白色,设置帧频为 12,标尺单位为"像素",如图 15-2 所示,单击"确定"按钮,退出该对话框。

3 执行菜单栏中的"插入"/"新建元件"命令,打开"创建新元件"对话框。在"名称"文本框内键入"圆圈 01"文本,在"类型"下拉选项栏中选择"图形"选项,如图 15-3 所示,单击"确定"按钮,退出该对话框。

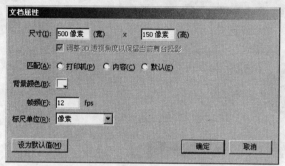
图 15-2 "文档属性"对话框

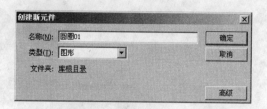
图 15-3 "创建新元件"对话框

4 退出"创建新元件"对话框后进入"圆圈 01"编辑窗,选择工具箱内的 ◯ "椭圆工具",取消"笔触颜色",将"填充颜色"设置为红色(#FF0000),在编辑窗内绘制一个任意正圆,选择绘制的正圆,进入"属性"面板,在"位置和大小"卷展栏内的"宽度"参数栏中键入 120,在"高度"参数栏中键入 120,如图 15-4 所示。

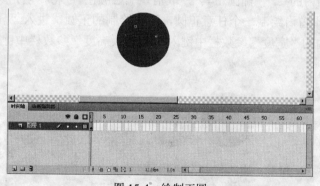
图 15-4 绘制正圆

5 单击时间轴面板中的 ▣ "新建图层"按钮,创建一个新图层——"图层 2"。

6 选择工具箱内的 ◯ "椭圆工具",取消"笔触颜色",将"填充颜色"设置为红色(#FF6600),在编辑窗内绘制一个任意正圆,选择绘制的正圆,进入"属性"面板,在"位置和大小"卷展栏内的"宽度"参数栏中键入 100,在"高度"参数栏中键入 100,如图 15-5 所示。

7 单击时间轴面板中的 ▣ "新建图层"按钮,创建一个新图层——"图层 3"。

8 选择工具箱内的 ◯ "椭圆工具",取消"笔触颜色",将"填充颜色"设置为橘红色(#FFCC00),在编辑窗内绘制一个任意正圆,选择绘制的正圆,进入"属性"面板,在"位置和大小"卷展栏内的"宽度"参数栏中键入 80,在"高度"参数栏中键入 80,如图 15-6 所示。

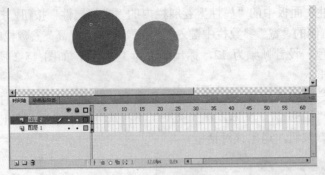

图 15-5　绘制正圆

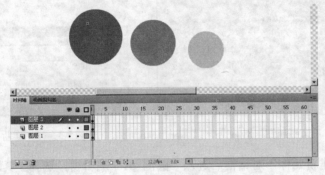

图 15-6　绘制正圆

9 单击时间轴面板中的 □ "新建图层" 按钮，创建一个新图层——"图层 4"。

10 选择工具箱内的 ○ "椭圆工具"，取消 "笔触颜色"，将 "填充颜色" 设置为橘红色（#FFFF32），在编辑窗内绘制一个任意正圆，选择绘制的正圆，进入 "属性" 面板，在 "位置和大小" 卷展栏内的 "宽度" 参数栏中键入 60，在 "高度" 参数栏中键入 60，如图 15-7 所示。

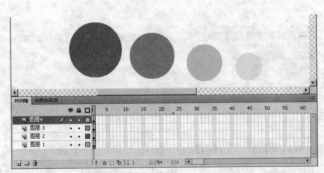

图 15-7　绘制正圆

11 选择绘制的全部图形，执行菜单栏中的 "窗口" / "对齐" 命令，打开 "对齐" 面板，激活 □ "相对于舞台" 按钮，单击 呂 "水平居中" 和 ◧ "垂直居中" 按钮，设置图形水平、垂直居中对齐，如图 15-8 所示。

12 使用同样的方法，创建其他 9 个圆圈图形元件，并依次命名为 "圆圈 02" ~ "圆圈 10"，"库" 面板显示如图 15-9 所示。

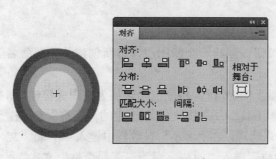

图 15-8　设置图形水平、垂直居中对齐

图 15-9　创建其他圆圈图形元件

⓭　进入"场景 1"编辑窗，单击"图层 1"内的第 5 帧，按下键盘上的 F6 键，将空白帧转换为空白关键帧。

⓮　选择第 5 帧，将"库"面板中的"圆圈 01"元件拖动至场景内，如图 15-10 所示。

⓯　选择第 40 帧，按下键盘上的 F6 键，使元件延续到第 40 帧；选择第 10 帧，按下键盘上的 F6 键，将第 10 帧转换为关键帧；选择第 5 帧内的元件，然后参照图 15-11 所示来调整元件大小。

图 15-10　将"圆圈 01"元件拖动至场景内

图 15-11　调整元件大小

⓰　选择第 5 帧，右击鼠标，在弹出的快捷菜单中选择"创建传统补间"选项，确定在第 5~10 帧之间创建传统补间动画。

⓱　使用同样的方法，创建其他"圆圈 02"~"圆圈 10"元件的动画，时间轴显示如图 15-12 所示。

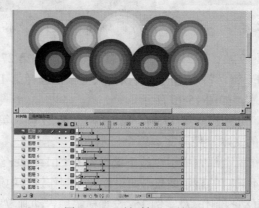

图 15-12　时间轴显示效果

提示

为了达到更好的效果，读者可以适当调整"圆圈 02"～"圆圈 10"元件动画开始帧和创建传统补间动画的位置。

18 单击时间轴面板中的 ⏋ "新建图层"按钮，创建一个新图层，将新创建的图层命名为"文本"。

19 选择"文本"层内的第 15 帧，按下键盘上的 F6 键，将空白帧转换为空白关键帧。

20 单击第 15 帧，选择工具箱内的 **T** "文本工具"，在"属性"面板中的"字符"卷展栏内的"系列"下拉选项栏中选择"方正剪纸简体"选项，在"大小"参数栏中键入 40，将"文本填充颜色"设置为白色，在如图 15-13 所示的位置键入"时尚、潮流、张显个性"文本。

21 确定文本仍处于被选择状态，右击鼠标，在弹出的快捷菜单中选择"分离"选项，将文本分离，如图 15-14 所示。

图 15-13　键入文本

图 15-14　分离文本

22 选择分离后的全部文本，按下键盘上的 Ctrl+C 组合键，复制文本；按下键盘上的 Ctrl+Shift+V 组合键，将文本粘贴至原位置。

23 选择"时"文本，在"属性"面板中的"字符"卷展栏内的"大小"参数栏中键入 35，将"文本填充颜色"设置为黑色，然后参照图 15-15 所示来调整文本位置。

24 使用同样的方法，设置其他文本字体大小、颜色及位置，如图 15-16 所示。

图 15-15　键入文本

图 15-16　设置其他文本字体大小、颜色及位置

25 加选第 17 帧、第 19 帧、第 21 帧、第 23 帧、第 25 帧、第 27 帧、第 29 帧、第 31 帧、第 33 帧，按下键盘上的 F6 键，将所选的帧转换为关键帧，选择第 15 帧，删除第 15 帧内除"时"文本以外的全部文本，如图 15-17 所示。

26 使用同样的方法，分别删除第 17 帧、第 19 帧、第 21 帧、第 23 帧、第 25 帧、第 27 帧、第 29 帧、第 31 帧内的文本，使用文本逐个显示。

27 现在本实例的制作就全部完成了，按下键盘上的 Ctrl+Enter 组合键，测试影片效果，图 15-18 所示为本实例在不同帧的显示效果。如果读者在制作过程中遇到了什么问题，可以打开本书附带光盘文件"网页动画制作"/"实例 15：设置横幅广告动画"/"设置横幅广告动画.fla"，该实例为完成后的文件。

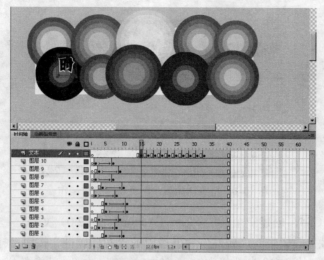

图 15-17　删除文本

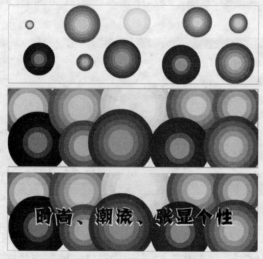

图 15-18　设置横幅广告动画

实例16　精美饰品展示网页——素材制作

在本实例中，将指导读者制作精美饰品展示网页，本实例将分为精美饰品展示网页——素材制作和精美饰品展示网页——动画制作两部分完成。通来本实例的学习，使读者了解在 Flash CS4 中创建按钮元件和文本工具的使用方法。

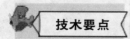

在制作本实例时，首先导入素材图像，使用文本工具键入相关文本，然后创建按钮元件，最后使用椭圆工具绘制正圆，使用填充样式工具填充图形，完成本实例的制作。图 16-1 所示为本实例完成后的效果。

图 16-1　精美饰品展示网页——素材制作

1 运行 Flash CS4，创建一个新的 Flash（ActionScript 2.0）文档。

2 单击"属性"面板中的"属性"卷展栏内的"文档属性"按钮，打开"文档属性"对话框，在"尺寸"右侧的"宽"参数栏中键入"821 像素"，在"高"参数栏中键入"573 像素"，设置背景颜色为白色，设置帧频为 12，标尺单位为"像素"，如图 16-2 所示，单击"确定"按钮，退出该对话框。

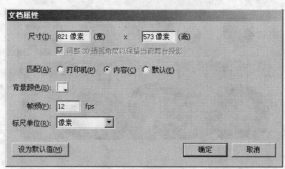

图 16-2　"文档属性"对话框

3 执行菜单栏中的"文件"/"导入"/"导入到库"命令，打开"导入到库"对话框。选择本书附带光盘中的"网页动画制作"/"实例 16~17：精美饰品展示网页"/"素材.psd"文件，如图 16-3 所示。

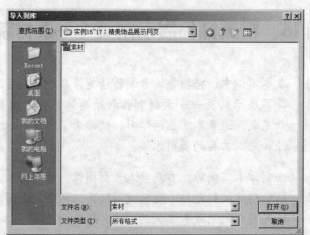

图 16-3　"导入到库"对话框

4 单击"导入到库"对话框中的"打开"按钮，退出"导入到库"对话框后打开"将'素材.psd'导入到库"对话框，如图16-4所示，单击"确定"按钮，退出该对话框。

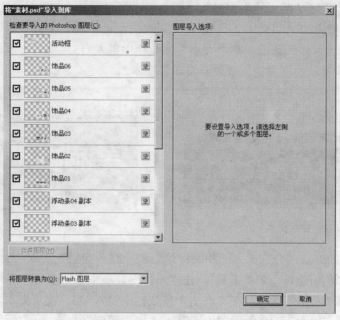

图16-4 "将'素材.psd'导入到库"对话框

5 退出"将'素材.psd'导入到库"对话框后将素材图像导入到"库"面板中。选择"库"面板中的"素材.psd资源"文件夹中的"背景"图像，将其拖动至场景内，在"属性"面板中的"位置和大小"卷展栏内的X参数栏中键入0，Y参数栏中键入0，设置图像位置，如图16-5所示。

6 选择"图层1"内的第60帧，右击鼠标，在弹出的快捷菜单中选择"插入帧"选项，使该层的图像在第1~60帧之间显示。

7 单击时间轴面板中的 "新建图层"按钮，创建一个新图层，将新创建的图层命名为"文本"。

8 选择工具箱内的 T "文本工具"，在"属性"面板中的"字符"卷展栏内的"系列"下拉选项栏中选择"黑体"选项，在"大小"参数栏中键入68，将"文本填充颜色"设置为白色，在如图16-6所示的位置键入"美丽由我做主"文本。

图16-5 设置图像位置

图16-6 键入文本

8 选择工具箱内的 **T** "文本工具",在"属性"面板中的"字符"卷展栏内的"系列"下拉选项栏中选择"楷体_GB2312"选项,在"大小"参数栏中键入 30,将"文本填充颜色"设置为白色,在如图 16-7 所示的位置键入"爱生活,做最爱的自己"文本。

10 选择工具箱内的 **T** "文本工具",在"属性"面板中的"字符"卷展栏内的"系列"下拉选项栏中选择"黑体"选项,在"大小"参数栏中键入 13,将"文本填充颜色"设置为白色,在如图 16-8 所示的位置键入"最新资讯"文本。

图 16-7　键入文本

图 16-8　键入文本

11 使用同样的方法,分别键入"相关评论"和"联系我们"文本,如图 16-9 所示。

12 选择工具箱内的 **T** "文本工具",在"属性"面板中的"字符"卷展栏内的"系列"下拉选项栏中选择"宋体"选项,在"大小"参数栏中键入 20,将"文本填充颜色"设置为红色(#FF3265),在如图 16-10 所示的位置键入"加盟我们"文本。

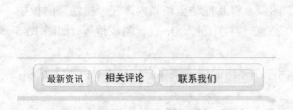

图 16-9　键入其他文本

图 16-10　键入文本

13 使用同样的方法,分别键入"新品介绍"、"最新消息"和"进入我们"文本,如图 16-11 所示。

14 执行菜单栏中的"插入"/"新建元件"命令,打开"创建新元件"对话框。在"名称"文本框内键入"浮动条"文本,在"类型"下拉选项栏中选择"按钮"选项,如图 16-12 所示,单击"确定"按钮,退出该对话框。

图 16-11　键入其他文本

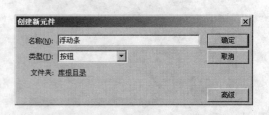

图 16-12　"创建新元件"对话框

15 退出"创建新元件"对话框后进入"浮动条 01"编辑窗，选择"弹起"帧，从"库"面板中将"浮动条 01"图像拖动至"浮动条 01"编辑窗内，进入"属性"面板，在"位置和大小"卷展栏内的 X 参数栏中键入 0，在 Y 参数栏中键入 0，设置图像位置，如图 16-13 所示。

16 选择"指针"帧，右击鼠标，在弹出的快捷菜单中选择"插入空白关键帧"选项，在"指针"帧内插入空白关键帧。

17 选择"指针"帧，从"库"面板中将"浮动条 01 副本"图像拖动至"浮动条 01"编辑窗内，进入"属性"面板，在"位置和大小"卷展栏内的 X 参数栏中键入 0，在 Y 参数栏中键入 0，设置图像位置，如图 16-14 所示。

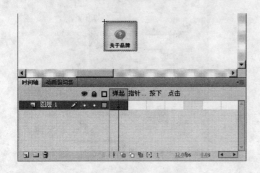

图 16-13　设置图像位置

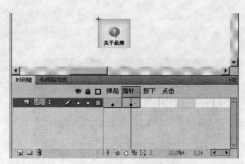

图 16-14　设置图像位置

18 使用同样的方法，创建"浮动条 02"、"浮动条 03"和"浮动条 04"按钮元件，"库"面板显示如图 16-15 所示。

19 进入"场景 1"编辑窗，将"库"面板中的"浮动条 01"~"浮动条 04"元件拖动至场景内，然后参照图 16-16 所示来调整元件位置。

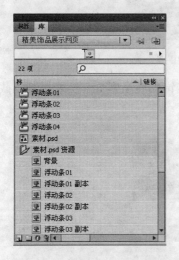

图 16-15　创建其他按钮元件

图 16-16　调整元件位置

20 单击时间轴面板中的 ▣ "新建图层"按钮，创建一个新图层，将新创建的图层命名为"星光"。

21 选择工具箱内的 ○ "椭圆工具"，取消"笔触颜色"，将"填充颜色"设置为白色，在如图 16-17 所示的位置绘制一个正圆。

22 选择绘制的正圆，执行菜单栏中的"窗口"/"颜色"命令，打开"颜色"面板，在"类型"下拉选项栏中选择"放射状"选项，选择左侧色标，在"红"参数栏中键入 255，在"绿"参数栏中键入 255，在"蓝"参数栏中键入 255，在 Alpha 参数栏中键入 100%；选择右侧色标，在"红"参数栏中键入 255，在"绿"参数栏中键入 255，在"蓝"参数栏中键入 255，在 Alpha 参数栏中键入 0%，如图 16-18 所示。

图 16-17　绘制正圆

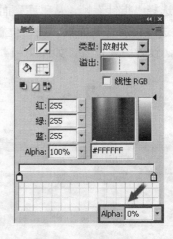

图 16-18　设置色标颜色

23 将绘制的图形进行多次复制，然后参照图 16-19 所示来调整各图形的大小及位置。

图 16-19　调整图形大小及位置

24 现在本实例的制作就全部完成了，完成后的精美饰品展示网页——素材制作截图效果如图 16-20 所示。

图 16-20　精美饰品展示网页——素材制作

25 将本实例保存，以便在实例 17 中应用。

实例 17　精美饰品展示网页——素材制作

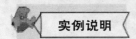

在本实例中，将继续指导读者设置精美饰品展示网页——素材制作，本实例动画部分主要由饰品图像转换和文本跳动动画组成。通来本实例的学习，使读者了解在 Flash CS4 中 TextInput 组件的使用方法。

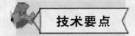

在制作本实例时，首先将库面板中的饰品 01~06 图像拖动至场景内，然后通过设置饰品 01~06 图像在不同帧内显示，制作饰品图像转换动画，最后将库面板中的活动框图像拖动至场景内，添加 TextInput 组件，设置 TextInput 组件属性，完成本实例的制作。图 17-1 所示为本实例完成后的效果。

图 17-1　精美饰品展示网页

1 打开实例 16 中保存的文件。

2 单击时间轴面板中的 □ "新建图层"按钮，创建一个新图层，将新创建的图层命名为"饰品"。

3 选择"库"面板中的"素材.psd 资源"文件夹中的"饰品 01"图像，将其拖动至场景内，在"属性"面板中的"位置和大小"卷展栏内的 X 参数栏中键入 377，Y 参数栏中键入 390，设置图像位置，如图 17-2 所示。

图 17-2　设置图像位置

4 选择第 10 帧，按下键盘上的 F6 键，将第 10 帧转换为关键帧；选择第 10 帧，将"库"面板中的"素材.psd 资源"文件夹中的"饰品 02"图像拖动至场景内，在"属性"面板中的"位置和大小"卷展栏内的 X 参数栏中键入 377，Y 参数栏中键入 390，设置图像位置，如图 17-3 所示。

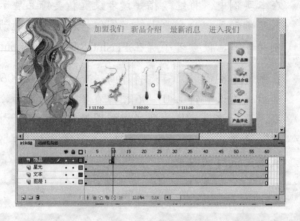

图 17-3 设置图像位置

5 使用同样的方法，分别将第 20 帧、第 30 帧、第 40 帧、第 50 帧转换为关键帧，并依次导入"饰品 03"、"饰品 04"、"饰品 05"、"饰品 06"图像，时间轴显示如图 17-4 所示。

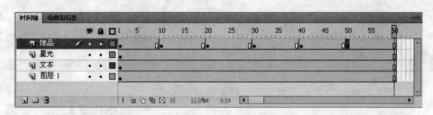

图 17-4 时间轴显示效果

6 单击时间轴面板中的 🗋 "新建图层"按钮，创建一个新图层，将新创建的图层命名为"活动框"。

7 选择"库"面板中的"素材.psd 资源"文件夹中的"活动框"图像，将其拖动至场景内如图 17-5 所示的位置。

图 17-5 将图像拖动至场景内

8 执行菜单栏中的"窗口"/"组件"命令，打开"组件"面板，单击 User Interface 选项左侧的 ⊞ 按钮，在弹出的下拉选项栏中选择 TextInput 组件，将其拖动至如图 17-6 所示的位置。

9 确定 TextInput 组件仍处于被选择状态，选择工具箱内的 ▦ "任意变形工具"，然后参照图 17-7 所示来调整组件大小。

图 17-6 将 TextInput 组件拖动至场景内

图 17-7 调整组件大小

10 使用同样的方法，添加其他两个 TextInput 组件，然后参照图 17-8 所示来调整组件大小及位置。

11 选择密码文本右侧的 TextInput 组件，进入"属性"面板，单击 ▦ "属性检查器面板"按钮，打开"属性检查器"面板，将 password 的值设置为 true，在 maxChars 值内键入 16，在 restrict 值内键入 1234567890，如图 17-9 所示。

图 17-8 添加其他组件

图 17-9 设置 TextInput 组件属性

12 现在本实例的制作就全部完成了，按下键盘上的 Ctrl+Enter 组合键，测试影片效果，图 17-10 所示为本实例在不同帧的显示效果。如果读者在制作过程中遇到了什么问题，可以打开本书附带光盘文件"网页动画制作"/"实例 16~17：精美饰品展示网页"/"精美饰品展示网页.fla"，该实例为完成后的文件。

图 17-10　精美饰品展示网页

实例 18　游戏登入界面

在本实例中，将指导读者设置游戏登入界面，实例中可以键入账号、密码，底部由进度条和滚动窗口组成。通来本实例的学习，使读者了解在 Flash CS4 中 TextInput 组件的使用方法。

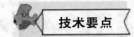

在制作本实例时，首先导入素材图像，然后添加 TextInput 组件，设置 TextInput 组件属性，使用矩形工具绘制矩形，然后添加 ProgressBar 组件，设置进度条效果，最后添加 scrollpane 组件，设置滚动窗口效果，完成本实例的制作。图 18-1 所示为本实例完成后的效果。

图 18-1　游戏登入界面

1 运行 Flash CS4，创建一个新的 Flash（ActionScript 2.0）文档。

2 单击"属性"面板中的"属性"卷展栏内的"文档属性"按钮，打开"文档属性"对话框，在"尺寸"右侧的"宽"参数栏中键入"431 像素"，在"高"参数栏中键入"308 像素"，设置背景颜色为白色，设置帧频为 12，标尺单位为"像素"，如图 18-2 所示，单击"确定"

按钮，退出该对话框。

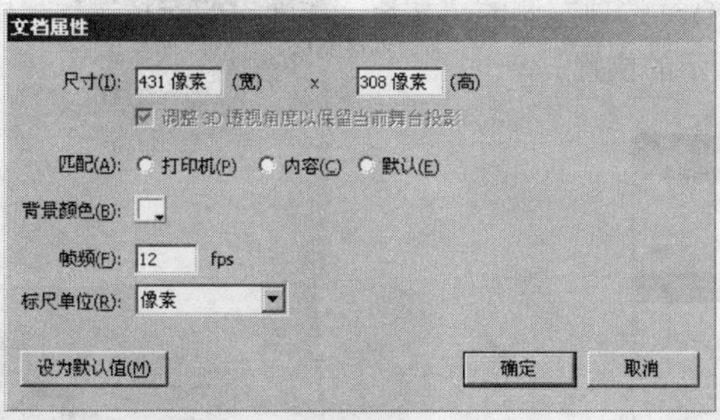

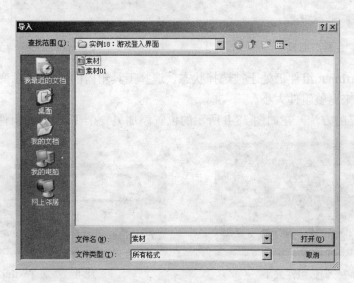

图 18-2　"文档属性"对话框

3　执行菜单栏中的"文件"/"导入"/"导入到舞台"命令，打开"导入"对话框。选择本书附带光盘中的"网页动画制作"/"实例 18：游戏登入界面"/"素材.jpg"文件，如图18-3 所示。

图 18-3　"导入"对话框

4　单击"导入"对话框中的"打开"按钮，退出"导入"对话框后将素材图像导入到舞台，如图 18-4 所示。

图 18-4　导入素材图像

⑤ 执行菜单栏中的"窗口"/"组件"命令，打开"组件"面板，如图18-5所示。

⑥ 单击 User Interface 选项左侧的 ⊞ 按钮，在弹出的下拉选项栏中选择 TextInput 组件，将其拖动至如图18-6所示的位置。

图 18-5 "组件"面板   图 18-6 将 TextInput 组件拖动至场景内

⑦ 确定 TextInput 组件仍处于被选择状态，选择工具箱内的 "任意变形工具"，然后参照图18-7所示来调整组件大小。

⑧ 使用同样的方法，在如图18-8所示的位置添加另一个 TextInput 组件。

图 18-7 调整组件大小   图 18-8 添加 TextInput 组件

⑧ 选择新添加的 TextInput 组件，进入"属性"面板，单击 "属性检查器面板"按钮，打开"组件检查器"面板，将 password 的值设置为 true，在 maxChars 值内键入 10，在 restrict 值内键入 1234567890，如图18-9所示。

⑩ 单击时间轴面板中的 "新建图层"按钮，创建一个新图层，将新创建的图层命名为"进度条"。

⑪ 选择工具箱内的 "矩形工具"，取消"笔触颜色"，将"填充颜色"设置为白色，在如图18-10所示的位置绘制一个矩形。

⑫ 进入"组件"面板，选择 ProgressBar 组件，将其拖动至如图18-11所示的位置。

⑬ 选择新添加的 ProgressBar 组件，进入"属性"面板，单击 "属性检查器面板"按钮，打开"组件检查器"面板。在"参数"选项卡中将 label 的值设置为"进度条 %3%%"，如图18-12所示。

图 18-9　设置 TextInput 组件属性

图 18-10　绘制矩形

图 18-11　将 ProgressBar 组件拖动至场景内

图 18-12　设置 ProgressBar 组件属性

14 进入"组件"面板，选择 scrollpane 组件，将其拖动至如图 18-13 所示的位置。

图 18-13　将 ProgressBar 组件拖动至场景内

15 执行菜单栏中的"文件"/"导入"/"导入到库"命令，打开"导入到库"对话框，选择本书附带光盘中的"网页动画制作"/"实例18：游戏登入界面"/"素材01.jpg"文件，如图18-14所示，单击"确定"按钮，退出该对话框。退出"导入到库"对话框后将素材图像导入到"库"面板中。

16 选择新添加的scrollpane组件，进入"属性"面板，单击 ，"属性检查器面板"按钮，打开"组件检查器"面板，将contentPath的值设置为"素材01.jpg"，将hScrollP的值设置为on，如图18-15所示。

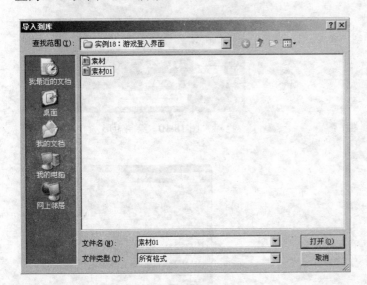

图18-14   "导入到库"对话框

图18-15   设置scrollpane组件属性

17 现在本实例的制作就全部完成了，按下键盘上的**Ctrl+Enter**组合键，测试影片效果，图18-16所示为本实例完成后的效果。如果读者在制作过程中遇到了什么问题，可以打开本书附带光盘文件"网页动画制作"/"实例18：游戏登入界面"/"游戏登入界面.fla"，该实例为完成后的文件。

图18-16   游戏登入界面

实例 19　卡通故事会大全调查表——素材制作

实例说明　　在本实例中，将指导读者制作卡通故事会大全调查表，本实例中由卡通故事会大全调查表——素材制作和卡通故事会大全调查表——添加组件两部分组成。通过本实例的学习，使读者加强在 Flash CS4 中影片剪辑元件的制作方法。

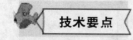

技术要点　　在制作本实例时，首先导入素材图像，然后使用文本工具键入相关文本，最后创建影片剪辑元件，完成本实例的制作，图 19-1 所示为本实例完成后的效果。

图 19-1　卡通故事会大全调查表——素材制作

1 运行 Flash CS4，创建一个新的 Flash（ActionScript 2.0）文档。

2 单击"属性"面板中的"属性"卷展栏内的"文档属性"按钮，打开"文档属性"对话框。在"尺寸"右侧的"宽"参数栏中键入"648 像素"，在"高"参数栏中键入"800 像素"，设置背景颜色为白色，设置帧频为 12，标尺单位为"像素"，如图 19-2 所示，单击"确定"按钮，退出该对话框。

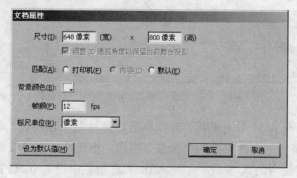

图 19-2　"文档属性"对话框

3 执行菜单栏中的"文件"/"导入"/"导入到库"命令，打开"导入到库"对话框。

选择本书附带光盘中的"网页动画制作"/"实例 19~20：卡通故事会大全调查表"/"素材.psd"
文件，如图 19-3 所示。

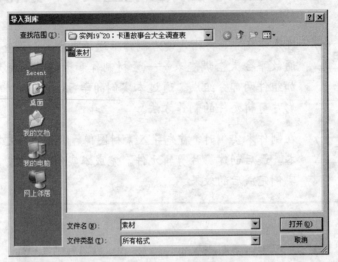

图 19-3 "导入到库"对话框

4 单击"导入到库"对话框中的"打开"按钮，退出"导入到库"对话框后打开"将'素
材.psd'导入到库"对话框，如图 19-4 所示，单击"确定"按钮，退出该对话框。

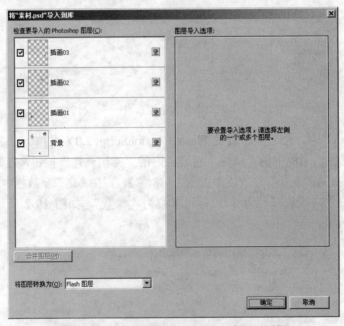

图 19-4 "将'素材.psd'导入到库"对话框

5 退出"将'素材.psd'导入到库"对话框后将素材图像导入到"库"面板中。选择"库"
面板中的"素材.psd 资源"文件夹中的"背景"图像，将其拖动至场景内，在"属性"面板中
的"位置和大小"卷展栏内的 X 参数栏中键入 0，Y 参数栏中键入 0，设置图像位置，如图 19-5
所示。

6 选择工具箱内的 T "文本工具"，在"属性"面板中的"字符"卷展栏内的"系列"

下拉选项栏中选择"方正胖头鱼简体"选项，在"大小"参数栏中键入 38，将"文本填充颜色"设置为灰褐色（#4F1D02），在如图 19-6 所示的位置键入"卡通故事会大全"文本。

图 19-5　设置图像位置

图 19-6　键入文本

7　选择工具箱内的 **T** "文本工具"，在"属性"面板中的"字符"卷展栏内的"系列"下拉选项栏中选择"Adobe 楷体 Std"选项，在"大小"参数栏中键入 25，将"文本填充颜色"设置为绿色（#668D27），在如图 19-7 所示的位置键入"卡通故事会大全"文本。

8　选择工具箱内的 **T** "文本工具"，在"属性"面板中的"字符"卷展栏内的"系列"下拉选项栏中选择"方正祥隶简体"选项，在"大小"参数栏中键入 20，将"文本填充颜色"设置为灰褐色（#885F1F），在如图 19-8 所示的位置键入"姓名："文本。

图 19-7　键入文本

图 19-8　键入文本

9　使用同样的方法，键入其他文本，如图 19-9 所示。

图 19-9　键入其他文本

⑩ 执行菜单栏中的"插入"/"新建元件"命令，打开"创建新元件"对话框。在"名称"文本框内键入"插画 01"文本，在"类型"下拉选项栏中选择"影片剪辑"选项，如图19-10 所示，单击"确定"按钮，退出该对话框。

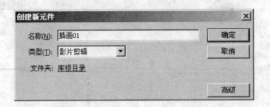

图 19-10 "创建新元件"对话框

⑪ 退出"创建新元件"对话框后进入"插画 01"编辑窗，将"库"面板中的"素材.psd 资源"文件夹中的"插画 01"图像拖动至场景内，在"属性"面板中的"位置和大小"卷展栏内的 X 参数栏中键入 0，Y 参数栏中键入 0，设置图像位置，如图 19-11 所示。

⑫ 选择第 5 帧，按下键盘上的 F6 键，使图像延续到第 5 帧，选择第 5 帧内的图像，在"属性"面板中的"位置和大小"卷展栏内的 X 参数栏中键入 0，Y 参数栏中键入 10，设置图像位置，如图 19-12 所示。

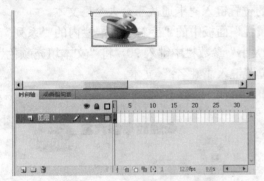

图 19-11 设置图像位置

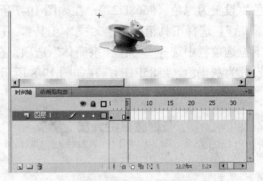

图 19-12 设置图像位置

⑬ 选择第 1 帧，右击鼠标，在弹出的快捷菜单中选择"创建传统补间"选项，确定在第 1~5 帧之间创建传统补间动画。

⑭ 执行菜单栏中的"插入"/"新建元件"命令，打开"创建新元件"对话框。在"名称"文本框内键入"插画 02"文本，在"类型"下拉选项栏中选择"影片剪辑"选项，如图19-13 所示，单击"确定"按钮，退出该对话框。

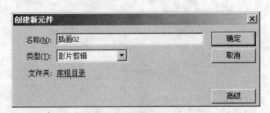

图 19-13 "创建新元件"对话框

⑮ 退出"创建新元件"对话框后进入"插画 02"编辑窗，将"库"面板中的"素材.psd 资源"文件夹中的"插画 02"图像拖动至场景内，在"属性"面板中的"位置和大小"卷展

栏内的 X 参数栏中键入 0，Y 参数栏中键入 0，设置图像位置，如图 19-14 所示。

16　选择第 90 帧，按下键盘上的 F6 键，使图像延续到第 90 帧，选择第 90 帧内图像，在"属性"面板中的"位置和大小"卷展栏内的 X 参数栏中键入-200，Y 参数栏中键入-5，设置图像位置，如图 19-15 所示。

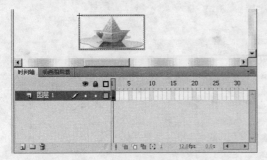

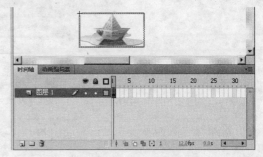

图 19-14　设置图像位置　　　　　　　　　　图 19-15　设置图像位置

17　选择第 1 帧，右击鼠标，在弹出的快捷菜单中选择"创建传统补间"选项，确定在第 1~90 帧之间创建传统补间动画。

18　执行菜单栏中的"插入"/"新建元件"命令，打开"创建新元件"对话框。在"名称"文本框内键入"插画 03"文本，在"类型"下拉选项栏中选择"影片剪辑"选项，如图 19-16 所示，单击"确定"按钮，退出该对话框。

19　退出"创建新元件"对话框后进入"插画 03"编辑窗，将"库"面板中的"素材.psd 资源"文件夹中的"插画 03"图像拖动至场景内，如图 19-17 所示。

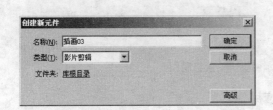

图 19-16　"创建新元件"对话框　　　　　　图 19-17　将图像拖动至场景内

20　选择第 14 帧，按下键盘上的 F5 键，使图像延续到第 14 帧；加选第 5 帧和第 10 帧，按下键盘上的 F6 键，将第 5 帧和第 10 帧转换为关键帧。

21　参照图 19-18 所示来调整图像在第 1 帧，第 5 帧和第 10 帧内的位置。

第 1 帧　　　　　　第 2 帧　　　　　　第 3 帧

图 19-18　调整图像位置

22 进入"场景1"编辑窗，将"库"面板中的"插画 01"~"插画 03"元件拖动至场景内，如图 19-19 所示。

图·19-19　将"插画 01"~"插画 03"元件拖动至场景内

23 现在本实例的制作就全部完成了，完成后的精美饰品展示网页——素材制作截图效果如图 19-20 所示。

图 19-20　精美饰品展示网页——素材制作

24 将本实例进行保存，以便在实例 20 中应用。

实例 20　卡通故事会大全调查表——添加组件

在本实例中，将继续指导读者制作卡通故事会大全调查表——添加组件部分。通过本实例的学习，使读者了解在 Flash CS4 中如何添加文本框、文本域、单选按钮、下拉列表和复选框。

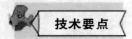

在制作本实例时，首先添加 TextInput 组件，设置文本框，添加 RadioGroup 组件，设置单选按钮，添加 ComboBox 组件，设置下拉列表框，然后添加 CheckBox 组件，设置复选框，完成本实例的制作。图 20-1 所示为本实例完成后的效果。

图 20-1　卡通故事会大全调查表

1 打开实例 19 中保存的文件。

2 执行菜单栏中的"窗口"/"组件"命令，打开"组件"面板，单击 User Interface 选项左侧的 田 按钮，在弹出的下拉选项栏中选择 TextInput 组件，将其拖动至如图 20-2 所示的位置。

3 使用同样的方法，在"所在幼儿园："、"联系地址："和"联系电话："文本右侧添加 TextInput 组件，然后参照图 20-3 所示来调整 TextInput 组件大小。

图 20-2　将 TextInput 组件拖动至场景内

图 20-3　调整组件大小

4 进入"组件"面板，选择 RadioGroup 组件，将其拖动至如图 20-4 所示的位置。

5 选择新添加的 RadioGroup 组件，进入"属性"面板，单击 属性检查器面板 "属性检查器面板"按钮，打开"组件检查器"面板，在"参数"选项卡内将 label 的值设置为"男"，如图 20-5 所示。

图 20-4　将 RadioGroup 组件拖动至场景内

图 20-5　设置 RadioGroup 组件属性

6 使用同样的方法，在如图 20-6 所示的位置添加另一个 RadioGroup 组件。

图 20-6　添加 RadioGroup 组件

7 选择新添加的 RadioGroup 组件，进入"属性"面板，单击 "属性检查器面板"按钮，打开"属性检查器"面板，在"参数"选项卡内将 label 的值设置为"女"，如图 20-7 所示。

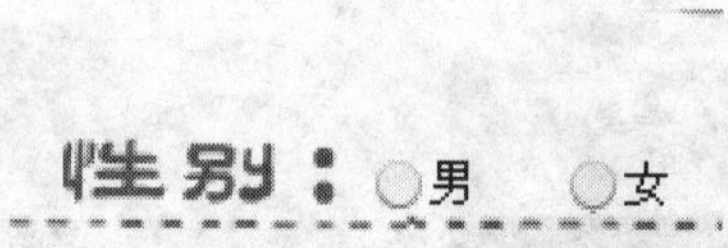

图 20-7　设置 RadioGroup 组件属性

8 进入"组件"面板，选择 TextArea 组件，将其拖动至"个人爱好"文本底部，然后参照图 20-8 所示来调整组件大小。

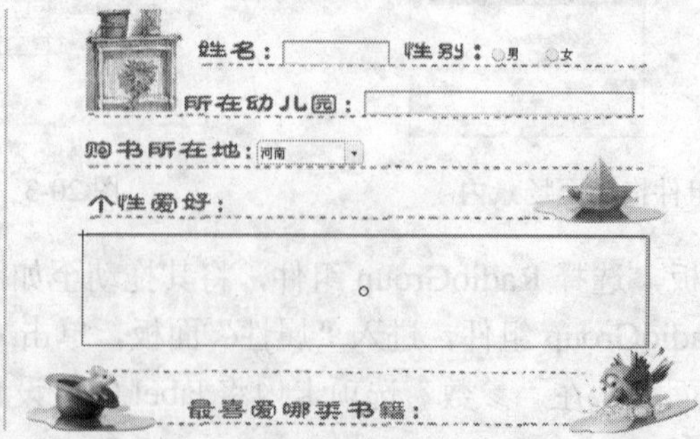

图 20-8　调整组件大小

9 进入"组件"面板，选择 ComboBox 组件，将其拖动至如图 20-9 所示的位置。

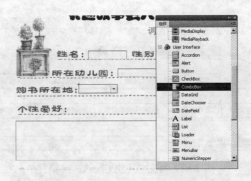

图 20-9　添加 ComboBox 组件

10 选择新添加的 ComboBox 组件，进入"属性"面板，单击  "属性检查器面板"按钮，打开"属性检查器"面板，在"参数"选项卡内双击 labels 参数右侧的【】按钮，打开"值"对话框，单击该对话框中的 ➕ 按钮，添加 defaultValue 项目，将 defaultValue 设置为"河南"，使用该方法，添加"上海"、"北京"、"天津"、"湖北"、"广东"、"大连"和"长春"项目，如图 20-10 所示。

图 20-10　"值"对话框

11 进入"组件"面板，选择 CheckBox 选项，将其拖动至"最喜爱哪类书籍:"文本底部，在"参数"选项卡中将 label 设置为"画册"，如图 20-11 所示。

图 20-11　设置 CheckBox 组件参数

12 使用同样的方法，添加其他的 CheckBox 组件，如图 20-12 所示。

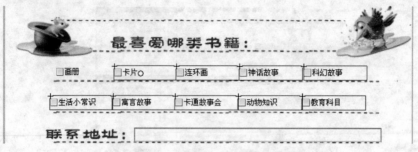

图 20-12　添加其他 CheckBox 组件

13 　现在本实例的制作就全部完成了，按下键盘上的 Ctrl+Enter 组合键，测试影片效果，图 20-13 所示为本实例在不同帧的显示效果。如果读者在制作过程中遇到了什么问题，可以打开本书附带光盘文件"网页动画制作"/"实例 19~20：卡通故事会大全调查表"/设卡通故事会大全调查表.fla"，该实例为完成后的文件。

图 20-13　卡通故事会大全调查表

第 3 篇
视频广告制作

　　动画是 Flash CS4 最主要的功能，在这一部分中，将为读者讲解动态广告的设置方法和相关工具的使用方法。主要包括使用帧和关键帧编辑动画的方法，以及通过编辑元件属性来设置动画的方法，通过对这部分内容的学习，使读者能够独立设置 Flash 动画，深入理解视频广告制作的概念和工作流程。

实例 21 设置公司 LOGO 动画

实例说明 　本实例中，将指导读者制作一个公司 LOGO 动画，通过文字与图像的相互交杂运动，使图像的形状也进行相应的变化。通过本实例的制作，使读者了解图像由透明到不透明的过渡变化。

技术要点 　本实例中，首先导入素材图像，然后将图像转换为元件，接下来设置元件位置，创建传统补间动画，最后使用 Alpha 工具设置元件的不透明度值，并设置传统补间动画，完成本实例的制作。图 21-1 所示为动画完成后的截图。

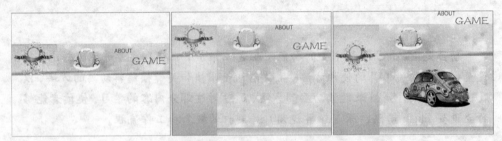

图 21-1　设置公司 LOGO 动画

1 运行 Flash CS4，创建一个新的 Flash（ActionScript 2.0）文档。

2 单击"属性"面板中的"属性"卷展栏内的"文档属性"按钮，打开"文档属性"对话框。在"尺寸"右侧的"宽"参数栏中键入"800 像素"，"高"参数栏中键入"600 像素"，设置背景颜色为白色，设置帧频为 12，标尺单位为"像素"，如图 21-2 所示，单击"确定"按钮，退出该对话框。

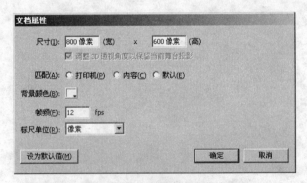

图 21-2　"文档属性"对话框

3 执行菜单栏中的"文件"/"导入"/"导入到舞台"命令，打开"导入"对话框，在该对话框中选择本书附带光盘中的"视频广告制作"/"实例 21：设置公司 LOGO 动画"/"素材.psd"文件，如图 21-3 所示。

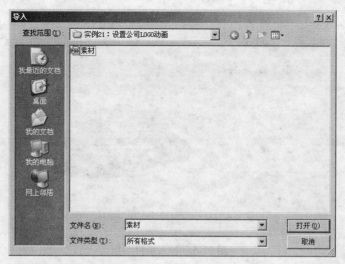

图 21-3　"导入"对话框

4 单击"导入"对话框中的"打开"按钮，退出"导入"对话框后打开"将'素材.psd'导入到舞台"对话框，如图 21-4 所示，单击"确定"按钮，退出该对话框。

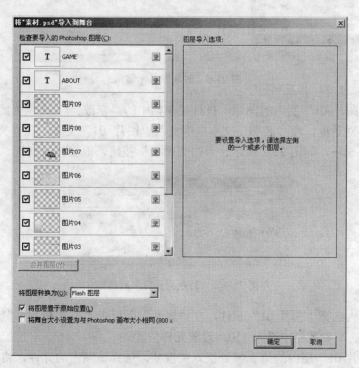

图 21-4　"将'素材.psd'导入到舞台"对话框

5 退出"将'素材.psd'导入到舞台"对话框后将素材图像导入到舞台，如图 21-5 所示。

6 将"图层 1"删除，在时间轴面板单击"图片 02"层内的 <img>"显示/隐藏图层"按钮，将该层隐藏，使用同样的方法将"图片 01"以外的所有图层隐藏，时间轴显示如图 21-6 所示。

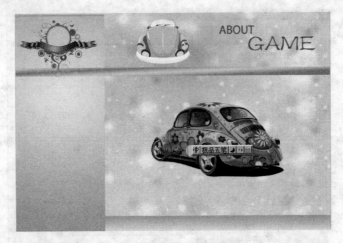

图 21-5　导入素材图像

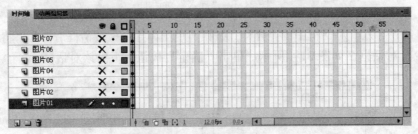

图 21-6　时间轴显示效果

[7] 选择"图片 01"层内的图像，执行菜单栏中的"修改"/"转换为元件"命令，打开"转换为元件"对话框。在"名称"文本框中键入"图片 01"文本，在"类型"下拉选项栏中选择"图形"选项，如图 21-7 所示，单击"确定"按钮，退出该对话框。

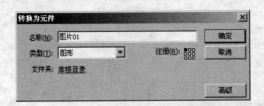

图 21-7　"转换为元件"对话框

[8] 在场景内选择"图片 01"元件，在"属性"面板中"位置和大小"卷展栏内的 X 参数栏中键入 285，Y 参数栏中键入 150，设置元件位置。

[8] 在"图片 01"层内的第 5 帧处插入关键帧，选择该帧内的元件，将 X 轴位置设置为 0，Y 轴位置设置为 150。

[10] 选择"图片 01"层内的第 1 帧，右击鼠标，在弹出的快捷菜单中选择"创建传统补间"选项，确定在第 1～5 帧之间创建传统补间动画。

[11] 在"图片 01"层内的第 30 帧和第 35 帧处分别插入关键帧，将第 35 帧内的元件 X 轴位置设置为 0，Y 轴位置设置为 64。

[12] 选择"图片 01"层内的第 30 帧，右击鼠标，在弹出的快捷菜单中选择"创建传统补间"选项，确定在第 30～35 帧之间创建传统补间动画。

13 显示 "图片 02"，将该图层内的图像转换为名称为 "图片 02" 层内的图形元件。

14 选择 "图片 02" 第 1 帧内的元件，在 X 参数栏中键入 0，Y 参数栏中键入 150。

15 分别在 "图片 02" 层内的第 5 帧、第 30 帧和第 35 帧插入关键帧，将第 5 帧元件的 X 轴位置设置为 229，Y 轴位置设置为 150；将第 30 帧元件的 X 参轴位置设置为 229，Y 参数栏中键入 150；将第 35 帧元件的 X 轴位置设置为 229，Y 轴位置设置为 64。并分别在第 1～5 帧、第 30~35 之间创建传统补间动画，时间轴显示如图 21-8 所示。

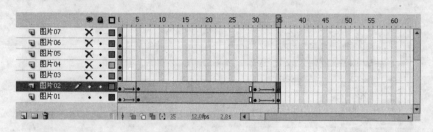

图 21-8　时间轴显示效果

16 显示 "图片 03"，将该图层内的图像转换为名称为 "图片 03" 层内的图形元件。

17 选择 "图片 03" 第 1 帧内的元件，将 X 轴位置设置为 0，Y 轴位置设置为 283。

18 分别在 "图片 03" 层内的第 5 帧、第 10 帧、第 30 帧、第 35 帧和第 40 帧插入关键帧，将第 5 帧元件的 X 轴位置设置为 0，Y 轴位置设置为 299，宽度设置为 800，高度设置为 5；将第 10 帧元件的 X 轴位置设置为 0，Y 轴位置设置为 283，宽度设置为 800，高度设置为 21；将第 30 帧元件的 X 轴位置设置为 0，Y 轴位置设置为 283，宽度设置为 800，高度设置为 21；将第 35 帧元件的 X 轴位置设置为 0，Y 轴位置设置为 197，宽度设置为 800，高度设置为 21；将第 40 帧元件的 X 轴位置设置为 229，Y 轴位置设置为 197，宽度设置为 571，高度设置为 21；并分别在第 1～5 帧、第 5～10 帧、第 30~35 帧和第 35~40 帧之间创建传统补间动画，时间轴显示如图 21-9 所示。

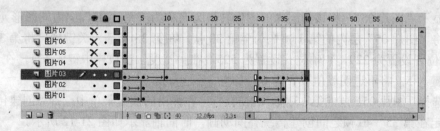

图 21-9　时间轴显示效果

19 显示 "图片 04"，将该图层内的图像转换为名称为 "图片 04" 层内的图形元件。

20 将 "图片 04" 层内的第 1 帧拖动至第 30 帧，并将第 30 帧内的元件 X 轴位置设置为 0，Y 轴位置设置为-80。

21 选择 "图片 04" 元件，在 "属性" 面板中 "色彩效果" 卷展栏内 "样式" 下拉选项栏中选择 Alpha 选项，在 Alpha 参数栏中键入 0，如图 21-10 所示。

22 在 "图片 03" 层内的第 40 帧插入关键帧，选择第 40 帧内的元件，将 X 轴位置设置为 0，Y 轴位置设置为 218，在 "属性" 面板中 "色彩效果" 卷展栏内 "样式" 下拉选项栏中选择 "无" 选项，取消不透明度设置。

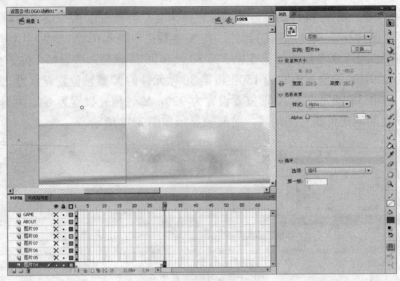

图 21-10　设置元件属性

23 选择"图片 04"层内的第 35 帧，右击鼠标，在弹出的快捷菜单中选择"创建传统补间"选项，确定在第 35～40 帧之间创建传统补间动画，时间轴显示如图 21-11 所示。

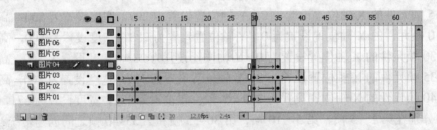

图 21-11　时间轴显示效果

24 显示"图片 05"，将该图层内的图像转换为名称为"图片 05"层内的图形元件。

25 将"图片 05"层内的第 1 帧拖动至第 30 帧，在第 35 帧插入关键帧，将第 30 帧内的元件 X 轴位置设置为 229，Y 轴位置设置为 595，在"宽度"参数栏中键入 571，在"高度"参数栏中键入 5，将不透明度值设置为 0。

26 选择"图片 05"层的第 35 帧，右击鼠标，在弹出的快捷菜单中选择"创建传统补间"选项，确定在第 35～40 帧之间创建传统补间动画，时间轴显示如图 21-12 所示。

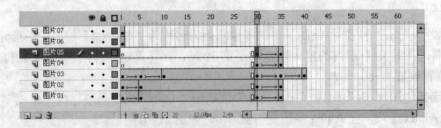

图 21-12　时间轴显示效果

27 显示"图片 06"，将该图层内的图像转换为名称为"图片 06"层的图形元件。

28 将"图片06"层的第1帧拖动至第30帧,在第35帧插入关键帧,将第30帧内的元件X轴位置设置为229,Y轴位置设置为-195,将不透明度值设置为0。

29 选择"图片06"层的第35帧,右击鼠标,在弹出的快捷菜单中选择"创建传统补间"选项,确定在第35~40帧之间创建传统补间动画,时间轴显示如图21-13所示。

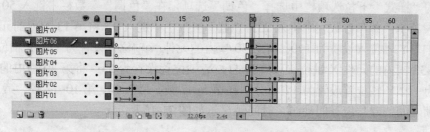

图 21-13　时间轴显示效果

30 显示"图片07"层,将该图层内的图像转换为名称为"图片07"的图形元件。

31 将"图片07"层的第1帧拖动至第35帧,在第40帧插入关键帧,将第30帧内的不透明度值设置为0。

32 选择"图片07"层的第35帧,右击鼠标,在弹出的快捷菜单中选择"创建传统补间"选项,确定在第35~40帧之间创建传统补间动画,时间轴显示如图21-14所示。

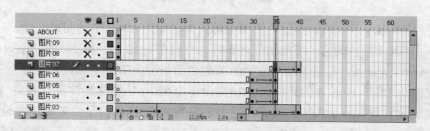

图 21-14　时间轴显示效果

33 显示"图片08"层,将该图层内的图像转换为名称为"图片08"层的图形元件。

34 将"图片08"层的第1帧拖动至第5帧,分别在第10帧、第30帧、第35帧插入关键帧,将第5帧内的元件X轴位置设置为-65,Y轴位置设置为172,不透明度值设置为0;将第10帧内的元件X轴位置设置为310,Y轴位置设置为172;将第30帧内的元件X轴位置设置为310,Y轴位置设置为172;将第35帧内的元件X轴位置设置为310,Y轴位置设置为79,并分别在第5~10帧、第30~35帧之间创建传统补间动画,时间轴显示如图21-15所示。

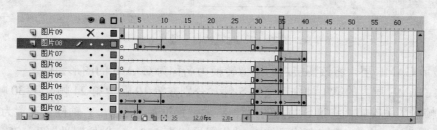

图 21-15　时间轴显示效果

35 显示"图片09"层,将该图层内的图像转换为名称为"图片09"的图形元件。

36 将"图片09"层的第1帧拖动至第5帧,分别在第7帧、第10帧、第12帧、第30帧、第35帧和第40帧插入关键帧,将第5帧内的元件X轴位置设置为11,Y轴位置设置为140,不透明度值设置为0;将第7帧内的元件X轴位置设置为11,Y轴位置设置为140;将第10帧内的元件X轴位置设置为11,Y轴位置设置为140,在"属性"面板中"色彩效果"卷展栏内的"样式"下拉选项栏中选择"色调"选项,在"色调"参数栏中键入50,"红"参数栏中键入255,"绿"参数栏中键入255,"蓝"参数栏中键入0;将第13帧内的元件X轴位置设置为11,Y轴位置设置为140;将第30帧内的元件X轴位置设置为11,Y轴位置设置为140;将第35帧内的元件X轴位置设置为11,Y轴位置设置为55;将第40帧内的元件X轴位置设置为11,Y轴位置设置为140。分别在第5~7帧、第7~10帧、第10~12帧、第30~35帧、第35~40帧之间创建传统补间动画,时间轴显示如图21-16所示。

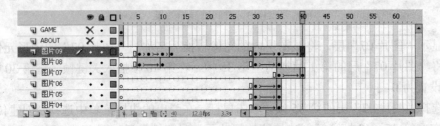

图 21-16 时间轴显示效果

37 显示 ABOUT 层,将该图层内的图像转换为名称为 ABOUT 的图形元件。

38 将 ABOUT 层内的第1帧拖动至第5帧,分别在第10帧、第24帧、第30帧、第35帧和第38帧插入关键帧,将第5帧内的元件X轴位置设置为20,Y轴位置设置为300,不透明度值设置为0;将第10帧内的元件X轴位置设置为520,Y轴位置设置为175;将第24帧内的元件X轴位置设置为520,Y轴位置设置为175;将第30帧内的元件X轴位置设置为520,Y轴位置设置为150;将第35帧内的元件X轴位置设置为520,Y轴位置设置为65;将第38帧内的X轴位置设置为520,Y轴位置设置为0。分别在第5~10帧、第24~30帧、第35~38帧之间创建传统补间动画,时间轴显示如图21-17所示。

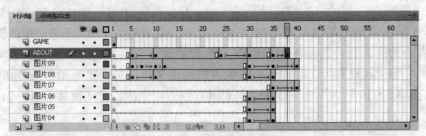

图 21-17 时间轴显示效果

39 显示 GAME 层,将该图层内的图像转换为名称为 GAME 的图形元件。

40 将 GAME 层内的第1帧拖动至第5帧,分别在第10帧、第24帧、第30帧、第35帧和第38帧插入关键帧,将第5帧内的元件X轴位置设置为520,Y轴位置设置为300,不透明度值设置为0;将第10帧内的元件X轴位置设置为520,Y轴位置设置为175;将第24帧内的元件X轴位置设置为520,Y轴位置设置为175;将第30帧内的元件X轴位置设置为520,Y轴位置设置为150;将第35帧内的元件X轴位置设置为520,Y轴位置设置为65;将第 38 帧内的元件 X 轴位置设置为 520，Y 轴位置设置为 0。分别在第 5～10 帧、第 20~25、第 37~40 帧帧之间创建传统补间动画，时间轴显示如图 21-18 所示。

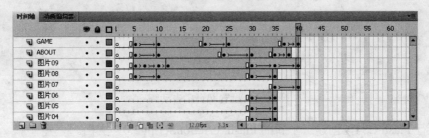

图 21-18　时间轴显示效果

41 选择所有图层内的第 60 帧，按下键盘上的 F5 键，使图层内的帧延续到第 60 帧。

42 现在本实例的制作就全部完成了，按下键盘上的 **Ctrl+Enter** 组合键，测试影片效果，图 21-19 所示为本实例在不同帧的显示效果。如果读者在制作过程中遇到了什么问题，可以打开本书附带光盘文件"视频广告制作" / "实例 21：设置公司 LOGO 动画" / "设置公司 LOGO 动画.fla"，该实例为完成后的文件。

图 21-19　设置公司 LOGO 动画

实例 22　设置网页广告动画

在本实例中，将指导读者制作网页广告动画。该实例主要以图像逐个由无到有，并使用图形移动的形式设置其拖动图像的视觉效果。通过本实例的制作，使读者了解元件在不同帧内的位置和变化。

本实例中，首先导入素材图像，然后将图像转换为元件，接下来使用色彩效果工具设置元件的色彩效果，并创建传统补间动画，最后使用矩形工具绘制矩形，将其转换为元件，设置元件在不同帧内的位置，并设置传统补间动画，完成本实例的制作。图 22-1 所示为动画完成后的截图。

图 22-1 设置网页广告动画

1 运行 Flash CS4，创建一个新的 Flash（ActionScript 2.0）文档。

2 单击"属性"面板中的"属性"卷展栏内的"文档属性"按钮，打开"文档属性"对话框。在"尺寸"右侧的"宽"参数栏中键入"550 像素"，"高"参数栏中键入"350 像素"，设置背景颜色为黄色（#FFCC00），设置帧频为 12，标尺单位为"像素"，如图 22-2 所示，单击"确定"按钮，退出该对话框。

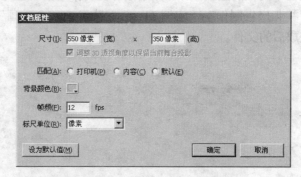

图 22-2 "文档属性"对话框

3 执行菜单栏中的"文件"/"导入"/"导入到舞台"命令，打开"导入"对话框。选择本书附带光盘中的"视频广告制作"/"实例 22：设置网页广告动画"/"桌布.jpg"文件，如图 22-3 所示，单击"打开"按钮，退出该对话框。

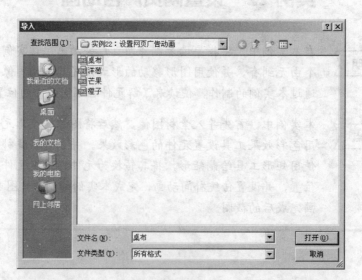

图 22-3 "导入"对话框

4 退出"导入"对话框后将素材图像导入到舞台，如图 22-4 所示。

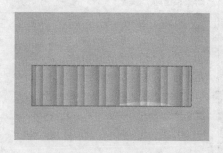

图 22-4　导入素材图像

5 选择导入的素材图像，执行菜单栏中的"修改"/"转换为元件"命令，打开"转换为元件"对话框。在"名称"文本框内键入"桌布"文本，在"类型"下拉选项栏中选择"图形"选项，如图 22-5 所示，单击"确定"按钮，退出该对话框。

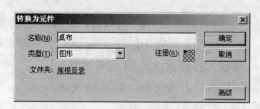

图 22-5　"转换为元件"对话框

6 选择"桌布"元件，进入"属性"面板，在"色彩效果"卷展栏内的"样式"下拉选项栏中选择"高级"选项，将蓝色百分比设置为 20%，如图 22-6 所示。

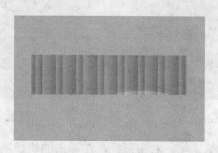

图 22-6　设置元件色调

7 确定"桌布"元件仍处于被选择状态，在"属性"面板中的"位置和大小"卷展栏内的 X 参数栏中键入 50，Y 参数栏中键入 110，设置元件位置。

8 选择"图层 1"内的第 90 帧，按下键盘上的 F5 键，使该图层内的图像延续到第 90 帧。

9 创建一个新图层——"图层 2"，执行菜单栏中的"文件"/"导入"/"导入到舞台"命令，打开"导入"对话框。选择本书附带光盘中的"视频广告制作"/"实例 22：设置网页广告动画"/"洋葱.jpg"文件，如图 22-7 所示，单击"打开"按钮，退出该对话框。

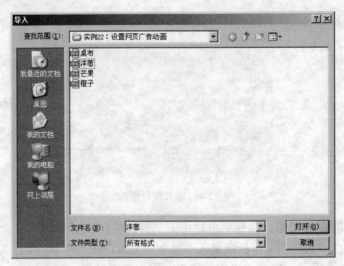

图 22-7　"导入"对话框

10 退出"导入"对话框后将素材图像导入到舞台，选择导入的素材图像，将其转换为名称为"洋葱"的图形元件，在"属性"面板中的"位置和大小"卷展栏内的 X 参数栏中键入 125，Y 参数栏中键入 110，设置元件位置，如图 22-8 所示。

11 在"图层 2"内的第 20 帧插入关键帧，选择该帧内的元件，将 X 轴位置设置为 270，Y 轴位置设置为 110，如图 22-9 所示。

图 22-8　设置元件位置

图 22-9　设置元件位置

12 选择"图层 2"内的第 1 帧，右击鼠标，在弹出的快捷菜单中选择"创建传统补间"选项，确定在第 1～20 帧之间创建传统补间动画。

13 选择"图层 2"内的第 56~90 帧，右击鼠标，在弹出的快捷菜单中选择"删除帧"选项，删除所选的帧，时间轴显示如图 22-10 所示。

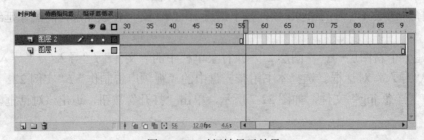

图 22-10　时间轴显示效果

14 创建一个新图层——"图层3"，选择该图层内的第35帧，右击鼠标，在弹出的快捷菜单中选择"转换为空白关键帧"选项，确定将该帧转换为空白关键帧。

15 选择"图层3"内的第35帧，执行菜单栏中的"文件"/"导入"/"导入到舞台"命令，打开"导入"对话框。选择本书附带光盘中的"视频广告制作"/"实例22：设置网页广告动画"/"芒果.jpg"文件，如图22-11所示，单击"打开"按钮，退出该对话框。

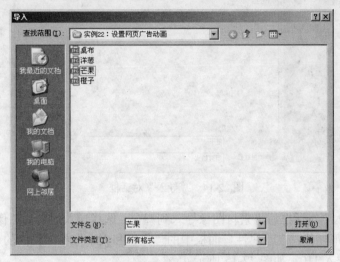

图22-11 "导入"对话框

16 退出"导入"对话框后将素材图像导入到舞台，选择导入的素材图像，将其转换为名称为"芒果"的图形元件，在"属性"面板中的"位置和大小"卷展栏内的X参数栏中键入125，Y参数栏中键入110，设置元件位置，如图22-12所示。

17 在"图层2"内的第55帧插入关键帧，选择该帧内的元件，将X轴位置设置为270，Y轴位置设置为110，如图22-13所示。

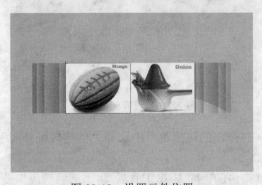

图22-12 设置元件位置　　　　　　　　　图22-13 设置元件位置

18 选择"图层3"内的第35帧，右击鼠标，在弹出的快捷菜单中选择"创建传统补间"选项，确定在第35~55帧之间创建传统补间动画。

19 创建一个新图层——"图层4"，选择该图层内的第71帧，右击鼠标，在弹出的快捷菜单中选择"插入空白关键帧"选项，确定将该帧转换为空白关键帧。

20 选择"图层4"内的第71帧，执行菜单栏中的"文件"/"导入"/"导入到舞台"命令，打开"导入"对话框，选择本书附带光盘中的"视频广告制作"/"实例22：设置网页广告动画"/"橙子.jpg"文件，如图 22-14 所示。单击"打开"按钮，退出该对话框。

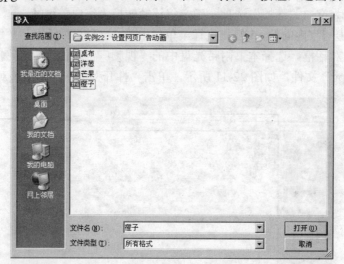

图 22-14 "导入"对话框

21 退出"导入"对话框后将素材图像导入到舞台，选择导入的素材图像，将其转换为名称为"橙子"的图形元件，在"属性"面板中的"位置和大小"卷展栏内的 X 参数栏中键入 125，Y 参数栏中键入 110，如图 22-15 所示。

22 在"图层 4"内的第 90 帧插入关键帧，选择该帧内的元件，将 X 轴位置设置为 270，Y 轴位置设置为 110，如图 22-16 所示。

图 22-15 设置元件位置   图 22-16 设置元件位置

23 选择"图层 4"内的第 71 帧，右击鼠标，在弹出的快捷菜单中选择"创建传统补间"选项，确定在第 71～90 帧之间创建传统补间动画。

24 创建一个新图层——"图层 5"，选择工具箱内的 ▣ "矩形工具"，将"笔触颜色"设置为黑色，将"填充颜色"设置为绿色（#CCFF32），并激活 ◉ "对象绘制"按钮，绘制一个矩形。

25 选择新绘制的矩形，在"属性"面板中的"位置和大小"卷展栏内的 X 参数栏中键入 270，Y 参数栏中键入 110，在"宽度"参数栏中键入 147，在"高度"参数栏中键入 110，设置图形大小及位置后的效果如图 22-17 所示。

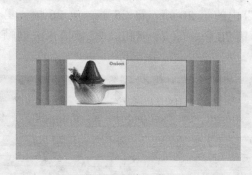

图 22-17　设置图形大小及位置

26 选择"图层 5"，右击鼠标，在弹出的快捷菜单中选择"遮罩层"选项，将该图层转换为遮罩层，将"图层 3"和"图层 2"依次拖动至遮罩层内，将其转换为被遮罩层，时间轴显示如图 22-18 所示。

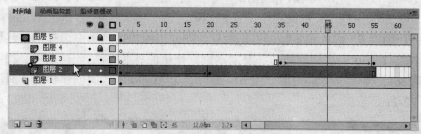

图 22-18　时间轴显示效果

27 创建一个新图层——"图层 6"，选择工具箱内的  "矩形工具"，取消"笔触颜色"，将"填充颜色"设置为白色，并激活 ⊙ "对象绘制"按钮，绘制一个矩形。

28 选择新绘制的矩形，在"属性"面板中的"位置和大小"卷展栏内的 X 参数栏中键入 270，Y 参数栏中键入 110，在"宽度"参数栏中键入 2，在"高度"参数栏中键入 110，设置图形大小及位置后的效果如图 22-19 所示。

图 22-19　设置图形大小及位置

29 分别在"图层 6"内的第 20 帧、第 25 帧、第 26 帧、第 35 帧、第 36 帧、第 55 帧、第 60 帧、第 61 帧、第 70 帧、第 71 帧和第 90 帧插入关键帧，时间轴显示如图 22-20 所示。

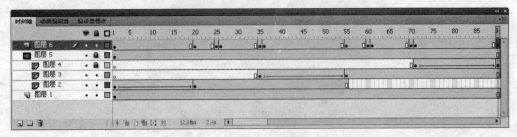

图 22-20 时间轴显示效果

30 依次将第 20 帧、第 25 帧、第 26 帧、第 35 帧、第 36 帧、第 55 帧、第 60 帧、第 61 帧、第 70 帧、第 71 帧和第 90 帧内的图形 X 轴位置设置为 417、500、50、250、270、417、500、50、250、270、417，Y 轴位置均设置为 110。

31 选择"图层 6"内的第 1 帧，右击鼠标，在弹出的快捷菜单中选择"创建传统补间"选项，确定在第 1~20 帧之间创建传统补间动画。使用同样的方法，分别在第 20~25 帧、第 26~35 帧、第 36~55 帧、第 55~60 帧、第 61~70 帧、第 71~90 帧之间创建传统补间动画，时间轴显示如图 22-21 所示。

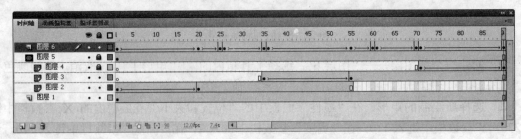

图 22-21 时间轴显示效果

32 现在本实例的制作就全部完成了，按下键盘上的 **Ctrl+Enter** 组合键，测试影片效果，图 22-22 所示为本实例在不同帧的显示效果。如果读者在制作过程中遇到了什么问题，可以打开本书附带光盘文件"视频广告制作"/"实例 22：设置网页广告动画"/"设置网页广告动画.fla"，该实例为完成后的文件。

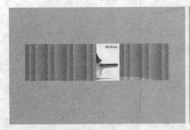

图 22-22 设置网页广告动画

实例 23　设置简单视频广告动画

在本实例中，将指导读者制作简单视频广告动画。该实例中设置了枝叶逐渐显示的动画，和以点形成圆圈的形式，并以打印文字的效果显示图像的名称。通过本实例的制作，使读者了解视频广告动画的基础知识点。

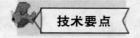

本实例中，首先导入素材图像，然后将图像转换为元件，使用色彩效果工具设置元件的色彩效果，并创建传统补间动画，接下来使用椭圆工具绘制椭圆，设置遮罩层和被遮罩层，最后设置椭圆在路径上的逐一显示动画，使用文本工具键入文本，并设置其在图像上的显示效果，完成本实例的制作。图 23-1 所示为动画完成后的截图。

图 23-1　设置简单视频广告动画

1　运行 Flash CS4，创建一个新的 Flash（ActionScript 2.0）文档。

2　单击"属性"面板中的"属性"卷展栏内的"文档属性"按钮，打开"文档属性"对话框。在"尺寸"右侧的"宽"参数栏中键入"1024 像素"，"高"参数栏中键入"768 像素"，设置背景颜色为白色，设置帧频为 12，标尺单位为"像素"，如图 23-2 所示，单击"确定"按钮，退出该对话框。

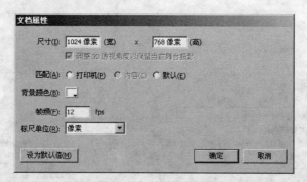

图 23-2　"文档属性"对话框

3　执行菜单栏中的"文件"/"导入"/"导入到舞台"命令，打开"导入"对话框。选择本书附带光盘中的"视频广告制作"/"实例 23：设置简单视频广告动画"/"素材.psd"文

件，如图 23-3 所示，

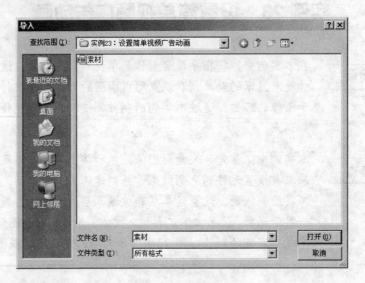

图 23-3 "导入"对话框

4 单击"导入"对话框中的"打开"按钮，打开"将'素材.psd'导入到舞台"对话框，如图 23-4 所示，单击"确定"按钮，退出该对话框。

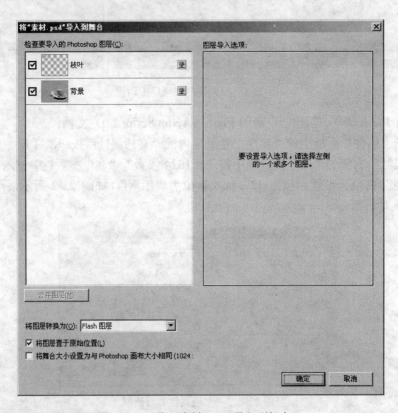

图 23-4 "将'素材.psd'导入到舞台"

5 退出"将'素材.psd'导入到舞台"对话框后将素材图像导入到舞台，如图 23-5 所示。

6　将"图层 1"删除，选择"背景"层内的第 135 帧，按下键盘上的 F5 键，使该图层内的图像延续到第 135 帧。

7　选择"枝叶"层内的图像，执行菜单栏中的"修改"/"转换为元件"命令，打开"转换为元件"对话框。在"名称"文本框内键入"枝叶"文本，在"类型"下拉选项栏中选择"图形"选项，如图 23-6 所示，单击"确定"按钮，退出该对话框。

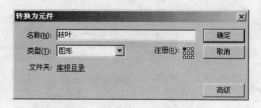

图 23-5　导入素材图像　　　　　　　　　　图 23-6　"转换为元件"对话框

8　分别在"枝叶"层内的第 56 帧、第 60 帧、第 65 帧、第 70 帧、第 72 帧和第 74 帧插入关键帧，选择该第 60 帧内的元件，进入"属性"面板。在该面板中的"色彩效果"卷展栏内"样式"下拉选项栏中选择"高级"选项，将红色偏移设置为 13，如图 23-7 所示。

9　选择第 65 帧内的元件，进入"属性"面板，在该面板中的"色彩效果"卷展栏内"样式"下拉选项栏中选择"高级"选项，将红色偏移设置为 60，将绿色偏移设置为 27，将蓝色偏移设置为 55，如图 23-8 所示。

图 23-7　设置元件色调　　　　　　　　　　图 23-8　设置元件色调

10　选择第 72 帧内的元件，进入"属性"面板，在该面板中的"色彩效果"卷展栏内"样式"下拉选项栏中选择"亮度"选项，将"亮度"设置为 100，设置亮度后的效果如图 23-9 所示。

11　选择第 55 帧，右击鼠标，在弹出的快捷菜单中选择"创建传统补间"选项，确定在第 55～60 帧之间创建传统补间动画。使用同样的方法，分别在第 60~65 帧、第 65~70 帧、第 70~72 帧、第 72~74 帧之间创建传统补间动画，时间轴显示如图 23-10 所示。

图 23-9　设置元件亮度

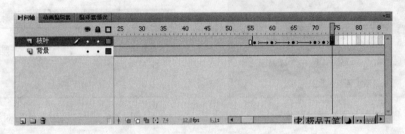

图 23-10　时间轴显示效果

12　选择"枝叶"层内的第 135 帧，按下键盘上的 F5 键，使该图层内的元件延续到第 135 帧。

13　创建一个新图层，将新创建的图层命名为"遮罩"。选择工具箱内的 ◯ "椭圆工具"，取消"笔触颜色"，将"填充颜色"设置为绿色（#9BC95D），然后参照图 23-11 所示绘制一个椭圆。

14　使用同样的方法，在第 3 帧、第 5 帧、第 7 帧、第 9 帧、第 11 帧、第 13 帧、第 15 帧、第 17 帧、第 19 帧、第 21 帧、第 23 帧、第 25 帧、第 27 帧、第 29 帧、第 31 帧、第 33 帧、第 35 帧、第 37 帧、第 39 帧、

图 23-11　绘制椭圆

第 41 帧、第 43 帧、第 45 帧、第 47 帧、第 49 帧、第 51 帧插入关键帧。依次在关键帧内绘制椭圆，如图 23-12 所示中的从左到右为第 3 帧，第 15 帧，第 35 帧和第 51 帧时的图形显示效果。

图 23-12　绘制图形

15 选择第 1 帧，右击鼠标，在弹出的快捷菜单中选择"创建传统补间"选项，确定在第 1～3 帧之间创建传统补间动画。使用同样的方法，分别在第 3~5 帧、第 5~7 帧、第 7~9 帧、第 9~11 帧、第 11~13 帧、第 13~15 帧、第 15~17 帧、第 17~19 帧、第 19~21 帧、第 21~23 帧、第 23~25 帧、第 25~27 帧、第 27~29 帧、第 29~31 帧、第 31~33 帧、第 33~35 帧、第 35~37 帧、第 37~39 帧、第 39~41 帧、第 41~43 帧、第 43~45 帧、第 45~47 帧、第 47~49 帧、第 49~51 帧之间创建传统补间动画，时间轴显示如图 23-13 所示。

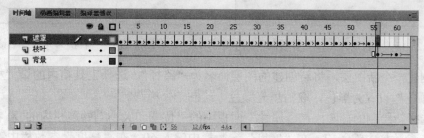

图 23-13　时间轴显示效果

16 在"遮罩"层内的第 135 帧插入关键帧，选择该帧，按下键盘上的 F9 键，打开"动作-帧"面板，在该面板中键入如下代码：

```
stop();
```

17 选择"遮罩"层，右击鼠标，在弹出的快捷菜单中选择"遮罩层"选项，将该图层转换为遮罩层。

18 创建一个新图层，将新创建的图层命名为"茶杯"。选择该图层内的第 60 帧，右击鼠标，在弹出的快捷菜单中选择"插入关键帧"选项。

19 选择"茶杯"层内的第 60 帧，选择工具箱内的 ◯ "椭圆工具"，取消"笔触颜色"，将"填充颜色"设置为白色，绘制一个椭圆。

20 选择新绘制的椭圆，在"属性"面板中的"位置和大小"卷展栏内的 X 参数栏中键入 850，在 Y 参数栏中键入 300，设置图形大小及位置后的效果如图 23-14 所示。

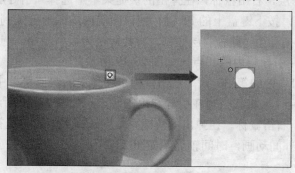

图 23-14　设置图形大小及位置

21 选择设置大小及位置后的图形，执行菜单栏中的"修改"/"转换为元件"命令，打开"转换为元件"对话框。在该对话框中的"名称"文本框内键入"茶杯"文本，在"类型"下拉选项栏中选择"影片剪辑"选项，如图 23-15 所示，单击"确定"按钮，退出该对话框。

22 在场景内双击"茶杯"元件，进入"茶杯"编辑窗。在该编辑窗内选择圆形，执行菜单栏中的"修改"/"转换为元件"命令，打开"转换为元件"对话框。在该对话框中的"名称"文本框内键入"圆点"文本，在"类型"下拉选项栏中选择"图形"选项，如图 23-16 所示，单击"确定"按钮，退出该对话框。

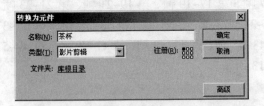

图 23-15　"转换为元件"对话框　　　　　图 23-16　"转换为元件"对话框

23 创建一个新图层，将新创建的图层命名为"路径"。选择工具箱内的 "椭圆工具"，将"笔触颜色"设置为黑色，取消填充颜色，绘制一个椭圆。

24 选择新绘制的椭圆，在"属性"面板中的"位置和大小"卷展栏内的 X 参数栏中键入 0，在 Y 参数栏中键入–7，在"宽度"参数栏中键入 60，在"高度"参数栏中键入 60，设置图形大小及位置后的效果如图 23-17 所示。

25 选择工具箱内的 "选择工具"，选择如图 23-18 所示的曲线段，按下键盘上的 Delete 键，删除所选曲线段。

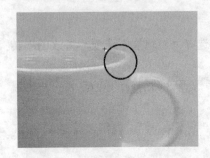

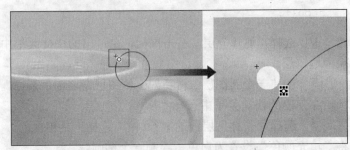

图 23-17　设置图形大小及位置　　　　　图 23-18　删除所选曲线段

26 选择"路径"层，右击鼠标，在弹出的快捷菜单中选择"引导层"选项，将其转换为引导层，选择第 30 帧，按下键盘上的 F5 键，使该图层内的图形延续到第 30 帧。

27 将"图层 1"拖动至"路径"层底部，将其转换为被引导层。选择"图层 1"内的"圆点"元件，将其吸附在引导层内的起点，如图 23-19 所示。

28 选择"图层 1"内的第 30 帧，右击鼠标，在弹出的快捷菜单中选择"插入关键帧"选项，选择该帧内的元件，将其吸附在引导层内的终点，如图 23-20 所示。

28 选择第 1 帧，右击鼠标，在弹出的快捷菜单中选择"创建传统补间"选项，确定在第 1~30 帧之间创建传统补间动画，时间轴显示如图 23-21 所示。

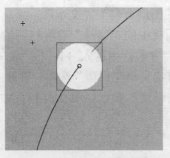

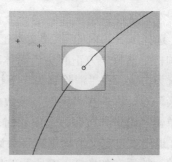

图 23-19　调整元件位置　　　　　　　　　　图 23-20　调整元件位置

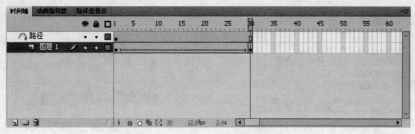

图 23-21　时间轴显示效果

30 选择第 2~29 帧，右击鼠标，在弹出的快捷菜单中选择"转换为关键帧"选项，将所选帧转换为关键帧，时间轴显示如图 23-22 所示。

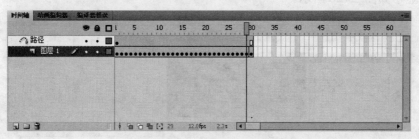

图 23-22　时间轴显示效果

31 选择第 1 帧内的元件，按下键盘上的 Ctrl+C 组合键，复制元件，选择第 2 帧，按下键盘上的 Ctrl+Shift+V 组合键，将第 1 帧内的元件原位置复制到第 2 帧内。

32 使用同样的方法，依次类推，分别将第 2 帧~第 29 帧内的元件原位置复制到下一帧内。如图 23-23 所示中的从左至右依次为第 5 帧、第 15 帧和第 30 帧时的图形显示效果。

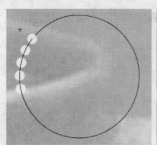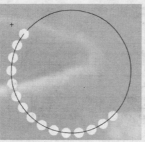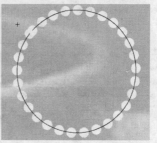

图 23-23　图形显示效果

33 在"路径"层顶部创建一个新图层，将新创建的图层命名为"文本"。

34 选择工具箱内的 **T** "文本工具"，在"属性"面板中的"字符"卷展栏内的"系列"下拉选项栏中选择"方正胖头鱼简体"选项，在"大小"参数栏中键入 14，将"文本填充颜色"设置为白色，在"消除锯齿"下拉选项栏中选择"自定义消除锯齿"选项，打开"自定义消除锯齿"对话框，在"粗细"参数栏中键入 7，在"清晰度"参数栏中键入 14，如图 23-24 所示。单击"确定"按钮，退出该对话框。

35 退出"自定义消除锯齿"对话框后在"消除锯齿"下拉选项栏中显示"自定义消除锯齿"选项，然后在如图 23-25 所示的位置键入"Teacup"文本。

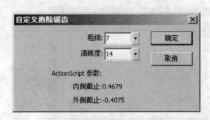

图 23-24 "自定义消除锯齿"对话框

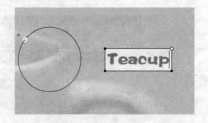

图 23-25 键入文本

36 选择键入的文本，右击鼠标，在弹出的快捷菜单中选择"分离"选项，将文本分离，然后再次右击鼠标，在弹出的快捷菜单中选择"分散到图层"选项，这时字母分别显示在图层上，时间轴显示如图 23-26 所示。

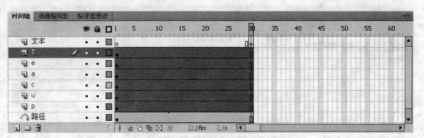

图 23-26 时间轴显示效果

37 选择"文本"层，单击时间轴面板中的 🗑 "删除"按钮，删除该图层。

38 选择 T 层内的第 1 帧，将其拖动至第 30 帧。使用同样的方法，分别将 e 层、a 层、c 层、u 层和 p 层内的第 1 帧拖动至第 31 帧、第 32 帧、第 33 帧和第 34 帧，时间轴显示如图 23-27 所示。

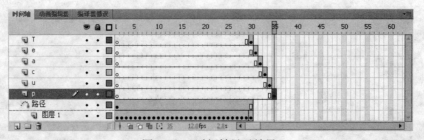

图 23-27 时间轴显示效果

39 选择所有图层内的第 50 帧，按下键盘上的 F5 键，使所有图层内的帧延续到第 30 帧。

40 将 T 层内的第 50 帧转换为关键帧，按下键盘上的 F9 键，打开"动作-帧"面板，在该面板中键入如下代码：

```
stop();
```

41 进入"库"面板，选择"茶杯"元件，右击鼠标，在弹出的快捷菜单中选择"直接复制"选项，打开"直接复制元件"对话框。在"名称"文本框内键入"茶叶"文本，如图 23-28 所示，单击"确定"按钮，退出该对话框。

42 在"库"面板中双击"茶叶"元件，进入"茶叶"编辑窗。选择所有文本层，将其删除。

（43）创建一个新图层，将新创建的图层命名为"文本"。选择工具箱内的 **T**"文本工具"在如图 23-29 所示的位置键入"Tea leaf"文本。

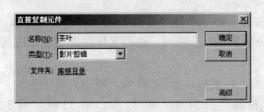

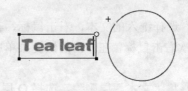

图 23-28　"直接复制元件"对话框　　　　　　　　　图 23-29　键入文本

44 选择键入的文本，右击鼠标，在弹出的快捷菜单中选择"分离"选项，将文本分离，然后再次右击鼠标，在弹出的快捷菜单中选择"分散到图层"选项，这时字母分别显示在图层上。

45 选择"文本"层，单击时间轴面板中的 🗑 "删除"按钮，删除该图层。

46 选择 T 层内的第 1 帧，将其拖动至第 30 帧，使用同样的方法，分别将 e 层、a 层、l 层、e 层、a 层和 f 层内的第 1 帧拖动至第 31 帧、第 32 帧、第 33 帧、第 34 帧和第 35 帧，时间轴显示如图 23-30 所示。

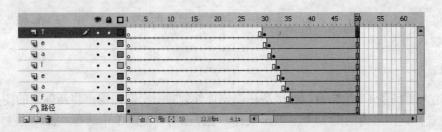

图 23-30　时间轴显示效果

47 将 T 层内的第 50 帧转换为关键帧，按下键盘上的 F9 键，打开"动作-帧"面板，在该面板中键入如下代码：

```
stop();
```

48 进入"库"面板，选择"茶杯"元件，右击鼠标，在弹出的快捷菜单中选择"直接复制"选项，打开"直接复制元件"对话框。在"名称"文本框内键入"橙子"文本，如图 23-31

所示，单击"确定"按钮，退出该对话框。

49 在"库"面板中双击"橙子"元件，进入"橙子"编辑窗。选择所有文本层，将其删除。

50 创建一个新图层，将新创建的图层命名为"橙子"。选择工具箱内的 **T** "文本工具"在如图 23-32 所示的位置键入"Orange"文本。

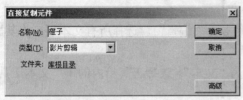

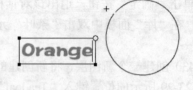

图 23-31 "直接复制元件"对话框   图 23-32 键入文本

51 选择键入的文本，右击鼠标，在弹出的快捷菜单中选择"分离"选项，将文本分离，然后再次右击鼠标，在弹出的快捷菜单中选择"分散到图层"选项，这时字母分别显示在图层上。

52 将"文本"层删除，选择 O 层内的第 1 帧，将其拖动至第 30 帧。使用同样的方法，分别将 r 层、a 层、n 层、g 层和 e 层内的第 1 帧拖动至第 31 帧、第 32 帧、第 33 帧和第 34帧，时间轴显示如图 23-33 所示。

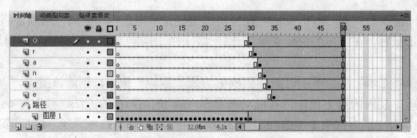

图 23-33 时间轴显示效果

53 将 T 层内的第 50 帧转换为关键帧，按下键盘上的 F9 键，打开"动作-帧"面板，在该面板中键入如下代码：

```
stop();
```

54 进入"场景 1"编辑窗，在"茶杯"层顶部创建一个新图层，将新创建的图层命名为"茶叶"。选择该图层内的第 73 帧，右击鼠标，在弹出的快捷菜单中选择"插入关键帧"选项。

55 进入"库"面板，将"茶叶"元件拖动至如图 23-34 所示的位置。

56 在"茶叶"层顶部创建一个新图层，将新创建的图层命名为"橙子"。选择该图层内的第 85 帧，右击鼠标，在弹出的快捷菜单中选择"插入关键帧"选项，将"库"面板中的"橙子"元件拖动至如图 23-35 所示的位置。

57 现在本实例的制作就全部完成了，按下键盘上的 Ctrl+Enter 组合键，测试影片效果，图 23-36 所示为本实例在不同帧的显示效果。如果读者在制作过程中遇到了什么问题，可以打开本书附带光盘文件"视频广告制作"/"实例 23：设置简单视频广告动画"/"设置简单视频广告动画.fla"，该实例为完成后的文件。

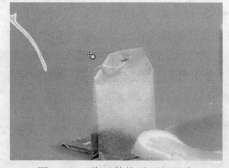
图 23-34 将元件拖动至场景内

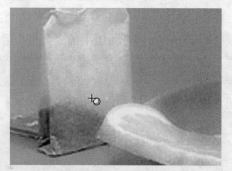
图 23-35 将元件拖动至场景内

图 23-36 设置简单视频广告动画

实例 24 设置视频播放器

在本实例中，将指导读者制作一个视频播放器。该实例中为一个图像渐隐的影片，单击视频播放器的开始按钮时，影片播放，单击停止按钮时，影片停止，再次单击开始按钮时，影片继续播放。通过本实例的制作，使读者了解如何设置和显示按钮。

本实例中，首先导入素材图像，添加脚本，使在第 1 帧时就停止播放动画，然后将图像转换为元件，使用 Alpha 工具设置元件的不透明度效果，并创建传统补间动画，接下来使用转换为元件工具将图像转换为按钮元件，并设置在鼠标经过和按下帧时的按钮显示状态，最后设置按钮的脚本，完成本实例的制作。图 24-1 所示为动画完成后的截图。

图 24-1 设置视频播放器

1 运行 Flash CS4，创建一个新的 Flash（ActionScript 2.0）文档。

2 单击"属性"面板中的"属性"卷展栏内的"文档属性"按钮，打开"文档属性"对话框。在"尺寸"右侧的"宽"参数栏中键入"800 像素"，"高"参数栏中键入"600 像素"，设置背景颜色为白色，设置帧频为 12，标尺单位为"像素"，如图 24-2 所示，单击"确定"按钮，退出该对话框。

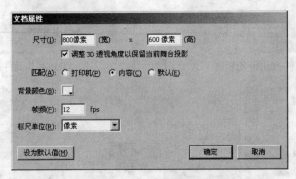

图 24-2 "文档属性"对话框

3 执行菜单栏中的"文件"/"导入"/"导入到舞台"命令，打开"导入"对话框，选择本书附带光盘中的"视频广告制作"/"实例 24：设置视频播放器"/"素材.psd"文件，如图 24-3 所示。

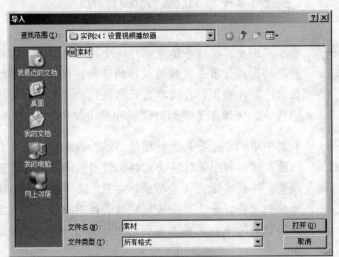

图 24-3 "导入"对话框

4 单击"导入"对话框中的"打开"按钮，打开"将'素材.psd'导入到舞台"对话框，如图 24-4 所示，单击"确定"按钮，退出该对话框。

5 退出"将'素材.psd'导入到舞台"对话框后将素材图像导入到舞台，如图 24-5 所示。

6 将"图层 1"删除，选择"背景"层内的第 40 帧，按下键盘上的 F5 键，使该图层内的图像延续到第 40 帧。

7 选择"图片 01"内的图像，执行菜单栏中的"修改"/"转换为元件"命令，打开"转换为元件"对话框。在"名称"文本框内键入"图片 01"文本，在"类型"下拉选项栏中选择"图形"选项，如图 24-6 所示，单击"确定"按钮，退出该对话框。

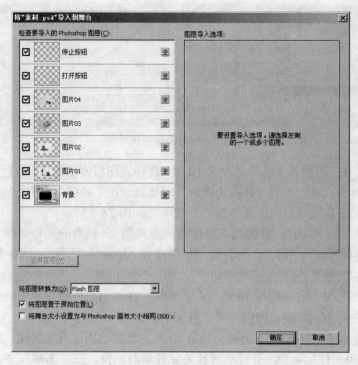

图 24-4　"将'素材.psd'导入到舞台"对话框

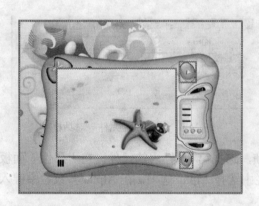

图 24-5　导入素材图像

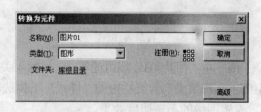

图 24-6　"转换为元件"对话框

⑧ 选择"图片 01"内的第 1 帧，按下键盘上的 F9 键，打开"动作-帧"面板，在该面板中键入如下代码：

```
stop();
```

⑨ 分别在"图片 01"内的第 2 帧和第 10 帧插入关键帧，选择第 10 帧内的元件，在"属性"面板中的"色彩效果"卷展栏内的"样式"下拉选项栏中选择 Alpha 选项，在 Alpha 参数栏中键入 0，设置图像的不透明度效果。

⑩ 选择"图片 01"内的第 2 帧，右击鼠标，在弹出的快捷菜单中选择"创建传统补间"动画，确定在第 2~10 帧之间创建传统补间动画，时间轴显示如图 24-7 所示。

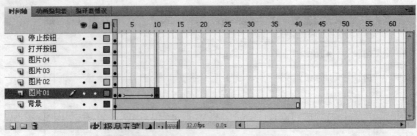

图 24-7 时间轴显示效果

11 将"图片 02"内的第 1 帧拖动至第 10 帧，选择该图层内的图像，执行菜单栏中的"修改"/"转换为元件"命令，打开"转换为元件"对话框。在"名称"文本框内键入"图片 02"文本，在"类型"下拉选项栏中选择"图形"选项，如图 24-8 所示。

12 在"图片 02"层的第 20 帧插入关键帧，选择第 20 帧内的元件，在"属性"面板中的"色彩效果"卷展栏内的"样式"下拉选项栏中选择 Alpha 选项，在 Alpha 参数栏中键入 0，设置图像的不透明度效果。

13 选择"图片 02"层内的第 10 帧，右击鼠标，在弹出的快捷菜单中选择"创建传统补间"动画，确定在第 10~20 帧之间创建传统补间动画。

14 将"图片 03"层内的第 1 帧拖动至第 20 帧，选择该图层内的图像，执行菜单栏中的"修改"/"转换为元件"命令，打开"转换为元件"对话框。在"名称"文本框内键入"图片 03"文本，在"类型"下拉选项栏中选择"图形"选项，如图 24-9 所示。

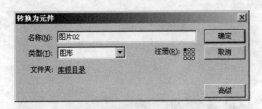

图 24-8 "转换为元件"对话框

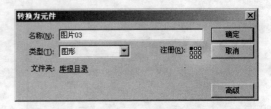

图 24-9 "转换为元件"对话框

15 在"图片 03"层内的第 30 帧插入关键帧，选择第 30 帧内的元件，在"属性"面板中的"色彩效果"卷展栏内的"样式"下拉选项栏中选择 Alpha 选项，在 Alpha 参数栏中键入 0，设置图像的不透明度效果。

16 选择"图片 03"层内的第 30 帧，右击鼠标，在弹出的快捷菜单中选择"创建传统补间"动画，确定在第 20~30 帧之间创建传统补间动画。

17 将"图片 04"层内的第 1 帧拖动至第 30 帧，选择该层内的图像，执行菜单栏中的"修改"/"转换为元件"命令，打开"转换为元件"对话框。在"名称"文本框内键入"图片 04"文本，在"类型"下拉选项栏中选择"图形"选项，如图 24-10 所示。

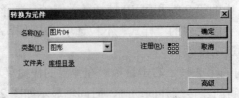

图 24-10 "转换为元件"对话框

18 在"图片 04"层内的第 40 帧插入关键帧，选择第 40 帧内的元件，在"属性"面板中的"色彩效果"卷展栏内的"样式"下拉选项栏中选择 Alpha 选项，在 Alpha 参数栏中键入 0，设置图像的不透明度效果。

19 选择"图片 04"层内的第 40 帧，右击鼠标，在弹出的快捷菜单中选择"创建传统补间"动画，确定在第 30~40 帧之间创建传统补间动画，时间轴显示如图 24-11 所示。

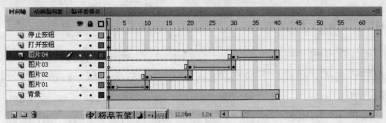

图 24-11　时间轴显示效果

20 在"图片 04"层顶部创建一个新图层，将新创建的图层命名为"屏幕"。单击工具箱内的 □ "矩形工具"下拉按钮，在弹出的下拉按钮内选择 □ "基本矩形工具"选项，在"属性"面板中的"矩形选项"卷展栏内的"矩形边角半径"参数栏中键入 40，在场景任意位置绘制一个基本矩形。

21 选择新绘制的基本矩形，在"属性"面板中的"位置和大小"卷展栏内的 X 参数栏中键入 151，在 Y 参数栏中键入 189，在"宽度"参数栏中键入 395，在"高度"参数栏中键入 259，设置图形大小及位置后的效果如图 24-12 所示。

22 选择该"屏幕"层，右击鼠标，在弹出的快捷菜单中选择"遮罩层"选项，将该图层转换为遮罩层。

23 分别将"图片 03"、"图片 02"和"图片 01"拖动至"屏幕"层内，使其转换为被遮罩层，时间轴显示如图 24-13 所示。

图 24-12　设置图形大小及位置

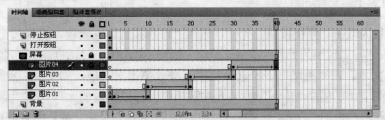

图 24-13　时间轴显示效果

24 选择"打开按钮"层内的图像，执行菜单栏中的"修改" / "转换为元件"命令，打开"转换为元件"对话框。在"名称"文本框内键入"打开按钮"文本，在"类型"下拉选项栏中选择"按钮"选项，如图 24-14 所示，单击"确定"按钮，退出该对话框。

25 在场景内双击"打开按钮"元件，进入"打开按钮"编辑窗，选择按钮图像，执行菜单栏中的"修改" / "转换为元件"命令，打开"转换为元件"对话框。在"名称"文本框内键入"打开"文本，在"类型"下拉选项栏中选择"图形"选项，如图 24-15 所示。

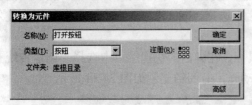

图 24-14　"转换为元件"对话框

图 24-15　"转换为元件"对话框

26 在"图层 1"内的"按下"帧插入关键帧，选择该帧内的元件，在"属性"面板中的"色彩效果"卷展栏内的"样式"下拉选项栏中选择"高级"选项，将蓝色百分比设置为 50%，如图 24-16 所示。

27 进入"场景 1"编辑窗，选择"打开按钮"层内的第 40 帧，按下键盘上的 F5 键，使该图层内的元件延续到第 40 帧。

28 选择"打开按钮"层内的"打开按钮"元件，按下键盘上的 F9 键，打开"动作-帧"面板，在该面板中键入如下代码：

```
on(release){
    gotoAndPlay(2);
}
```

28 选择"停止按钮"层内的图像，执行菜单栏中的"修改" / "转换为元件"命令，打开"转换为元件"对话框。在"名称"文本框内键入"停止按钮"文本，在"类型"下拉选项栏中选择"按钮"选项，如图 24-17 所示，单击"确定"按钮，退出该对话框。

图 24-16　设置元件色调

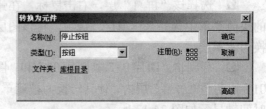

图 24-17　"转换为元件"对话框

30 在场景内双击"停止按钮"元件，进入"停止按钮"编辑窗，选择按钮图像，执行菜单栏中的"修改" / "转换为元件"命令，打开"转换为元件"对话框。在"名称"文本框内键入"停止"文本，在"类型"下拉选项栏中选择"图形"选项，如图 24-18 所示。

31 在"图层 1"内的"按下"帧插入关键帧，选择该帧内的元件，在"属性"面板中的"色彩效果"卷展栏内的"样式"下拉选项栏中选择"高级"选项，将蓝色百分比设置为 50%，如图 24-19 所示。

32 进入"场景 1"编辑窗，选择"打开按钮"层内的第 40 帧，按下键盘上的 F5 键，使该图层内的元件帧延续到第 40 帧。

33 选择"停止按钮"层内的"停止按钮"元件，按下键盘上的 F9 键，打开"动作-帧"面板，在该面板中键入如下代码：

```
on(press){
      stop()
}
```

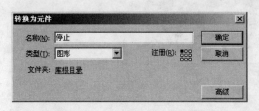

图 24-18 "转换为元件"对话框

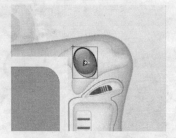

图 24-19 设置元件色调

34 现在本实例的制作就全部完成了，按下键盘上的 Ctrl+Enter 组合键，测试影片效果，图 24-20 所示为本实例在不同帧的显示效果。如果读者在制作过程中遇到了什么问题，可以打开本书附带光盘文件"视频广告制作"/"实例 24：设置视频播放器"/"设置视频播放器.fla"，该实例为完成后的文件。

图 24-20 设置视频播放器

实例 25 设置音频播放器

在本实例中，将指导读者制作一个音频播放器。该实例中为一个由 3 首歌曲组成的播放器，单击前进按钮时，为前一首歌曲的播放，单击后退按钮时，为后一首歌曲的播放，单击开关按钮时，歌曲停止播放，再次单击时，歌曲继续播放，单击增大按钮时，歌曲音量变大，单击减小按钮时，歌曲音量变小。

本实例中，首先导入素材图像，添加脚本，使在第 1 帧时就停止播放歌曲，然后使用转换为元件工具将图像转换为按钮元件，并设置在鼠标经过和按下帧时的按钮显示状态，接下来导入歌曲素材，并使用声音属性工具设置其标识符，最后设置按钮的脚本，完成本实例的制作。图 25-1 所示为动画完成后的截图。

图 25-1　设置音频播放器

[1]　运行 Flash CS4，创建一个新的 Flash（ActionScript 2.0）文档。

[2]　单击"属性"面板中的"属性"卷展栏内的"文档属性"按钮，打开"文档属性"对话框。在"尺寸"右侧的"宽"参数栏中键入"800 像素"，"高"参数栏中键入"600 像素"，设置背景颜色为白，设置帧频为 12；标尺单位为"像素"，如图 25-2 所示，单击"确定"按钮，退出该对话框。

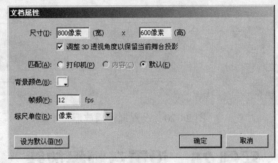

图 25-2　"文档属性"对话框

[3]　执行菜单栏中的"文件"/"导入"/"导入到舞台"命令，打开"导入"对话框。选择本书附带光盘中的"视频广告制作"/"实例 25：设置音频播放器"/"素材.psd"文件，如图 25-3 所示。

图 25-3　"导入"对话框

4 单击"导入"对话框中的"打开"按钮，打开"将'素材.psd'导入到舞台"对话框，如图 25-4 所示，单击"确定"按钮，退出该对话框。

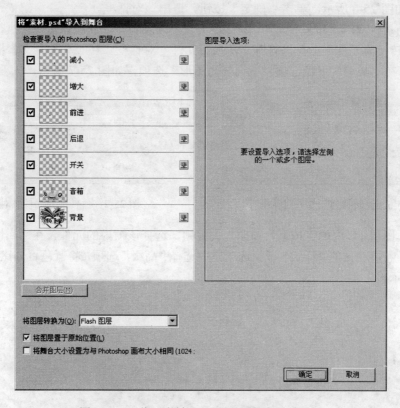

图 25-4 "将'素材.psd'导入到舞台"对话框

5 退出"将'素材.psd'导入到舞台"对话框后将素材图像导入到舞台，如图 25-5 所示。

图 25-5 导入素材图像

6 选择"图层 1"内的第 1 帧，按下键盘上的 F9 键，打开"动作-帧"面板，在该面板中键入如下代码：

```
mysound=new Sound();
k=50;
mysound.setVolume(k);
```

[7] 选择"开关"层内的图像,执行菜单栏中的"修改"/"转换为元件"命令,打开"转换为元件"对话框。在"名称"文本框内键入"开关"文本,在"类型"下拉选项栏中选择"按钮"选项,如图 25-6 所示,单击"确定"按钮,退出该对话框。

[8] 在场景内双击"开关"元件,进入"开关"编辑窗,选择按钮图像,执行菜单栏中的"修改"/"转换为元件"命令,打开"转换为元件"对话框。在"名称"文本框内键入"元件 1"文本,在"类型"下拉选项栏中选择"图形"选项,如图 25-7 所示。

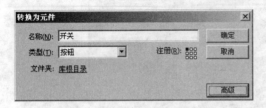

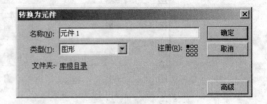

图 25-6　"转换为元件"对话框　　　　　图 25-7　"转换为元件"对话框

[9] 在"图层 1"内的"按下"帧插入关键帧,选择该帧内的元件,在"属性"面板中的"色彩效果"卷展栏内的"样式"下拉选项栏中选择"高级"选项,将蓝色百分比设置为 50%,如图 25-8 所示。

图 25-8　设置元件色调

[10] 进入"场景 1"编辑窗,选择"开关"层内的"开关"元件,按下键盘上的 F9 键,打开"动作-帧"面板,在该面板中键入如下代码:

```
on(press){
    mysound.stop()
}
```

[11] 执行菜单栏中的"文件"/"导入"/"导入到库"命令,打开"导入到库"对话框。选择本书附带光盘中的"视频广告制作"/"实例 25:设置视频播放器"/"歌曲 01.MP3" 和"歌曲 02.MP3"文件,如图 25-9 所示,单击"打开"按钮,退出该对话框。

[12] 退出"导入到库"对话框后将素材文件导入到"库"面板中。选择"库"面板中的"歌曲 01.MP3"文件,右击鼠标,在弹出的快捷菜单中选择"属性"选项,打开"声音属性"对话框,如图 25-10 所示。

[13] 单击"声音属性"对话框中的"高级"按钮,展开"高级"选项卡,在"链接"选项组内选择"为 ActionScript 导出"复选框,在"标识符"文本框内键入 sound01,如图 25-11 所示,单击"确定"按钮,退出该对话框。

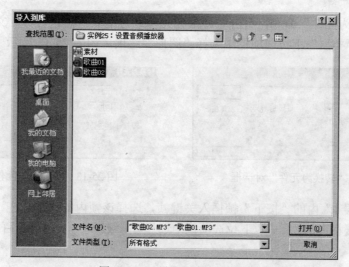

图 25-9 "导入到库"对话框

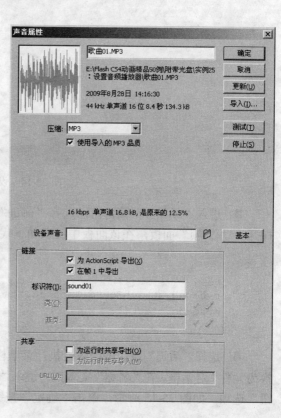

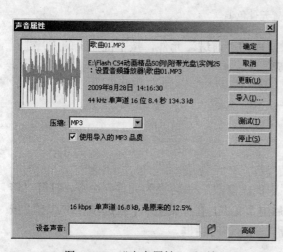

图 25-10 "声音属性"对话框　　　　　图 25-11 "声音属性"对话框

⒕ 使用同样的方法，将"歌曲 02.MP3"文件的标识符命名为 sound02。

⒖ 选择"前进"层内的图像，执行菜单栏中的"修改"/"转换为元件"命令，打开"转换为元件"对话框。在"名称"文本框内键入"前进"文本，在"类型"下拉选项栏中选择"按钮"选项，如图 25-12 所示，单击"确定"按钮，退出该对话框。

⒗ 在场景内双击"前进"元件，进入"前进"编辑窗，选择按钮图像，执行菜单栏中的

"修改"/"转换为元件"命令，打开"转换为元件"对话框。在"名称"文本框内键入"元件 2"文本，在"类型"下拉选项栏中选择"图形"选项，如图 25-13 所示。

图 25-12 "转换为元件"对话框   图 25-13 "转换为元件"对话框

17 在"图层 1"内的"按下"帧插入关键帧，选择该帧内的元件，在"属性"面板中的"色彩效果"卷展栏内的"样式"下拉选项栏中选择"高级"选项，将蓝色百分比设置为 50%，如图 25-14 所示。

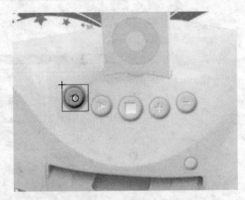

图 25-14 设置元件色调

18 进入"场景 1"编辑窗，选择"前进"层内的"前进"元件，按下键盘上的 F9 键，打开"动作-帧"面板，在该面板中键入如下代码：

```
on(press){
    mysound.stop();
    mysound.attachSound("sound01")
    mysound.start();
}
```

19 选择"后退"层内的图像，执行菜单栏中的"修改"/"转换为元件"命令，打开"转换为元件"对话框，在"名称"文本框内键入"后退"文本，在"类型"下拉选项栏中选择"按钮"选项，如图 25-15 所示，单击"确定"按钮，退出该对话框。

图 25-15 "转换为元件"对话框

20　在场景内双击"前进"元件，进入"前进"编辑窗，选择按钮图像，执行菜单栏中的"修改"/"转换为元件"命令，打开"转换为元件"对话框。在"名称"文本框内键入"元件 3"文本，在"类型"下拉选项栏中选择"图形"选项，如图 25-16 所示。

21　在"图层 1"内的"按下"帧插入关键帧，选择该帧内的元件，在"属性"面板中的"色彩效果"卷展栏内的"样式"下拉选项栏中选择"高级"选项，将蓝色百分比设置为 50%，如图 25-17 所示。

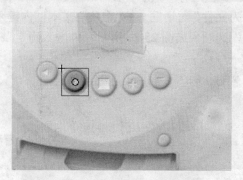

图 25-16　"转换为元件"对话框　　　　　　　图 25-17　设置元件色调

22　进入"场景 1"编辑窗，选择"后退"层内的"后退"元件，按下键盘上的 F9 键，打开"动作-帧"面板，在该面板中键入如下代码：

```
on(press){
    mysound.stop();
    mysound.attachSound("sound02")
    mysound.start();
}
```

23　选择"增大"层内的图像，执行菜单栏中的"修改"/"转换为元件"命令，打开"转换为元件"对话框。在"名称"文本框内键入"增大"文本，在"类型"下拉选项栏中选择"按钮"选项，如图 25-18 所示，单击"确定"按钮，退出该对话框。

24　在场景内双击"增大"元件，进入"增大"编辑窗，选择按钮图像，执行菜单栏中的"修改"/"转换为元件"命令，打开"转换为元件"对话框。在"名称"文本框内键入"元件 4"文本，在"类型"下拉选项栏中选择"图形"选项，如图 25-19 所示。

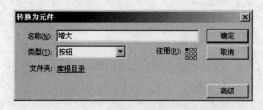

图 25-18　"转换为元件"对话框　　　　　　　图 25-19　"转换为元件"对话框

25　在"图层 1"内的"按下"帧插入关键帧，选择该帧内的元件，在"属性"面板中的"色彩效果"卷展栏内的"样式"下拉选项栏中选择"高级"选项，将蓝色百分比设置为 50%，如图 25-20 所示。

26　进入"场景 1"编辑窗，选择"增大"层内的"增大"元件，按下键盘上的 F9 键，打开"动作-帧"面板，在该面板中键入如下代码：

```
on(press){
    k++;
    mysonud.setVolume(k);
}
```

27 选择"减小"层内的图像，执行菜单栏中的"修改"/"转换为元件"命令，打开"转换为元件"对话框。在"名称"文本框内键入"减小"文本，在"类型"下拉选项栏中选择"按钮"选项，如图 25-21 所示，单击"确定"按钮，退出该对话框。

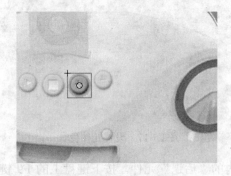 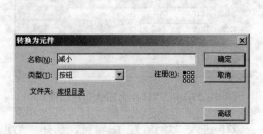

图 25-20　设置元件色调　　　　　　　　图 25-21　"转换为元件"对话框

28 在场景内双击"减小"元件，进入"减小"编辑窗，选择按钮图像，执行菜单栏中的"修改"/"转换为元件"命令，打开"转换为元件"对话框。在"名称"文本框内键入"元件 5"文本，在"类型"下拉选项栏中选择"图形"选项，如图 25-22 所示。

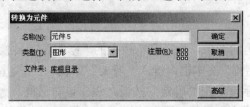

图 25-22　"转换为元件"对话框

29 在"图层 1"内的"按下"帧插入关键帧，选择该帧内的元件，在"属性"面板中的"色彩效果"卷展栏内的"样式"下拉选项栏中选择"高级"选项，将蓝色百分比设置为 50%，如图 25-23 所示。

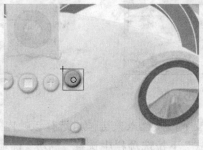

图 25-23　设置元件色调

30 进入"场景 1"编辑窗，选择"增大"层内的"增大"元件，按下键盘上的 F9 键，打开"动作-帧"面板，在该面板中键入如下代码：

```
on(press){
    k--;
    mysound.setVolume(k);
}
```

31 现在本实例的制作就全部完成了，按下键盘上的 **Ctrl+Enter** 组合键，测试影片效果，图 25-24 所示为本实例在不同帧的显示效果。如果读者在制作过程中遇到了什么问题，可以打开本书附带光盘文件"视频广告制作"/"实例 25：设置音频播放器"/"设置音频播放器.fla"，该实例为完成后的文件。

图 25-24　设置音频播放器

实例 26　设置广告动画

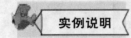

在本实例中，将指导读者制作一个广告动画。本实例为一个由多个素材图像组成并通过补间动画完成的广告。通过本实例的制作，使读者了解一些补间动画的知识点。

本实例中，首先导入素材图像，然后创建新元件，进入其编辑窗，使用矩形工具绘制矩形框，使用任意变形工具设置矩形框的位置及大小，设置其在相应的帧内显示，最后将图像转换为元件，设置元件位置和色彩效果，并创建传统补间动画，完成本实例的制作。图 26-1 所示为动画完成后的截图。

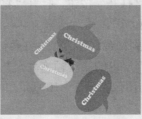

图 26-1　设置广告动画

1 运行 Flash CS4，创建一个新的 Flash 文件（ActionScript 2.0）Flash 文档。

2 单击"属性"面板中的"属性"卷展栏内的"文档属性"按钮，打开"文档属性"对话框。在"尺寸"右侧的"宽"参数栏中键入"800 像素"，"高"参数栏中键入"600 像素"，设置背景颜色为蓝色（#4FE1D7），设置帧频为 12，标尺单位为"像素"，如图 26-2 所示，单击"确定"按钮，退出该对话框。

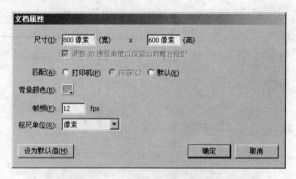

图 26-2 "文档属性"对话框

3 执行菜单栏中的"文件"/"导入"/"导入到舞台"命令，打开"导入"对话框。选择本书附带光盘中的"视频广告制作"/"实例 26：设置广告动画"/"素材.psd"文件，如图 26-3 所示。

图 26-3 "导入"对话框

4 单击"导入"对话框中的"打开"按钮，打开"将'素材.psd'导入到舞台"对话框，如图 26-4 所示，单击"确定"按钮，退出该对话框。

5 退出"将'素材.psd'导入到舞台"对话框后将素材图像导入到舞台，如图 26-5 所示。

6 删除"图层 1"，将"背景"层内的第 1 帧拖动至第 54 帧，选择该图层内的第 100 帧，按下键盘上的 F5 键，使该图层内的图像在第 55~100 帧之间显示。时间轴显示如图 26-6 所示。

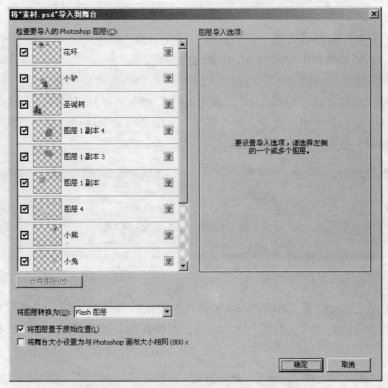

图 26-4 "将'素材.psd'导入到舞台"对话框

图 26-5 导入素材图像

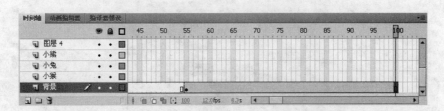

图 26-6 时间轴显示效果

7 将除"小熊"层外的所有图层隐藏，选择"小熊"层内的图像，执行菜单栏中的"修改"/"转换为元件"命令，打开"转换为元件"对话框。在"名称"文本框内键入"小熊动画"文本，在"类型"下拉选项栏中选择"影片剪辑"选项，如图 26-7 所示，单击"确定"

按钮，退出该对话框。

8 选择"小熊"层内的元件，在"属性"面板中的"位置和大小"卷展栏内的 X 参数栏中键入 300，在 Y 参数栏中键入 200，设置元件位置。

9 双击"小熊"层内的"小熊动画"元件，进入"小熊动画"编辑窗，选择"图层 1"内的图像，执行菜单栏中的"修改"/"转换为元件"命令，打开"转换为元件"对话框。在"名称"文本框内键入"小熊"文本，在"类型"下拉选项栏中选择"图形"选项，如图 26-8 所示，单击"确定"按钮，退出该对话框。

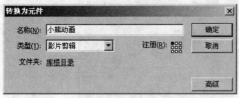

图 26-7 "转换为元件"对话框   图 26-8 "转换为元件"对话框

10 在"图层 1"内的第 3 帧和第 10 帧插入关键帧，选择第 2 帧，右击鼠标，在弹出的快捷菜单中选择"转换为空白关键帧"选项，确定图像在第 2 帧不显示，时间轴显示如图 26-9 所示。

图 26-9 时间轴显示效果

11 创建一个新图层——"图层 2"，选择工具箱内的 □ "矩形工具"，将"笔触颜色"设置为黄色（#FFFF00），并取消填充颜色，绘制一个矩形。

12 选择新绘制的矩形，在"属性"面板中的"位置和大小"卷展栏内的 X 参数栏中键入-8，Y 参数栏中键入 20，在"宽度"参数栏中键入 210，在"高度"参数栏中键入 135，在"填充和笔触"卷展栏内的"笔触"参数栏中键入 2，设置图形大小及位置后的效果如图 26-10 所示。

图 26-10 设置图形大小及位置

13 确定矩形处于可编辑状态，执行菜单栏中的"修改"/"转换为元件"命令，打开"转换为元件"对话框。在"名称"文本框内键入"镜头"文本，在"类型"下拉选项栏中选择"图形"选项，如图 26-11 所示，单击"确定"按钮，退出该对话框。

图 26-11　"转换为元件"对话框

14 双击"镜头"元件，进入"镜头"编辑窗，使用工具箱内的 ▶ "选择工具"选择如图 26-12 所示的图形，按下键盘上的 Delete 键，删除所选的图形。

15 进入"小熊"编辑窗，使用工具箱内的 ▦ "任意变形工具"，然后参照图 26-13 所示来调整"镜头"元件的旋转角度。

图 26-12　选择图形

图 26-13　调整"镜头"元件的旋转角度

16 选择"图层 2"内的第 1 帧，将该帧拖动至第 4 帧，然后分别在第 5 帧、第 7 帧、第 10 帧插入关键帧，选择第 6 帧，将其转换为空白关键帧，时间轴显示如图 26-14 所示。

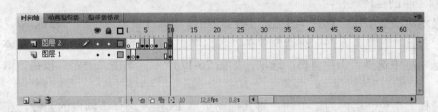

图 26-14　时间轴显示效果

17 选择第 10 帧内的元件，在"属性"面板中的"色彩效果"卷展栏内的"样式"下拉选项栏中选择"高级"选项，将绿色百分比设置为 80%，如图 26-15 所示。

18 选择第 10 帧，按下键盘上的 F9 键，打开"动作-帧"面板，在该面板中键入如下代码：

```
Stop();
```

19 进入"场景 1"编辑窗，选择"小熊"层内的第 71 帧，右击鼠标，在弹出的快捷菜单中选择"插入空白关键帧",选择该帧,进入"库"面板,将"小熊"元件拖动至场景内,在第 76 帧插入关键帧,在第 100 帧插入帧,将第 11 帧转换为空白关键帧,时间轴显示如图 26-16 所示。

图 26-15　设置元件色调

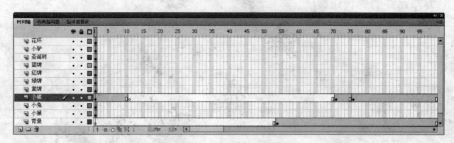

图 26-16　时间轴显示效果

20 选择第 71 帧内的元件,在"属性"面板中"位置和大小"卷展栏内的 X 参数栏中键入 550,在 Y 参数栏中键入-184,设置元件位置,接下来将第 76 帧内的元件 X 轴位置设置为 550,X 轴位置设置为 300。

21 选择第 71 帧,右击鼠标,在弹出的快捷菜单中选择"创建传统补间"选项,确定在第 71~76 帧之间创建传统补间动画。

22 显示"小兔"层,选择"小兔"层内的图像,执行菜单栏中的"修改"/"转换为元件"命令,打开"转换为元件"对话框。在"名称"文本框内键入"小兔动画"文本,在"类型"下拉选项栏中选择"影片剪辑"选项,如图 26-17 所示,单击"确定"按钮,退出该对话框。

23 选择"小兔"层内的第 1 帧,将其拖动至第 15 帧,选择该帧内的元件,在"属性"面板中"位置和大小"卷展栏内的 X 参数栏中键入 300,在 Y 参数栏中键入 200,设置元件位置。

24 双击"小兔"层内的"小兔动画"元件,进入"小兔动画"编辑窗,选择"图层 1"内的图像,执行菜单栏中的"修改"/"转换为元件"命令,打开"转换为元件"对话框。在"名称"文本框内键入"小兔"文本,在"类型"下拉选项栏中选择"图形"选项,如图 26-18 所示,单击"确定"按钮,退出该对话框。

25 在"图层 1"内的第 3 帧和第 10 帧插入关键帧,选择第 2 帧,右击鼠标,在弹出的快捷菜单中选择"转换为空白关键帧"选项,确定元件在第 2 帧不显示,时间轴显示如图 26-19

所示。

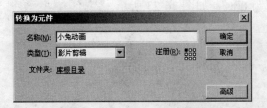

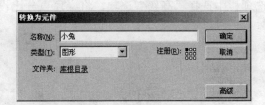

图 26-17　"转换为元件"对话框　　　　　图 26-18　"转换为元件"对话框

图 26-19　时间轴显示效果

26　创建一个新图层——"图层 2"，将"库"面板中的"镜头"元件拖动至"小兔动画"编辑窗内，在"属性"面板中的"位置和大小"卷展栏内的 X 参数栏中键入 0，Y 参数栏中键入 35，设置元件位置后的效果如图 26-20 所示。

27　使用工具箱内的  "任意变形工具"，然后参照图 26-21 所示来调整"镜头"元件的旋转角度。

图 26-20　设置元件位置　　　　　　　图 26-21　调整元件旋转角度

28　选择"图层 2"内的第 1 帧，将该帧拖动至第 4 帧，然后分别在第 5 帧、第 7 帧、第 10 帧插入关键帧，选择第 6 帧，将其转换为空白关键帧，时间轴显示如图 26-22 所示。

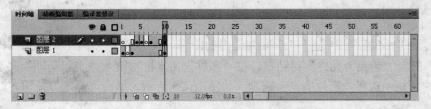

图 26-22　时间轴显示效果

28 选择第 10 帧内的元件，在"属性"面板中的"色彩效果"卷展栏内的"样式"下拉选项栏中选择"高级"选项，将绿色百分比设置为 80%，如图 26-23 所示。

图 26-23　设置元件色调

30 选择第 10 帧，按下键盘上的 F9 键，打开"动作-帧"面板，在该面板中键入如下代码：

```
stop();
```

31 进入"场景 1"编辑窗，选择"小兔"层内的第 76 帧，右击鼠标，在弹出的快捷菜单中选择"插入空白关键帧"，进入"库"面板，将"小兔"元件拖动至该帧内，在第 81 帧插入关键帧，在第 100 帧插入帧，将第 25 帧转换为空白关键帧，时间轴显示如图 26-24 所示。

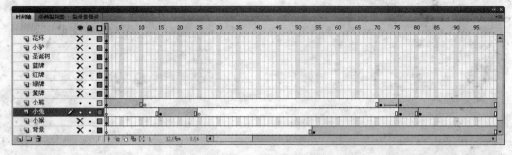

图 26-24　时间轴显示效果

32 选择第 76 帧内的元件，在"属性"面板中的"位置和大小"卷展栏内的 X 参数栏中键入 530，在 Y 参数栏中键入-210，设置元件位置，接下来将第 81 帧内的元件 X 轴位置设置为 530，Y 轴位置设置为 110。

33 选择第 76 帧，右击鼠标，在弹出的快捷菜单中选择"创建传统补间"选项，确定在第 76~81 帧之间创建传统补间动画。

34 显示"小猴"层，选择"小猴"层内的图像，执行菜单栏中的"修改"/"转换为元件"命令，打开"转换为元件"对话框。在"名称"文本框内键入"小猴动画"文本，在"类型"下拉选项栏中选择"影片剪辑"选项，如图 26-25 所示，单击"确定"按钮，退出该对话框。

35 选择"小猴"层内的第 1 帧，将其拖动至第 29 帧，选择该帧内的元件，在"属性"

面板中的"位置和大小"卷展栏内的 X 参数栏中键入 300，在 Y 参数栏中键入 200，设置元件位置。

36 双击"小猴"层内的"小猴动画"元件，进入"小猴动画"编辑窗，选择"图层 1"内的图像，执行菜单栏中的"修改"/"转换为元件"命令，打开"转换为元件"对话框。在"名称"文本框内键入"小猴"文本，在"类型"下拉选项栏中选择"图形"选项，如图 26-26 所示，单击"确定"按钮，退出该对话框。

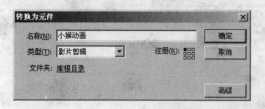
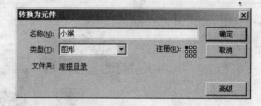

图 26-25　"转换为元件"对话框　　　　图 26-26　"转换为元件"对话框

37 在"图层 1"内的第 3 帧和第 10 帧插入关键帧，选择第 2 帧，右击鼠标，在弹出的快捷菜单中选择"转换为空白关键帧"选项，确定元件在第 2 帧不显示，时间轴显示如图 26-27 所示。

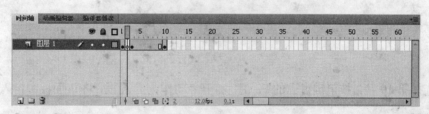

图 26-27　时间轴显示效果

38 创建一个新图层——"图层 2"，将"库"面板中的"镜头"元件拖动至"小猴动画"编辑窗内，在"属性"面板中的"位置和大小"卷展栏内的 X 参数栏中键入-40，Y 参数栏中键入 20，设置元件位置后的效果如图 26-28 所示。

图 26-28　设置元件位置

39 选择"图层 2"内的第 1 帧，将该帧拖动至第 4 帧，然后分别在第 5 帧、第 7 帧、第 10 帧插入关键帧，选择第 6 帧，将其转换为空白关键帧，时间轴显示如图 26-29 所示。

图 26-29　时间轴显示效果

40 选择第 10 帧内的元件，在"属性"面板中的"色彩效果"卷展栏内的"样式"下拉选项栏中选择"高级"选项，将绿色百分比设置为 80%，如图 26-30 所示。

图 26-30　设置元件色调

41 选择第 10 帧，按下键盘上的 F9 键，打开"动作-帧"面板，在该面板中键入如下代码：

```
stop();
```

42 进入"场景 1"编辑窗，选择"小猴"层内的第 50 帧，右击鼠标，在弹出的快捷菜单中选择"插入空白关键帧"，进入"库"面板，将"小猴"元件拖动至场景内，分别在第 53 帧、第 81 帧、第 86 帧插入关键帧，在第 100 帧插入帧，将第 54 帧转换为空白关键帧，时间轴显示如图 26-31 所示。

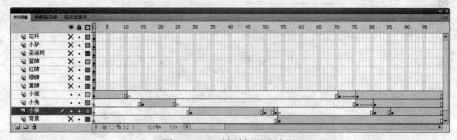

图 26-31　时间轴显示效果

43 选择第 50 帧内的元件，在"属性"面板中"位置和大小"卷展栏内的 X 参数栏中键入 300，在 Y 参数栏中键入 200，设置元件位置，接下来将第 53 帧内的元件 X 轴位置设置为 300，X 轴位置设置为 200，并设置其不透明度为 0，将第 81 帧内的元件 X 轴位置设置为 550，X 轴位置设置为-180，将第 86 帧内的元件 X 轴位置设置为 550，X 轴位置设置为-10。

44 选择第 50 帧，右击鼠标，在弹出的快捷菜单中选择"创建传统补间"选项，确定在第 50~53 帧之间创建传统补间动画。使用同样的方法，在第 81~86 帧之间创建传统补间动画，时间轴显示如图 26-32 所示。

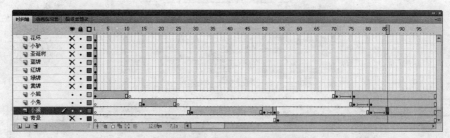

图 26-32　时间轴显示效果

45　显示"黄牌"层，选择该图层内的图像，执行菜单栏中的"修改"/"转换为元件"命令，打开"转换为元件"对话框。在"名称"文本框内键入"黄牌"文本，在"类型"下拉选项栏中选择"图形"选项，如图 26-33 所示，单击"确定"按钮，退出该对话框。

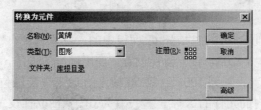

图 26-33　"转换为元件"对话框

46　将"黄牌"层内的第 1 帧拖动至第 38 帧，接下来分别在第 41 帧、第 50 帧和第 53 帧插入关键帧，时间轴显示如图 26-34 所示。

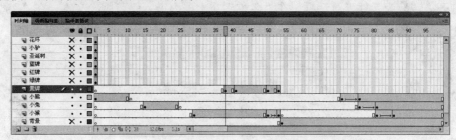

图 26-34　时间轴显示效果

47　选择第 38 帧内的元件，在"属性"面板中的"位置和大小"卷展栏内的 X 参数栏中键入 0，在 Y 参数栏中键入 600，设置元件位置。使用同样的方法，将第 41 帧内的元件 X 轴位置设置为 190，Y 轴位置设置为 280，将第 50 帧内的元件的 X 轴位置设置为 190，Y 轴位置设置为 280，将第 53 帧内的元件的 X 轴位置设置为 0，Y 轴位置设置为 600。

48　选择第 38 帧，右击鼠标，在弹出的快捷菜单中选择"创建传统补间"选项，确定在第 38~41 帧之间创建传统补间动画。使用同样的方法，在第 50~53 帧之间创建传统补间动画。

48　显示"绿牌"层，选择该图层内的图像，执行菜单栏中的"修改"/"转换为元件"命令，打开"转换为元件"对话框。在"名称"文本框内键入"绿牌"文本，在"类型"下拉选项栏中选择"图形"选项，如图 26-35 所示，单击"确定"按钮，退出该对话框。

50　将"绿牌"层内的第 1 帧拖动至第 41 帧，接下来分别在第 44 帧、第 50 帧和第 53 帧插入关键帧，时间轴显示如图 26-36 所示。

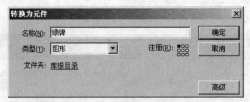

图 26-35 "转换为元件"对话框

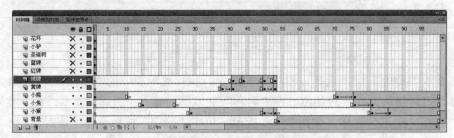

图 26-36 时间轴显示效果

51 选择第 41 帧内的元件,在"属性"面板中的"位置和大小"卷展栏内的 X 参数栏中键入 0,在 Y 参数栏中键入-203,设置元件位置。使用同样的方法,将第 45 帧内的元件 X 轴位置设置为 165,Y 轴位置设置为 100,将第 50 帧内的元件的 X 轴位置设置为 165,Y 轴位置设置为 100,将第 53 帧内的元件的 X 轴位置设置为 0,Y 轴位置设置为-203。

52 选择第 41 帧,右击鼠标,在弹出的快捷菜单中选择"创建传统补间"选项,确定在第 41~43 帧之间创建传统补间动画。使用同样的方法,在第 50~53 帧之间创建传统补间动画。

53 显示"蓝牌"层,选择该图层内的图像,执行菜单栏中的"修改"/"转换为元件"命令,打开"转换为元件"对话框。在"名称"文本框内键入"蓝牌"文本,在"类型"下拉选项栏中选择"图形"选项,如图 26-37 所示,单击"确定"按钮,退出该对话框。

图 26-37 "转换为元件"对话框

54 将"蓝牌"层内的第 1 帧拖动至第 44 帧,接下来分别在第 47 帧、第 50 帧和第 53 帧插入关键帧,时间轴显示如图 26-38 所示。

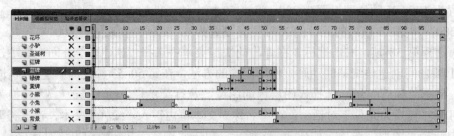

图 26-38 时间轴显示效果

55 选择第 44 帧内的元件,在"属性"面板中的"位置和大小"卷展栏内的 X 参数栏中键入 545，在 Y 参数栏中键入-204，设置图像位置。使用同样的方法，将第 47 帧内的元件 X 轴位置设置为 318，Y 轴位置设置为 100，将第 50 帧内的元件的 X 轴位置设置为 318，Y 轴位置设置为 100，将第 53 帧内的元件的 X 轴位置设置为 545，Y 轴位置设置为-204。

56 选择第 44 帧，右击鼠标，在弹出的快捷菜单中选择"创建传统补间"选项，确定在第 44~47 帧之间创建传统补间动画。使用同样的方法，在第 50~53 帧之间创建传统补间动画。

57 显示"红牌"层，选择该图层内的图像，执行菜单栏中的"修改"/"转换为元件"命令，打开"转换为元件"对话框。在"名称"文本框内键入"红牌"文本，在"类型"下拉选项栏中选择"图形"选项，如图 26-39 所示，单击"确定"按钮，退出该对话框。

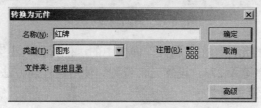

图 26-39　"转换为元件"对话框

（58）将"红牌"层内的第 1 帧拖动至第 47 帧，接下来分别在第 50 帧和第 53 帧插入关键帧，时间轴显示如图 26-40 所示。

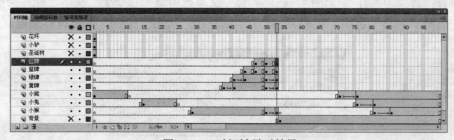

图 26-40　时间轴显示效果

59 选择第 47 帧内的元件，在"属性"面板中的"位置和大小"卷展栏内的 X 参数栏中键入 586，在 Y 参数栏中键入 600，设置元件位置。使用同样的方法，将第 50 帧内的元件的 X 轴位置设置为 340，Y 轴位置设置为 220，将第 53 帧元件的 X 轴位置设置为 586，Y 轴位置设置为 600。

60 选择第 47 帧，右击鼠标，在弹出的快捷菜单中选择"创建传统补间"选项，确定在第 47~50 帧之间创建传统补间动画。使用同样的方法，在第 50~53 帧之间创建传统补间动画。

61 显示"圣诞树"层，选择该图层内的图像，执行菜单栏中的"修改"/"转换为元件"命令，打开"转换为元件"对话框。在"名称"文本框内键入"圣诞树"文本，在"类型"下拉选项栏中选择"图形"选项，如图 26-41 所示，单击"确定"按钮，退出该对话框。

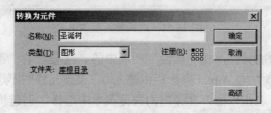

图 26-41　"转换为元件"对话框

62 将"圣诞树"层内的第 1 帧拖动至第 54 帧,接下来在第 57 帧插入关键帧,时间轴显示如图 26-42 所示。

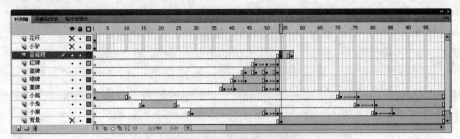

图 26-42　时间轴显示效果

63 选择第 54 帧内的元件,在"属性"面板中的"位置和大小"卷展栏内的 X 参数栏中键入−260,在 Y 参数栏中键入 273,设置元件位置。使用同样的方法,将第 57 帧元件的 X 轴位置设置为 0,Y 轴位置设置为 273。

64 选择第 54 帧,右击鼠标,在弹出的快捷菜单中选择"创建传统补间"选项,确定在第 54~57 帧之间创建传统补间动画。

65 显示"小驴"层,选择该图层内的图像,执行菜单栏中的"修改"/"转换为元件"命令,打开"转换为元件"对话框。在"名称"文本框内键入"小驴"文本,在"类型"下拉选项栏中选择"图形"选项,如图 26-43 所示,单击"确定"按钮,退出该对话框。

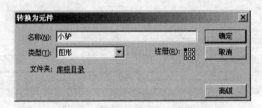

图 26-43　"转换为元件"对话框

66 将"小驴"层内的第 1 帧拖动至第 54 帧,选择该帧内的元件,在"属性"面板中的"位置和大小"卷展栏内的 X 参数栏中键入 200,在 Y 参数栏中键入 200,设置元件位置,接下来在第 57 帧插入关键帧,时间轴显示如图 26-44 所示。

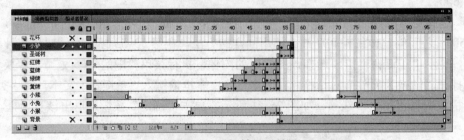

图 26-44　时间轴显示效果

67 选择第 54 帧内的元件,在"属性"面板中的"色彩效果"卷展栏内的"样式"下拉选项栏中选择 Alpha 选项,在 Alpha 参数栏中键入 0,设置元件的不透明度。

68 选择第 54 帧,右击鼠标,在弹出的快捷菜单中选择"创建传统补间"选项,确定在第 54~57 帧之间创建传统补间动画。

69 显示"花环"层，选择该图层内的图像，执行菜单栏中的"修改"/"转换为元件"命令，打开"转换为元件"对话框。在"名称"文本框内键入"花环"文本，在"类型"下拉选项栏中选择"图形"选项，如图 26-45 所示，单击"确定"按钮，退出该对话框。

图 26-45　"转换为元件"对话框

70 将"花环"层内的第 1 帧拖动至第 57 帧，选择该帧内的元件，在"属性"面板中的"位置和大小"卷展栏内的 X 参数栏中键入 6，在 Y 参数栏中键入-170，设置图像位置。在第 60 帧插入关键帧，将该帧内的元件 X 轴位置设置为 6，Y 轴位置设置为 1，时间轴显示如图 26-46 所示。

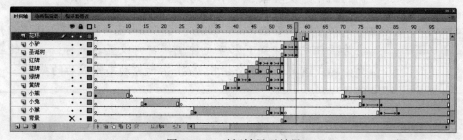

图 26-46　时间轴显示效果

71 选择第 57 帧，右击鼠标，在弹出的快捷菜单中选择"创建传统补间"选项，确定在第 57~60 帧之间创建传统补间动画。

72 分别选择"花环"、"小驴"和"圣诞树"层内的第 100 帧，右击鼠标，在弹出的快捷菜单中选择"插入帧"选项，确定图像均在 100 之内显示，时间轴显示如图 26-47 所示。

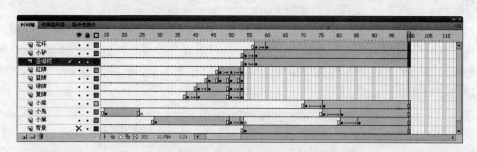

图 26-47　时间轴显示效果

73 现在本实例的制作就全部完成了，按下键盘上的 **Ctrl+Enter** 组合键，测试影片效果，图 26-48 所示为本实例在不同帧的显示效果。如果读者在制作过程中遇到了什么问题，可以打开本书附带光盘文件"视频广告制作"/"实例 26：设置广告动画"/"设置广告动画.fla"。该实例为完成后的文件。

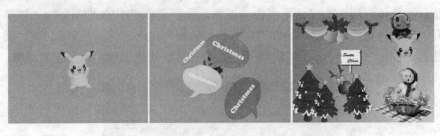

图 26-48　设置广告动画

实例 27　设置弹出式广告

本实例中，将指导读者设置弹出式广告，实例为展示沙发的广告，鼠标经过相应数字按钮时，在其上方会显示相应的广告动画。通过本实例的制作，使读者了解弹出式广告动画的制作方法。

本实例中，首先导入素材图像，然后使用文本工具键入文本，将其转换为按钮元件，接下来在元件编辑窗内设置在鼠标经过时的显示动画，完成该实例的制作。图 27-1 所示为动画完成后的截图。

图 27-1　设置广告动画

1 运行 Flash CS4，创建一个新的 Flash（ActionScript 2.0）文档。

2 单击"属性"面板中的"属性"卷展栏内的"文档属性"按钮，打开"文档属性"对话框。在"尺寸"右侧的"宽"参数栏中键入"800 像素"，"高"参数栏中键入"600 像素"，设置背景颜色为白色，设置帧频为 12，标尺单位为"像素"，如图 27-2 所示，单击"确定"按钮，退出该对话框。

图 27-2　"文档属性"对话框

3 执行菜单栏中的"文件"/"导入"/"导入到舞台"命令，打开"导入"对话框。选择本书附带光盘中的"视频广告制作"/"实例 27：设置弹出式广告"/"背景.jpg"文件，如图 27-3 所示，单击"打开"按钮，退出该对话框。

图 27-3 "导入"对话框

4 退出"导入"对话框后将素材图像导入到舞台，如图 27-4 所示。

5 选择工具箱内的 **T** "文本工具"，在"属性"面板中的"字符"卷展栏内的"系列"下拉选项栏中选择"方正胖头鱼简体"选项，在"大小"参数栏中键入 36，将"文本填充颜色"设置为白色，在"消除锯齿"下拉选项栏中选择"动画消除锯齿"选项，在如图 27-5 所示的位置键入"1"。

图 27-4 导入素材图像

图 27-5 键入文本

6 选择键入的文本，在"属性"面板中的"位置和大小"卷展栏内的 X 参数栏中键入 100，在 Y 参数栏中键入 300，设置文本的位置。

7 使用同样的方法，在文本 1 的右侧依次键入 2、3、4 文本，并将文本 2 的 X 轴位置设置为 280，Y 轴位置设置为 300，将文本 3 的 X 轴位置设置为 460，Y 轴位置设置为 300，将文本 4 的 X 轴位置设置为 640，Y 轴位置设置为 300，如图 27-6 所示。

图 27-6　键入其他文本

8 选择文本 1，执行菜单栏中的"修改" / "转换为元件"命令，打开"转换为元件"对话框。在"名称"文本框内键入"按钮 01"文本，在"类型"下拉选项栏中选择"按钮"选项，如图 27-7 所示，单击"确定"按钮，退出该对话框。

9 双击"按钮 01"元件，进入"按钮 01"编辑窗，选择"图层 1"内的"点击"帧，按下键盘上的 F5 键，使该图层内的元件延续到"点击"帧。

10 执行菜单栏中的"插入" / "新建元件"命令，打开"创建新元件"对话框。在"名称"文本框内键入"鼠标经过"文本，在"类型"下拉选项栏中选择"影片剪辑"选项，如图 27-8 所示，单击"确定"按钮，退出该对话框。

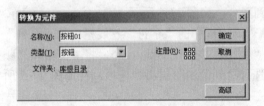

图 27-7　"转换为元件"对话框

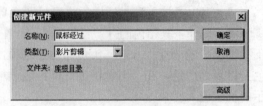

图 27-8　"创建新元件"对话框

11 双击"鼠标经过"元件，进入"鼠标经过"编辑窗，选择工具箱内的 █ "矩形工具"绘制一个矩形，在"属性"面板中的"位置和大小"卷展栏内的 X 参数栏中键入 0，Y 参数栏中键入 0，"宽度"参数栏中键入 300，"高度"参数栏中键入 80，在"填充和笔触"卷展栏内取消"笔触颜色"，将"填充颜色"设置为蓝色（#00FFFF），如图 27-9 所示。

12 确定新绘制的矩形，执行菜单栏中的"修改" / "转换为元件"命令，打开"转换为元件"对话框。在"名称"文本框内键入"矩形"文本，在"类型"下拉选项栏中选择"图形"选项，如图 27-10 所示。

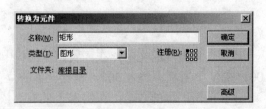

图 27-10　"转换为元件"对话框

图 27-9　设置图形属性

13 选择"图层 1"内的第 5 帧，右击鼠标，在弹出的快捷菜单中选择"插入关键帧"选项，确定在第 5 帧插入关键帧。

14 选择第 5 帧内的元件，在"属性"面板中的"位置和大小"卷展栏内的 X 参数栏中键入 100，设置元件位置。

15 选择"图层 1"内的第 1 帧，右击鼠标，在弹出的快捷菜单中选择"创建传统补间"选项，确定在第 1~5 帧之间创建传统补间动画，时间轴显示如图 27-11 所示。

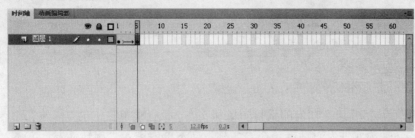

图 27-11　时间轴显示效果

16 选择第 5 帧，按下键盘上的 F9 键，打开"动作-帧"面板，在该面板中键入如下代码：

```
stop();
```

17 创建一个新图层——"图层 2"，选择该图层内的第 5 帧，按下键盘上的 F6 键，确定将第 5 帧转换为空白关键帧。

18 执行菜单栏中的"文件"/"导入"/"导入到舞台"命令，打开"导入"对话框。选择本书附带光盘中的"视频广告制作"/"实例 27：设置弹出式广告"/"旋转沙发.png"文件，如图 27-12 所示，单击"打开"按钮，退出该对话框。

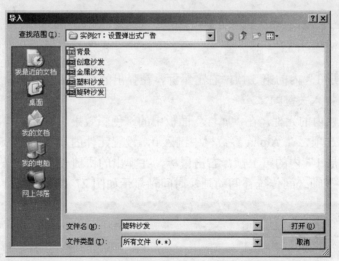

图 27-12　"导入"对话框

19 退出"将'素材.psd'导入到舞台"对话框后将素材图像导入到窗内。选择导入的素材图像，在"属性"面板中的"位置和大小"卷展栏内 X 参数栏中键入 250，在 Y 参数栏中键入-10，设置图像位置，如图 27-13 所示。

20 选择工具箱内的 **T** "文本工具"，在"属性"面板中的"字符"卷展栏内的"系列"下拉选项栏中选择"方正胖头鱼简体"选项，在"大小"参数栏中键入 22，将"文本填充颜色"设置为白色，在"消除锯齿"下拉选项栏中选择"动画消除锯齿"选项，在如图 27-14 所示的位置键入"旋转沙发"文本。

图 27-13　设置图像位置

图 27-14　键入文本

21　选择"图层 2"第 5 帧内的素材图像和文本，执行菜单栏中的"修改"/"转换为元件"命令，打开"转换为元件"对话框。在"名称"文本框内键入"旋转沙发"文本，在"类型"下拉选项栏中选择"影片剪辑"选项，如图 27-15 所示，单击"确定"按钮，退出该对话框。

22　双击"旋转沙发"元件，进入"旋转沙发"编辑窗，选择"图层 1"内的图像和文本，执行菜单栏中的"修改"/"转换为元件"对话框。在"名称"文本框内键入"元件 1"文本，在"类型"下拉选项栏中选择"图形"选项，如图 27-16 所示，单击"确定"按钮，退出该对话框。

图 27-15　"转换为元件"对话框

图 27-16　"转换为元件"对话框

23　选择"图层 1"内的第 5 帧，右击鼠标，在弹出的快捷菜单中选择"插入关键帧"选项，确定在第 5 帧插入关键帧。

24　选择第 1 帧内的元件，在"属性"面板中的"色彩效果"卷展栏内的"样式"下拉选项栏中选择 Alpha 选项，在 Alpha 参数栏中键入 0，设置元件的不透明度。

25　选择"图层 1"内的第 1 帧，右击鼠标，在弹出的快捷菜单中选择"创建传统补间"选项，确定在第 1~5 帧之间传统补间动画，时间轴显示如图 27-17 所示。

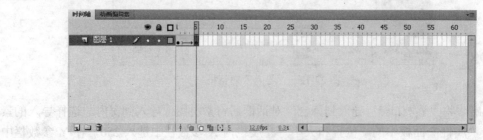

图 27-17　时间轴显示效果

26　选择第 5 帧，按下键盘上的 F9 键，打开"动作-帧"面板，在该面板中键入如下代码：

```
stop();
```

27 进入"按钮 01"编辑窗，选择"图层 2"内的"指针"帧，将"库"面板中的"鼠标经过"元件拖动至编辑窗内。

28 选择"鼠标经过"元件，在"属性"面板中的"位置和大小"卷展栏内的 X 参数栏中键入-100，在 Y 参数栏中键入-100，设置元件位置。

29 创建一个新图层——"图层 3"，在该图层内的"指针"帧插入关键帧，然后选择工具箱内的 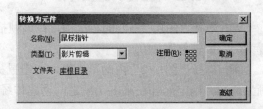 "椭圆工具"，取消"笔触颜色"，将"填充颜色"设置为蓝色（#00CBFF），然后参照图 27-18 所示来绘制 3 个椭圆。

30 将"图层 3"拖动至"图层 1"内的底层，然后选择该图层内的图形，执行菜单栏中的"修改"/"转换为元件"命令，打开"转换为元件"对话框。在"名称"文本框内键入"鼠标指针"文本，在"类型"下拉选项栏中选择"影片剪辑"选项，如图 27-19 所示，单击"确定"按钮，退出该对话框。

图 27-18 绘制 3 个椭圆

图 27-19 "转换为元件"对话框

31 双击"鼠标指针"元件，进入"鼠标指针"编辑窗，选择"图层 1"内的第 8 帧，右击鼠标，在弹出的快捷菜单中选择"插入关键帧"选项。

32 使用工具箱内的 "椭圆工具"，使用默认设置，在原图形的左侧绘制一个椭圆，如图 27-20 所示。

33 选择"图层 1"内的第 10 帧，在该帧插入关键帧，使用工具箱内的 "椭圆工具"，使用默认设置，在原图形的右侧绘制一个椭圆，如图 27-21 所示。

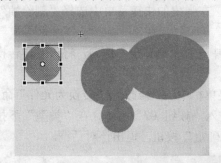

图 27-20 绘制椭圆

图 27-21 绘制椭圆

34 选择第 10 帧，按下键盘上的 F9 键，打开"动作-帧"面板，在该面板中键入如下代码：

```
stop();
```

③ 创建一个新图层——"图层 2"，选择工具箱内的 ▢ "矩形工具"，取消"笔触颜色"，将"填充颜色"设置为蓝色（#00CBFF），绘制一个矩形。

③ 选择新绘制的矩形，在"属性"面板中的"位置和大小"卷展栏内的 X 参数栏中键入-80，Y 参数栏中键入 0，在"宽度"参数栏中键入 70，在"高度"参数栏中键入 50，设置图形位置及大小，如图 27-22 所示。

③ 确定矩形仍处于被选择状态，执行菜单栏中的"修改"/"转换为元件"命令，打开"转换为元件"对话框。在"名称"文本框内键入"遮罩"文本，在"类型"下拉选项栏中选择"图形"选项，如图 27-23 所示，单击"确定"按钮，退出该对话框。

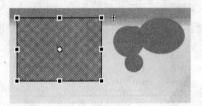

图 27-22　设置图形位置及大小

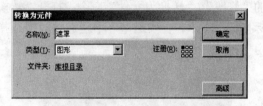

图 27-23　"转换为元件"对话框

③ 选择"图层 2"内的第 7 帧，在该帧插入关键帧，选择该帧内的元件，设置其 X 轴位置为-5，Y 轴位置为 0。

③ 选择"图层 2"内的第 1 帧，右击鼠标，在弹出的快捷菜单中选择"创建传统补间动画"选项，确定元件在第 1~7 帧之间创建传统补间动画，时间轴显示如图 27-24 所示。

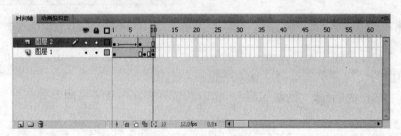

图 27-24　时间轴显示效果

④ 选择"图层 2"内的第 8~10 帧，右击鼠标，在弹出的快捷菜单中选择"删除帧"选项，删除所选的帧。

④ 选择第 1 帧，右击鼠标，在弹出的快捷菜单中选择"遮罩层"选项，将该图层转换为遮罩层，"图层 1"为被遮罩层。

④ 进入"场景 1"编辑窗，选择文本 2，执行菜单栏中的"修改"/"转换为元件"命令，打开"转换为元件"对话框。在"名称"文本框内键入"按钮 02"文本，在"类型"下拉选项栏中选择"按钮"选项，如图 27-25 所示，单击"确定"按钮，退出该对话框。

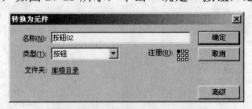

图 27-25　"转换为元件"对话框

43 双击"按钮 02"元件，进入"按钮 02"编辑窗，选择"图层 1"内的"点击"帧，右击鼠标，在弹出的快捷菜单中选择"插入帧"选项，确定在该帧插入帧。

44 选择"库"面板中的"鼠标指针"元件，右击鼠标，在弹出的快捷菜单中选择"直接复制元件"选项，在"名称"文本框内键入"鼠标指针 副本"文本，在"类型"下拉选项栏中选择"影片剪辑"选项，如图 27-26 所示，单击"确定"按钮，退出该对话框。

图 27-26　"直接复制元件"对话框

45 创建一个新图层——"图层 2"，在该图层内的"指针"帧插入关键帧，将"库"面板中的"鼠标指针 副本"元件拖动至"按钮 02"编辑窗内。

46 选择"指针"帧内的元件，在"属性"面板中的"位置和大小"卷展栏内的 X 参数栏中键入-150，在 Y 参数栏中键入-100，设置元件位置，如图 27-27 所示。

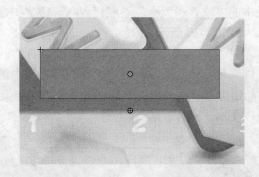

图 27-27　设置元件位置

47 双击"鼠标指针 副本"元件，进入"鼠标指针 副本"编辑窗，选择"图层 2"内的第 5 帧，按下键盘上的 Delete 键，删除该帧，将其转换为空白关键帧，时间轴显示如图 27-28 所示。

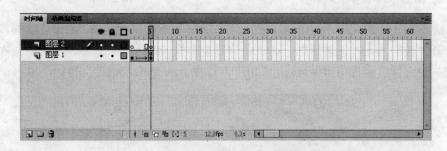

图 27-28　时间轴显示效果

48 执行菜单栏中的"文件"/"导入"/"导入到舞台"命令，打开"导入"对话框。选择本书附带光盘中的"视频广告制作"/"实例 27：设置弹出式广告"/"创意沙发.png"文件，如图 27-29 所示，单击"打开"按钮，退出该对话框。

图 27-29　"导入"对话框

48 退出"将'素材.psd'导入到舞台"对话框后将素材图像导入到窗内。选择导入的素材图像，在"属性"面板中的"位置和大小"卷展栏内 X 参数栏中键入 250，在 Y 参数栏中键入-10，设置图像位置，如图 27-30 所示。

50 选择工具箱内的 **T** "文本工具"，在"属性"面板中的"字符"卷展栏内的"系列"下拉选项栏中选择"方正胖头鱼简体"选项，在"大小"参数栏中键入 22，将"文本填充颜色"设置为白色，在"消除锯齿"下拉选项栏中选择"动画消除锯齿"选项，在如图 27-31 所示的位置键入"旋转沙发"文本。

图 27-30　设置图像位置

图 27-31　键入文本

51 选择"图层 2"第 5 帧内的素材图像和文本，执行菜单栏中的"修改"/"转换为元件"命令，打开"转换为元件"对话框。在"名称"文本框内键入"创意沙发"文本，在"类型"下拉选项栏中选择"影片剪辑"选项，如图 27-32 所示，单击"确定"按钮，退出该对话框。

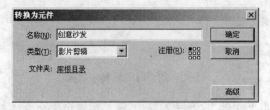

图 27-32　"转换为元件"对话框

52 双击"创意沙发"元件，进入"创意沙发"编辑窗，选择"图层 1"内的图像和文本，执行菜单栏中的"修改"/"转换为元件"对话框。在"名称"文本框内键入"元件 2"文本，在"类型"下拉选项栏中选择"图形"选项，如图 27-33 所示，单击"确定"按钮，退出该对话框。

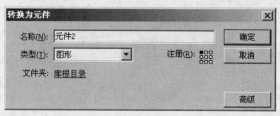

图 27-33 "转换为元件"对话框

53 选择"图层 1"内的第 5 帧，右击鼠标，在弹出的快捷菜单中选择"插入关键帧"选项，确定在第 5 帧插入关键帧。

54 选择第 1 帧内的元件，在"属性"面板中的"色彩效果"卷展栏内的"样式"下拉选项栏中选择 Alpha 选项，在 Alpha 参数栏中键入 0，设置元件的不透明度。

55 选择"图层 1"内的第 1 帧，右击鼠标，在弹出的快捷菜单中选择"创建传统补间"选项，确定在第 1~5 帧之间传统补间动画。

56 选择第 5 帧，按下键盘上的 F9 键，打开"动作-帧"面板，在该面板中键入如下代码：

```
stop();
```

57 进入"按钮 02"编辑窗，创建一个新图层——"图层 3"，将其拖动至"图层 1"内的底层，选择该图层内的"指针"帧，右击鼠标，在弹出的快捷菜单中选择"插入关键帧"选项，然后将"库"面板中的"鼠标指针"元件拖动至编辑窗内。

58 选择"鼠标指针"元件，在"属性"面板中的"位置和大小"卷展栏内的 X 参数栏中键入 0，在 Y 参数栏中键入 0，设置元件位置。

59 进入"场景 1"编辑窗，选择文本 3，将其转换为名称为"按钮 03"层内的按钮元件。

60 双击"按钮 03"元件，进入"按钮 03"编辑窗，选择"图层 1"内的"点击"帧，右击鼠标，在弹出的快捷菜单中选择"插入帧"选项，确定在该帧插入帧。

61 选择"库"面板中的"鼠标指针"元件，右击鼠标，在弹出的快捷菜单中选择"直接复制元件"选项，在"名称"文本框内键入"鼠标指针 副本 2"文本，在"类型"下拉选项栏中选择"影片剪辑"选项，如图 27-34 所示，单击"确定"按钮，退出该对话框。

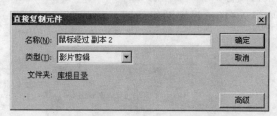

图 27-34 "直接复制元件"对话框

62 退出"直接复制元件"对话框后进入"鼠标经过 副本 2"编辑窗。创建一个新图层——"图层 2"，在该图层内的"指针"帧插入关键帧，选择该帧，将"库"面板中的"鼠标

指针 副本 2"元件拖动至"按钮 02"编辑窗内。

63 选择"指针"帧内的元件，在"属性"面板中的"位置和大小"卷展栏内的 X 参数栏中键入-150，在 Y 参数栏中键入-100，设置元件位置，如图 27-35 所示。

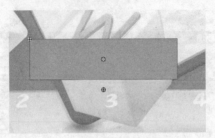

图 27-35　设置元件位置

64 双击"鼠标指针 副本 2"元件，进入"鼠标指针 副本 2"编辑窗，选择"图层 2"内的第 5 帧，按下键盘上的 Delete 键，删除该帧，并将其转换为空白关键帧。

65 执行菜单栏中的"文件"/"导入"/"导入到舞台"命令，打开"导入"对话框。选择本书附带光盘中的"视频广告制作"/"实例 27：设置弹出式广告"/"塑料沙发.png"文件，如图 27-36 所示，单击"打开"按钮，退出该对话框。

图 27-36　"导入"对话框

66 退出"将'素材.psd'导入到舞台"对话框后将素材图像导入到"鼠标指针 副本 2"编辑窗内。选择导入的素材图像，在"属性"面板中的"位置和大小"卷展栏内 X 参数栏中键入 250，在 Y 参数栏中键入-10，设置图像位置，如图 27-37 所示。

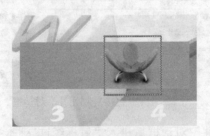

图 27-37　设置图像位置

67 选择工具箱内的 **T** "文本工具",在"属性"面板中的"字符"卷展栏内的"系列"下拉选项栏中选择"方正胖头鱼简体"选项,在"大小"参数栏中键入 22,将"文本填充颜色"设置为白色,在"消除锯齿"下拉选项栏中选择"动画消除锯齿"选项,在如图 27-38 所示的位置键入"塑料沙发"文本。

图 27-38 键入文本

68 选择"图层 2"第 5 帧内的素材图像和文本,将其转换为名称为"塑料沙发"的影片剪辑元件。

69 双击"塑料沙发"元件,进入"塑料沙发"编辑窗,选择"图层 1"内的图像和文本,将其转换为名称为"元件 3"的图形元件。

70 选择"图层 1"内的第 5 帧,右击鼠标,在弹出的快捷菜单中选择"插入关键帧"选项,确定在第 5 帧插入关键帧。

71 选择第 1 帧内的元件,在"属性"面板中的"色彩效果"卷展栏内的"样式"下拉选项栏中选择 Alpha 选项,在 Alpha 参数栏中键入 0,设置元件的不透明度。

72 选择"图层 1"内的第 1 帧,右击鼠标,在弹出的快捷菜单中选择"创建传统补间动画"选项,确定在第 1~5 帧之间创建传统补间动画。

73 选择第 5 帧,按下键盘上的 F9 键,打开"动作-帧"面板,在该面板中键入如下代码:

```
stop();
```

74 进入"按钮 03"编辑窗,创建一个新图层——"图层 3",将其拖动至"图层 1"内的底层,选择该图层内的"指针"帧,右击鼠标,在弹出的快捷菜单中选择"插入关键帧"选项,然后将"库"面板中的"鼠标指针"元件拖动至编辑窗内。

75 选择"鼠标指针"元件,在"属性"面板中的"位置和大小"卷展栏内的 X 参数栏中键入 0,在 Y 参数栏中键入 0,设置元件位置。

76 进入"场景 1"编辑窗,选择文本 4,将其转换为名称为"按钮 04"的按钮元件。

77 双击"按钮 03"元件,进入"按钮 03"编辑窗,选择"图层 1"内的"点击"帧,右击鼠标,在弹出的快捷菜单中选择"插入帧"选项,确定在该帧插入帧。

78 选择"库"面板中的"鼠标指针"元件,右击鼠标,在弹出的快捷菜单中选择"直接复制元件"选项,在"名称"文本框内键入"鼠标指针 副本 3"文本,在"类型"下拉选项栏中选择"影片剪辑"选项,如图 27-39 所示,单击"确定"按钮,退出该对话框。

79 创建一个新图层——"图层 2",在该图层内的"指针"帧插入关键帧,将"库"面板中的"鼠标指针 副本 3"元件拖动至"按钮 03"编辑窗内。

80 选择"指针"帧内的元件,在"属性"面板中的"位置和大小"卷展栏内的 X 参数栏中键入-250,在 Y 参数栏中键入-100,设置元件位置,如图 27-40 所示。

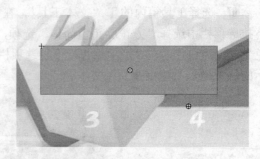

图 27-39　"直接复制元件"对话框　　　　　图 27-40　设置元件位置

81 双击"鼠标指针 副本 3"元件，进入"鼠标指针 副本 3"编辑窗，选择"图层 2"内的第 5 帧，按下键盘上的 Delete 键，删除该帧，将其转换为空白关键帧。

82 执行菜单栏中的"文件"/"导入"/"导入到舞台"命令，打开"导入"对话框，选择本书附带光盘中的"视频广告制作"/"实例 27：设置弹出式广告"/"金属沙发.png"文件，如图 27-41 所示，单击"打开"按钮，退出该对话框。

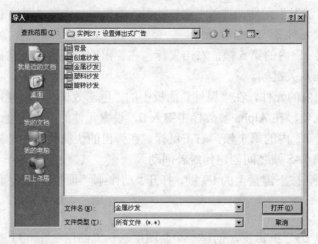

图 27-41　"导入"对话框

83 退出"将'素材.psd'导入到舞台"对话框后将素材图像导入到"鼠标指针 副本 3"编辑窗内。选择导入的素材图像，在"属性"面板中的"位置和大小"卷展栏内 X 参数栏中键入 250，在 Y 参数栏中键入-10，设置图像位置，如图 27-42 所示。

图 27-42　设置图像位置

84 选择工具箱内的 **T** "文本工具"，在"属性"面板中的"字符"卷展栏内的"系列"

下拉选项栏中选择"方正胖头鱼简体"选项，在"大小"参数栏中键入 22，将"文本填充颜色"设置为白色，在"消除锯齿"下拉选项栏中选择"动画消除锯齿"选项，在如图 27-43 所示的位置键入"金属沙发"文本。

图 27-43　键入文本

85　选择"图层 2"第 5 帧内的素材图像和文本，将其转换为名称为"金属沙发"的影片剪辑元件。

86　双击"金属沙发"元件，进入"金属沙发"编辑窗，选择"图层 1"内的图像和文本，将其转换为名称为"元件 4"的图形元件。

87　选择"图层 1"内的第 5 帧，右击鼠标，在弹出的快捷菜单中选择"插入关键帧"选项，确定在第 5 帧插入关键帧。

88　选择第 1 帧内的元件，在"属性"面板中的"色彩效果"卷展栏内的"样式"下拉选项栏中选择 Alpha 选项，在 Alpha 参数栏中键入 0，设置元件的不透明度。

89　选择"图层 1"内的第 1 帧，右击鼠标，在弹出的快捷菜单中选择"创建传统补间"选项，确定在第 1~5 帧之间传统补间动画。

90　选择第 5 帧，按下键盘上的 F9 键，打开"动作-帧"面板，在该面板中键入如下代码：

```
stop();
```

91　进入"按钮 03"编辑窗，创建一个新图层——"图层 3"，将其拖动至"图层 1"内的底层，选择该图层内的"指针"帧，右击鼠标，在弹出的快捷菜单中选择"插入关键帧"选项，确定在该帧插入关键帧，然后将"库"面板中的"鼠标指针"元件拖动至编辑窗内。

92　选择"鼠标指针"元件，在"属性"面板中的"位置和大小"卷展栏内的 X 参数栏中键入 0，在 Y 参数栏中键入 0，设置元件位置。

93　现在本实例的制作就全部完成了，按下键盘上的 Ctrl+Enter 组合键，测试影片效果，图 27-44 所示为本实例在不同帧的显示效果。如果读者在制作过程中遇到了什么问题，可以打开本书附带光盘文件"视频广告制作" / "实例 27：设置弹出式广告" / "设置弹出式广告.fla"，该实例为完成后的文件。

图 27-44　设置广告动画

实例 28　设置广告超链接

本实例中，将指导读者设置广告超链接，本实例为一个由多个素材图像和文本组成的广告，并添加了按钮，和为按钮设置了脚本，使广告播放完后通过单击按钮进入相应的网页。通过本实例的制作，使读者了解超链接的制作方法。

在本实例中，首先导入背景图像，然后使用文本工具键入文本，使用线条工具绘制线条，将其转换为元件，并设置元件位置和创建传统补间动画，接下来导入素材图像，设置图像在各帧内的位置，创建传统补间动画，最后导入按钮素材，将其转换为按钮元件，设置其在按下帧的显示效果，和设置元件的脚本，完成该实例的制作。图 28-1 所示为动画完成后的截图。

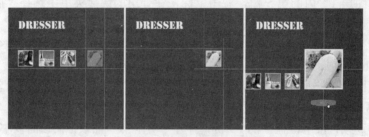

图 28-1　设置广告动画

1 运行 Flash CS4，创建一个新的 Flash（ActionScript 2.0）Flash。

2 单击"属性"面板中的"属性"卷展栏内的"文档属性"按钮，打开"文档属性"对话框。在"尺寸"右侧的"宽"参数栏中键入"600 像素"，"高"参数栏中键入"600 像素"，设置背景颜色为红色（#FF3300），设置帧频为 12，标尺单位为"像素"，如图 28-2 所示，单击"确定"按钮，退出该对话框。

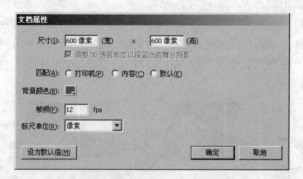

图 28-2　"文档属性"对话框

3 选择工具箱内的 **T** "文本工具"，在"属性"面板中的"字符"卷展栏内的"系列"下拉选项栏中选择 Stencil Std 选项，在"大小"参数栏中键入 50，将"文本填充颜色"设置为白色，在"消除锯齿"下拉选项栏中选择"动画消除锯齿"选项，然后键入"dresser"。

　　4　选择键入的文本，在"属性"面板中的"位置和大小"卷展栏内的 X 参数栏中键入 50，在 Y 参数栏中键入 50，设置文本的位置，如图 28-3 所示。

　　5　选择"图层 1"内的第 50 帧，右击鼠标，按下键盘上的 F5 键，使该图层内的文本延续到第 50 帧。

　　6　创建一个新图层——"图层 2"，选择工具箱内的 ＼"线条工具"，将"笔触颜色"设置为白色，按住键盘上的 Shift 键，向下拖动，绘制一个竖线条。

　　7　选择绘制的竖线条，在"属性"面板中的"位置和大小"卷展栏内的 X 参数栏中键入 400，在 Y 参数栏中键入 0，在"高度"参数栏中键入 600，设置竖线条的位置及大小，如图 28-4 所示。

图 28-3　设置文本的位置

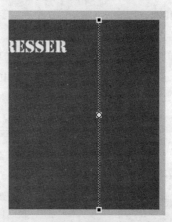

图 28-4　设置竖线条的位置及大小

　　8　选择"图层 2"内的第 5 帧，按下键盘上的 F6 键，将第 5 帧转换为关键帧。使用同样的方法，将第 10 帧、第 15 帧、第 20 帧、第 35 帧和第 40 帧转换为关键帧。

　　9　选择第 1 帧内的直线，在"属性"面板中的"位置和大小"卷展栏内的"高度"参数栏中键入 1，设置竖线条的高度。使用同样的方法，将第 20 帧内的竖线条高度设置为 350，将第 35 帧内的竖线条高度设置为 350。

　　10　选择"图层 2"内的第 1 帧，右击鼠标，在弹出的快捷菜单中选择"创建补间形状"选项，确定在第 1~5 帧之间创建补间形状动画。使用同样的方法，分别在第 15~20 帧、第 35~40 帧之间创建补间形状动画，时间轴显示如图 28-5 所示。

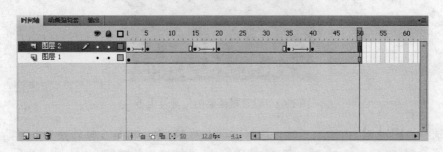

图 28-5　时间轴显示效果

　　11　创建一个新图层——"图层 3"，在该图层内的第 5 帧插入空白关键帧。使用工具箱

内的 ＼ "线条工具"绘制 1 个竖线条，设置其 X 轴位置为 500，Y 轴位置为 0，设置其高度为 600，如图 28-6 所示。

[12] 选择"图层 3"内的第 10 帧，按下 F6 键，将第 10 帧转换为关键帧。使用同样的方法，将第 15 帧、第 20 帧、第 35 帧和第 40 帧转换为关键帧。

[13] 选择第 5 帧内的竖线条，在"属性"面板中的"位置和大小"卷展栏内的"高度"参数栏中键入 1，设置竖线条的高度。使用同样的方法，将第 20 帧内的竖线条高度设置为 450，Y 轴位置设置为 150，将第 35 帧内的竖线条高度设置为 450，Y 轴位置设置为 150，将第 40 帧 X 轴位置设置为 400。

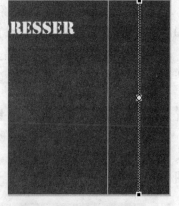

图 28-6　设置竖线条的位置及大小

[14] 选择"图层 3"内的第 5 帧，右击鼠标，在弹出的快捷菜单中选择"创建补间形状"选项，确定在第 5~10 帧之间创建补间形状动画。使用同样的方法，分别在第 15~20 帧、第 35~40 帧之间创建补间形状动画，时间轴显示如图 28-7 所示。

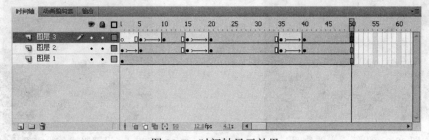

图 28-7　时间轴显示效果

[15] 创建一个新图层——"图层 4"，使用工具箱内的 ＼ "线条工具"绘制一个横线条，设置其 X 轴位置为 500，Y 轴位置为 0，设置其宽度为 600，如图 28-8 所示。

图 28-8　设置横线条的位置及大小

[16] 选择"图层 4"内的第 5 帧，按下键盘上的 F6 键，将第 5 帧转换为关键帧。使用同样的方法，将第 15 帧、第 20 帧、第 35 帧和第 40 帧转换为关键帧。

[17] 选择第 1 帧内的横线条，在"属性"面板中的"位置和大小"卷展栏内的"宽度"参数栏中键入 1，设置横线条的宽度。使用同样的方法，将第 20 帧内的横线条宽度设置为 550，

将 35 帧内的横线条高度设置为 550，将第 40 帧 Y 轴位置设置为 300。

18 选择"图层 3"内的第 5 帧，右击鼠标，在弹出的快捷菜单中选择"创建补间形状"选项，确定在第 1~5 帧之间创建补间形状动画。使用同样的方法，分别在第 15~20 帧、第 35~40 帧之间创建补间形状动画，时间轴显示如图 28-9 所示。

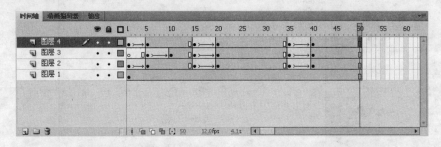

图 28-9　时间轴显示效果

19 创建一个新图层——"图层 5"，在该图层内的第 5 帧插入空白关键帧，使用工具箱内的 ╲ "线条工具"绘制 1 个横线条，设置其 X 轴位置为 0，Y 轴位置为 300，设置其宽度为 600，如图 28-10 所示。

20 选择"图层 5"内的第 10 帧，按下键盘上的 F6 键，将第 10 帧转换为关键帧。使用同样的方法，将第 15 帧、第 20 帧、第 35 帧和第 40 帧转换为关键帧。

21 选择第 1 帧内的直线，在"属性"面板中的"位置和大小"卷展栏内的"宽度"参数栏中键入 1，设置直线的宽度。使用同样的方法，将第 20 帧内的直线 X 轴位置设置为 350，宽度设置为 250，将第 35 帧内的直线 X 轴位置设置为 350，宽度设置为 250。

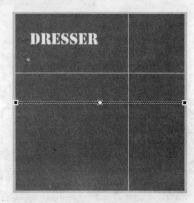

图 28-10　设置横线条的位置及大小

22 选择"图层 3"内的第 5 帧，右击鼠标，在弹出的快捷菜单中选择"创建补间形状"选项，确定在第 5~10 帧之间创建补间形状动画。使用同样的方法，分别在第 15~20 帧、第 35~40 帧之间创建补间形状动画，时间轴显示如图 28-11 所示。

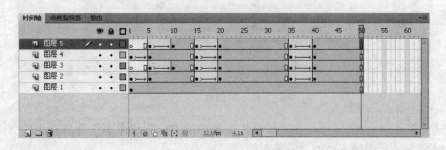

图 28-11　时间轴显示效果

23 创建一个新图层——"图层 6"，在该图层内的第 9 帧插入关键帧，执行菜单栏中的"文件" / "导入" / "导入到舞台"命令，打开"导入"对话框。选择本书附带光盘中的"视频广告制作" / "实例 28：设置广告超链接" / "图片 01.jpg"文件，如图 28-12 所示，单击"打开"按钮,退出该对话框。

图 28-12 "导入"对话框

24 退出"导入"对话框后将素材图像导入到舞台,选择导入的素材图像,在"属性"面板中的"位置和大小"卷展栏内的 X 参数栏中键入 50,在 Y 参数栏中键入 210,如图 28-13 所示。

25 选择"图层 6"内的第 22 帧,按下键盘上的 F6 键,将第 22 帧转换为关键帧。使用同样的方法将第 42 帧转换为关键帧,选择第 23 帧,将该帧转换为空白关键帧,时间轴显示如图 28-14 所示。

图 28-13 设置图像大小及位置

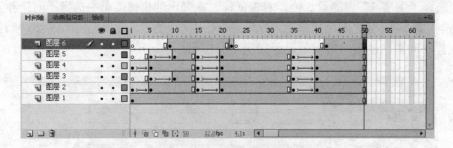

图 28-14 时间轴显示效果

26 选择第 43 帧内的图像,在"属性"面板中的"位置和大小"卷展栏内的 X 参数栏中键入 0,在 Y 参数栏中键入 320,设置图像位置。

27 创建一个新图层——"图层 7",在该图层内的第 10 帧插入关键帧,执行菜单栏中的"文件"/"导入"/"导入到舞台"命令,打开"导入"对话框。选择本书附带光盘中的"视频广告制作"/"实例 28:设置广告超链接"/"图片 02.jpg"文件,如图 28-15 所示。单击"打开"按钮,退出该对话框。

图 28-15 "导入"对话框

28 退出"导入"对话框后将素材图像导入到舞台，选择导入的素材图像，在"属性"面板中的"位置和大小"卷展栏内的 X 参数栏中键入 160，在 Y 参数栏中键入 210，如图 28-16 所示。

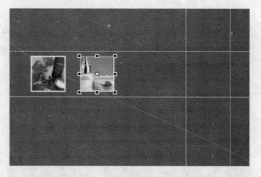

图 28-16 设置图像大小及位置

29 选择"图层 7"内的第 21 帧，按下键盘上的 F6 键，将第 21 帧转换为关键帧。使用同样的方法将第 41 帧转换为关键帧，选择第 22 帧，将该帧转换为空白关键帧，时间轴显示如图 28-17 所示。

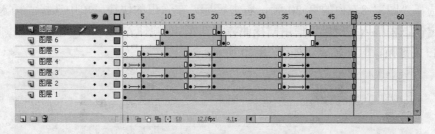

图 28-17 时间轴显示效果

30 选择第 41 帧内的图像，在"属性"面板中的"位置和大小"卷展栏内的 X 参数栏中键入 100，在 Y 参数栏中键入 320，设置图像位置。

31 创建一个新图层——"图层 8"，在该图层内的第 11 帧插入关键帧，执行菜单栏中的
"文件" / "导入" / "导入到舞台" 命令，打开"导入"对话框。选择本书附带光盘中的"视
频广告制作" / "实例 28：设置广告超链接" / "图片 03.jpg"文件，如图 28-18 所示。单击"打
开"按钮，退出该对话框。

图 28-18 "导入"对话框

32 退出"导入"对话框后将素材图像导入到舞台，选择导入的素材图像，在"属性"面
板中的"位置和大小"卷展栏内的 X 参数栏中键入 270，在 Y 参数栏中键入 210，如图 28-19
所示。

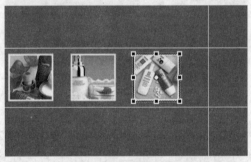

图 28-19 设置图像大小及位置

33 选择"图层 8"内的第 20 帧，右击鼠标，在弹出的快捷菜单中选择"插入关键帧"
选项，确定在该帧插入关键帧。使用同样的方法在第 40 帧插入关键帧，选择第 21 帧，将该帧
转换为空白关键帧，时间轴显示如图 28-20 所示。

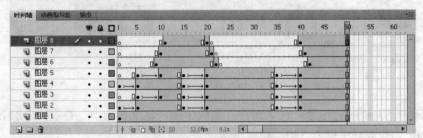

图 28-20 时间轴显示效果

34 选择第 40 帧内的图像，在"属性"面板中的"位置和大小"卷展栏内的 X 参数栏中键入 200，在 Y 参数栏中键入 320，设置图像位置。

35 创建一个新图层——"图层 9"，在该图层内的第 11 帧插入关键帧，执行菜单栏中的"文件"/"导入"/"导入到舞台"命令，打开"导入"对话框。选择本书附带光盘中的"视频广告制作"/"实例 28：设置广告超链接"/"图片 04.jpg"文件，如图 28-21 所示。单击"打开"按钮，退出该对话框。

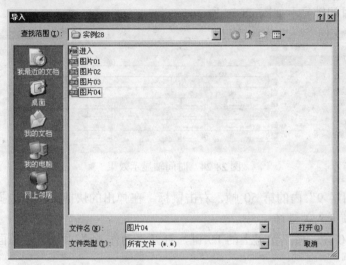

图 28-21 "导入"对话框

36 退出"导入"对话框后将素材图像导入到舞台，选择导入的素材图像，执行菜单栏中的"修改"/"转换为元件"命令，打开"转换为元件"对话框。在"名称"文本框内键入"元件 1"文本，在"类型"下拉选项栏中选择"图形"选项，如图 28-22 所示。

37 选择"图层 9"内的第 15 帧，右击鼠标，在弹出的快捷菜单中选择"插入关键帧"选项，确定在该帧插入关键帧。使用同样的方法，分别在第 35 帧和第 40 帧插入关键帧。

38 选择第 10 帧内的元件，在"属性"面板中的"位置和大小"卷展栏内的 X 参数栏中键入 410，Y 参数栏中键入 210，"宽度"参数栏中键入 80，"高度"参数栏中键入 80，在"色彩效果"卷展栏内的"样式"下拉选项栏中选择 Alpha 选项，在 Alpha 参数栏中键入 0，设置元件属性后的效果如图 28-23 所示。

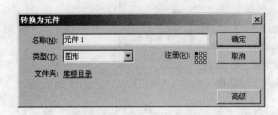

图 28-22 "转换为元件"对话框   图 28-23 设置元件属性

38 使用同样的方法，将第 15 帧内的元件 X 轴位置设置为 410，Y 轴位置设置为 210，宽度设置为 80，高度设置为 80，将第 35 帧内的元件 X 轴位置设置为 410，Y 轴位置设置为 210，宽度设置为 80，高度设置为 80，将第 40 帧内的元件 X 轴位置设置为 300，Y 轴位置设置为 200，宽度设置为 200，高度设置为 200。

40 选择"图层 9"内的第 10 帧，右击鼠标，在弹出的快捷菜单中选择"创建传统补间"选项，确定在第 10~15 帧之间创建传统补间动画。使用同样的方法，在第 35~40 帧之间创建传统补间动画，时间轴显示如图 28-24 所示。

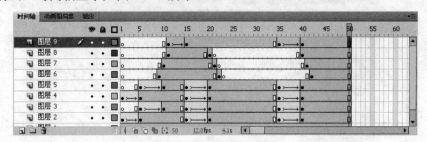

图 28-24　时间轴显示效果

41 选择"图层 9"内的第 50 帧，右击鼠标，在弹出的快捷菜单中选择"插入关键帧"选项，确定在该帧插入关键帧。

42 选择第 50 帧，按下键盘上的 F9 键，打开"动作-帧"面板，在该面板中键入如下代码：

```
stop();
```

43 执行菜单栏中的"文件"/"导入"/"导入到舞台"命令，打开"导入"对话框。选择本书附带光盘中的"视频广告制作"/"实例 28：设置广告超链接"/"进入.pad"文件，如图 28-25 所示。

图 28-25　"导入"对话框

44 单击"导入"对话框中的"打开"按钮，打开"将'进入.psd'导入到舞台"对话框，如图 28-26 所示，单击"确定"按钮，退出该对话框。

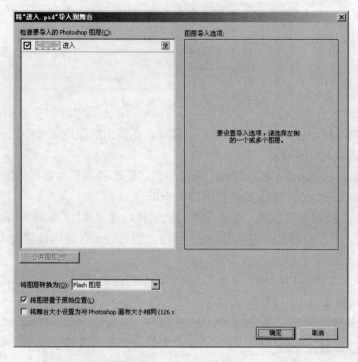

图 28-26 "将'进入.psd'导入到舞台"对话框

45 退出"将'进入.psd'导入到舞台"对话框后将素材图像导入到舞台,并自动生成"进入"层。

46 选择导入的素材图像,在"属性"面板中的"位置和大小"卷展栏内的 X 参数栏中键入 336,在 Y 参数栏中键入 450,设置图像位置,如图 28-27 所示。

47 选择"进入"层内的图像,执行菜单栏中的"修改"/"转换为元件"命令,打开"转换为元件"对话框。在"名称"文本框内键入"进入"文本,在"类型"下拉选项栏中选择"按钮"选项,如图 28-28 所示。

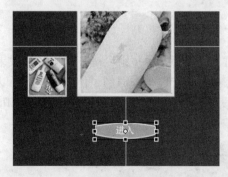

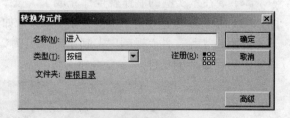

图 28-27 设置图像位置   图 28-28 "转换为元件"对话框

48 双击"进入"元件,进入"进入"编辑窗,选择"弹起"帧内的图像,执行菜单栏中的"修改"/"转换为元件"命令,打开"转换为元件"对话框。在"名称"文本框内键入"元件 2"文本,在"类型"下拉选项栏中选择"图形"选项,如图 28-29 所示,单击"确定"按钮,退出该对话框。

图 28-29 "转换为元件"对话框

48 选择"图层 1"内的"指针"帧，右击鼠标，在弹出的快捷菜单中选择"插入关键帧"选项，确定在该帧插入关键帧。

50 选择"指针"的元件，在"属性"面板中的"色彩效果"卷展栏内的"样式"下拉选项栏中选择 Alpha 选项，在 Alpha 参数栏中键入 50。

51 在"按下"帧插入关键帧，选择该帧内的元件，在"属性"面板中的"色彩效果"卷展栏内的"样式"下拉选项栏中选择"高级"选项，将 Alpha 百分比设置为 100%，将蓝色百分比设置为 50%。

52 进入"场景 1"编辑窗，将"进入"层内的第 1 帧拖动至第 40 帧，确定元件在第 40~50 帧之间显示。时间轴显示如图 28-30 所示。

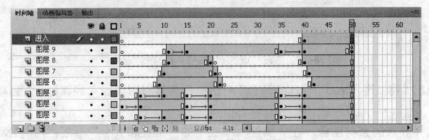

图 28-30 时间轴显示效果

53 选择"进入"元件，按下键盘上的 F9 键，打开"动作-帧"面板，在该面板中键入如下代码：

```
on (release) {
    getURL("http://www.huazhuangpin.cn.com", "_blank");
}
```

54 现在本实例的制作就全部完成了，按下键盘上的 **Ctrl+Enter** 组合键，测试影片效果，图 28-31 所示为本本实例在不同帧的显示效果。如果读者在制作过程中遇到了什么问题，可以打开本书附带光盘文件"视频广告制作"/"实例 28：设置广告超链接"/"设置广告超链接.fla"，该实例为完成后的文件。

图 28-31 设置广告超链接

实例 29　设置循环播放广告

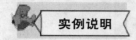

本实例中，将指导读者设置循环播放广告，该实例为影片在一个圆形的显示窗内循环播放的效果，当点击影片时，打开相应的网页。通过本实例的制作，使读者了解循环播放广告的制作方法。

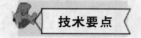

在本实例中，首先导入素材图像，然后将其转换为元件，并添加脚本，接下来将元件拖动至场景内，设置元件位置，并创建传统补间动画，最后设置遮罩层动画，完成本实例的制作。图 29-1 所示为动画完成后的截图。

图 29-1　设置循环播放广告

1 运行 Flash CS4，创建一个新的 Flash（ActionScript 2.0）文档。

2 单击"属性"面板中的"属性"卷展栏内的"文档属性"按钮，打开"文档属性"对话框。在"尺寸"右侧的"宽"参数栏中键入"400"像素，"高"参数栏中键入"572"像素，设置背景颜色为白色，设置帧频为 12，标尺单位为"像素"，如图 29-2 所示，单击"确定"按钮，退出该对话框。

图 29-2　"文档属性"对话框

3 执行菜单栏中的"文件"/"导入"/"导入到舞台"命令，打开"导入"对话框。选择本书附带光盘中的"视频广告制作"/"实例 29：设置循环播放广告"/"图片.jpg"文件，如图 29-3 所示，单击"打开"按钮，退出该对话框。

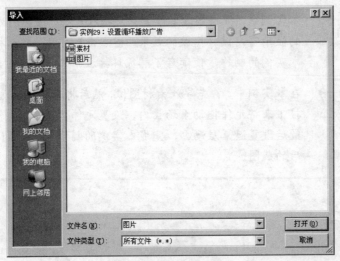

图 29-3　"导入"对话框

4 退出"导入"对话框后将素材图像导入到舞台，如图 29-4 所示。

图 29-4　导入素材图像

5 选择导入的素材图像，执行菜单栏中的"修改"/"转换为元件"命令，打开"转换为元件"对话框。在"名称"文本框内键入"元件 1"文本，在"类型"下拉选项栏中选择"图形"选项，如图 29-5 所示，单击"确定"按钮，退出该对话框。

图 29-5　"转换为元件"对话框

6 双击"元件 1"元件，进入"元件 1"编辑窗，选择"图层 1"内的图像，执行菜单栏中的"修改"/"转换为元件"命令，打开"转换为元件"对话框。在"名称"文本框内键入"元件 2"文本，在"类型"下拉选项栏中选择"按钮"选项，如图 29-6 所示，单击"确定"按钮，退出该对话框。

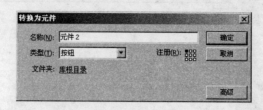

图 29-6 "转换为元件"对话框

7 选择"元件 2"元件，按下键盘上的 F9 键，打开"动作-帧"面板，在该面板中键入如下代码；

```
on (release) {
    getURL("http://www.huazhuangpin.cn.com", "_blank");
}
```

8 进入"场景 1"编辑窗，选择"图层 1"内的第 30 帧，右击鼠标，在弹出的快捷菜单中选择"插入关键帧"选项，确定在该帧插入关键帧。使用同样的方法，在第 40 帧插入关键帧。

9 选择第 30 帧内的元件，将该帧内的元件 X 轴位置设置为 0，Y 轴位置设置为-760，将第 40 帧内的元件 X 轴位置设置为 0，Y 轴位置设置为-1100。

10 选择第 1 帧，右击鼠标，在弹出的快捷菜单中选择"创建传统补间"选项，确定在第 1~30 帧之间创建传统补间动画。使用同样的方法，在第 30~40 帧之间创建传统补间动画，时间轴显示如图 29-7 所示。

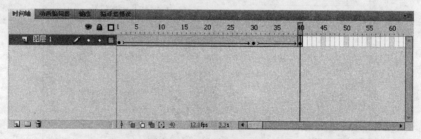

图 29-7 时间轴显示效果

11 创建一个新图层——"图层 2"，将该图层内的第 30 帧转换为关键帧，选择该帧，进入"库"面板，将该面板中的"元件 1"元件拖动至场景内。

12 选择第 30 帧内的元件，将该帧内的元件 X 轴位置设置为 0，Y 轴位置设置为 500。

13 选择第 40 帧，按下键盘上的 F6 键，将第 40 帧转换为关键帧，将该帧内的元件 X 轴位置设置为 0，Y 轴位置设置为 160。

14 选择"图层 2"内的第 30 帧，右击鼠标，在弹出的快捷菜单中选择"创建传统补间"选项，确定在第 30~40 帧之间创建传统补间动画。

15 执行菜单栏中的"文件"/"导入"/"导入到舞台"命令，打开"导入"对话框。选择本书附带光盘中的"视频广告制作"/"实例 29：设置循环播放广告"/"素材.psd"文件，如图 29-8 所示。

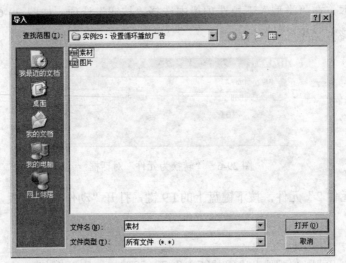

图 29-8 "导入"对话框

16 单击"导入"对话框中的"打开"按钮，打开"将'素材.psd'导入到舞台"对话框，如图 29-9 所示。

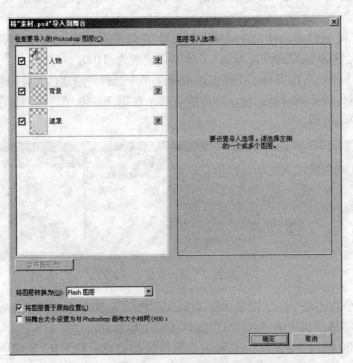

图 29-9 "将'素材.psd'导入到舞台"对话框

17 单击"将'素材.psd'导入到舞台"对话框中的"确定"按钮，退出"将'素材.psd'导入到舞台"对话框后将素材图像导入到舞台，如图 29-10 所示。

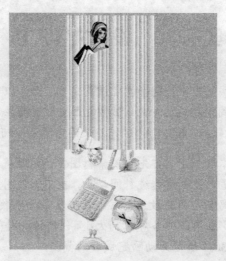

图 29-10　导入素材图像

18 选择"遮罩"层，右击鼠标，在弹出的快捷菜单中选择"遮罩层"选项，将该图层转换为遮罩层，"图层 2"转换为被遮罩层，时间轴显示如图 29-11 所示。

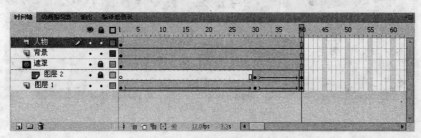

图 29-11　时间轴显示效果

19 选择"图层 1"，将其拖动至"遮罩"层内，并转换为被遮罩层。

20 现在本实例的制作就全部完成了，按下键盘上的 Ctrl+Enter 组合键，测试影片效果，图 29-12 所示为本实例在不同帧的显示效果。如果读者在制作过程中遇到了什么问题，可以打开本书附带光盘文件"视频广告制作"/"实例 29：设置循环播放广告"/"设置循环播放广告.fla"，该实例为完成后的文件。

图 29-12　设置循环播放广告

实例 30　设置文字广告

本实例中，将指导读者设置文字广告，该实例为左右两边的文本首先碰到一起然后分离，图像由上至下逐渐显示和中间文本由大变小的动画。通过本实例的制作，使读者了解如何设置文字动画。

在本实例中，首先导入素材图像，然后将其转换为元件，设置文本的位置，并创建传统补间动画，接下来使用文本工具键入文本，并进行分离和使用分散到图层工具将各字母分散到相对应的图层，最后使用变形工具设置各字母的大小，创建传统补间动画，完成该实例的制作。图 30-1 所示为动画完成后的截图。

图 30-1　设置文字广告

1 运行 Flash CS4，创建一个新的 Flash（ActionScript 2.0）文档。

2 单击"属性"面板中的"属性"卷展栏内的"文档属性"按钮，打开"文档属性"对话框。在"尺寸"右侧的"宽"参数栏中键入"450 像素"，"高"参数栏中键入"450 像素"，设置背景颜色为白色，设置帧频为 12，标尺单位为"像素"，如图 30-2 所示，单击"确定"按钮，退出该对话框。

图 30-2　"文档属性"对话框

3 执行菜单栏中的"文件"/"导入"/"导入到舞台"命令，打开"导入"对话框。选择本书附带光盘中的"视频广告制作"/"实例 30：设置文字广告"/"素材.psd"文件，如图 30-3 所示。

图 30-3 "导入"对话框

4 单击"导入"对话框中的"打开"按钮，打开"将'素材.psd'导入到舞台"对话框，在"检查要导入的 Photoshop 图层"显示窗内选择"图片"选项，在"'图片'的选项"下的"将此图像图层导入为"选项组内选择"具有可编辑图层样式的位图图像"单选按钮，如图 30-4 所示。

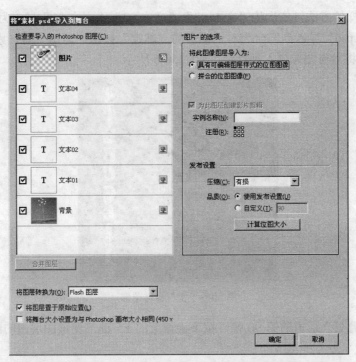

图 30-4 "将'素材.psd'导入到舞台"对话框

5 在"检查要导入的 Photoshop 图层"显示窗内选择"文本 04"选项，在"'文本 04'的选项"下的"将此图像图层导入为"选项组内选择"失量轮廓"单选按钮，如图 30-5 所示。

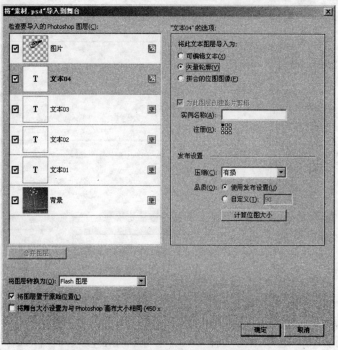

图 30-5　"将'素材.psd'导入到舞台"对话框

[6]　使用同样的方法，依次将"文本 03"、"文本 02"、"文本 01"导入为失量轮廓。然后单击"将'素材.psd'导入到舞台"对话框中的"确定"按钮，退出"将'素材.psd'导入到舞台"对话框后将素材图像导入到舞台，如图 30-6 所示。

图 30-6　导入素材图像

[7]　选择"背景"层内的第 90 帧，按下键盘上的 F5 键，使该图层内的图像延续到第 90 帧。

[8]　选择"文本 01"层内的第 5 帧，按下键盘上的 F6 键，确定在该帧插入关键帧。使用同样的方法，在第 30 帧插入关键帧。

[8]　选择第 1 帧内的元件，在"属性"面板中的"位置和大小"卷展栏内的 X 参数栏中键入-260，Y 参数栏中键入 170，设置元件位置。使用同样的方法，设置第 5 帧内的元件 X 轴位置为 170，Y 轴位置为 170，设置第 30 帧内的元件 X 轴位置为 450，Y 轴位置为 170。

🔟　选择"文本01"层内的第1帧，右击鼠标，在弹出的快捷菜单中选择"创建传统补间"选项，确定在第1~5帧之间创建传统补间动画。使用同样的方法，在第5~30帧之间创建传统补间动画，时间轴显示如图30-7所示。

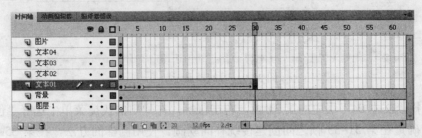

图30-7　时间轴显示效果

🔢　选择"文本02"层内的第5帧，按下键盘上的F6键，确定在该帧插入关键帧。使用同样的方法，在第30帧插入关键帧。

🔢　选择第1帧内的元件，在"属性"面板中的"位置和大小"卷展栏内的X参数栏中键入450，Y参数栏中键入15，设置元件位置。使用同样的方法，设置第5帧内的元件X轴位置为140，Y轴位置为15，设置第30帧内的元件X轴位置为-25，Y轴位置为15。

🔢　选择"文本02"层内的第1帧，右击鼠标，在弹出的快捷菜单中选择"创建传统补间"选项，确定在第1~5帧之间创建传统补间动画。使用同样的方法，在第5~30帧之间创建传统补间动画，时间轴显示如图30-8所示。

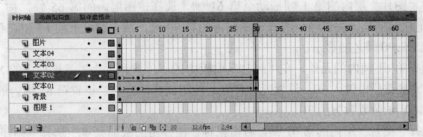

图30-8　时间轴显示效果

🔢　将"文本03"层内的第1帧拖动至第31帧，选择该图层内的第35帧，按下键盘上的F6键，确定在该帧插入关键帧。使用同样的方法，在第60帧插入关键帧。

🔢　选择第31帧内的元件，在"属性"面板中的"位置和大小"卷展栏内的X参数栏中键入-210，Y参数栏中键入170，设置元件位置。使用同样的方法，设置第35帧内的元件X轴位置为170，Y轴位置为170，设置第60帧内的元件X轴位置为450，Y轴位置为170。

🔢　选择"文本03"层内的第31帧，右击鼠标，在弹出的快捷菜单中选择"创建传统补间"选项，确定在第31~35帧之间创建传统补间动画。使用同样的方法，在第35~60帧之间创建传统补间动画，时间轴显示如图30-9所示。

🔢　将"文本04"层内的第1帧拖动至第31帧，选择该图层内的第35帧，按下键盘上的F6键，确定在该帧插入关键帧。使用同样的方法，在第60帧插入关键帧。

🔢　选择第31帧内的元件，在"属性"面板中的"位置和大小"卷展栏内的X参数栏中键入450，Y参数栏中键入30，设置元件位置。使用同样的方法，设置第35帧内的元件X轴位置为140，Y轴位置为30，设置第60帧内的元件X轴位置为-30，Y轴位置为15。

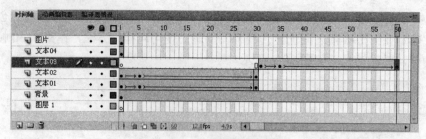

图 30-9 时间轴显示效果

19 选择"文本 04"层内的第 31 帧，右击鼠标，在弹出的快捷菜单中选择"创建传统补间"选项，确定在第 31~35 帧之间创建传统补间动画。使用同样的方法，在第 35~60 帧之间创建传统补间动画，时间轴显示如图 30-10 所示。

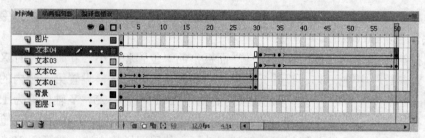

图 30-10 时间轴显示效果

20 将"图片"层内的第 1 帧拖动至第 61 帧，选择该图层内的第 65 帧，按下键盘上的 F6 键，确定在该帧插入关键帧，选择该图层内的第 90 帧，按下键盘上的 F5 键，使该图层内的图像在第 65~90 帧之间显示。

21 选择第 61 帧内的元件，在"属性"面板中的"位置和大小"卷展栏内的 X 参数栏中键入 115，Y 参数栏中键入 70，设置元件位置。使用同样的方法，设置第 65 帧内的元件 X 轴位置为 115，Y 轴位置设置为 70。

22 选择"图片"层内的第 61 帧，右击鼠标，在弹出的快捷菜单中选择"创建传统补间"选项，确定在第 61~65 帧之间创建传统补间动画，时间轴显示如图 30-11 所示。

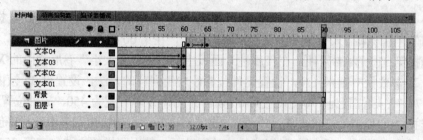

图 30-11 时间轴显示效果

23 将"图层 1"拖动至"图片"层顶部，选择工具箱内的 **T** "文本工具"，在"属性"面板中的"字符"卷展栏内的"系列"下拉选项栏中选择 Stencil Std 选项，在"大小"参数栏中键入 40，将"文本填充颜色"设置为白色，在"消除锯齿"下拉选项栏中选择"可读性消除锯齿"选项，在如图 30-12 所示的位置键入"deejay"。

图 30-12 键入文本

24 选择新键入的文本，右击鼠标，在弹出的快捷菜单中选择"分离"选项，确定将文本分离。然后再次右击鼠标，在弹出的快捷菜单中选择"分散到图层"选项，这时字母分别显示在图层上，时间轴显示如图 30-13 所示。

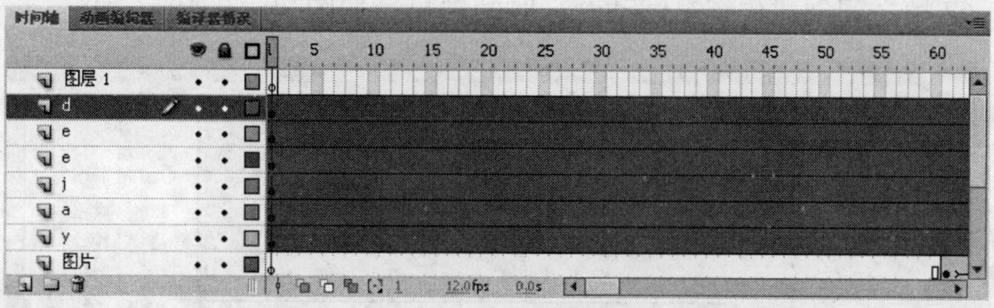

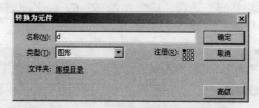

图 30-13 时间轴显示效果

25 选择"图层 1"层，单击时间轴面板中的 🗑 "删除"按钮，删除该图层。

26 选择 d 层第 1 帧内的文本，执行菜单栏中的"修改"/"转换为元件"命令，打开"转换为元件"对话框。在"名称"文本框内键入 d，在"类型"下拉选项栏中选择"图形"选项，如图 30-14 所示，单击"确定"按钮，退出该对话框。

图 30-14 "转换为元件"对话框

27 使用同样的方法，依次将 e、e、j、a、y 层内的文本分别转换为名称为 e1、e2、j、a、y 的图形元件。

28 选择 d 层内的第 1 帧，将其拖动至第 65 帧，选择该图层内的第 67 帧，按下键盘上的 F6 键，确定将该帧转换为关键帧。

29 执行菜单栏中的"窗口"/"变形"命令，打开"变形"面板。选择第 65 帧内的元件，在该面板中的"缩放宽度"参数栏中键入 200，在"缩放高度"参数栏中键入 200，如图 30-15 所示，确定元件等比例放大 200%。

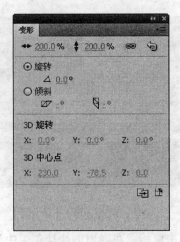

图 30-15 "变形"面板

30 选择 d 层内的第 65 帧，右击鼠标，在弹出的快捷菜单中选择"创建传统补间"选项，确定在第 65~67 帧之间创建传统补间动画，时间轴显示如图 30-16 所示。

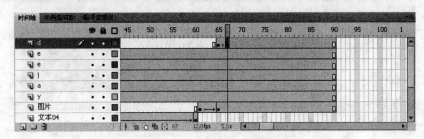

图 30-16 时间轴显示效果

31 将 e 层内的第 1 帧拖动至第 67 帧，选择该图层内的第 69 帧，按下键盘上的 F6 键，确定将该帧转换为关键帧。

32 选择第 67 帧内的元件，将其等比例放大 200%，然后选择该帧，右击鼠标，在弹出的快捷菜单中选择"创建传统补间"选项，确定在第 67~69 帧之间创建传统补间动画，时间轴显示如图 30-17 所示。

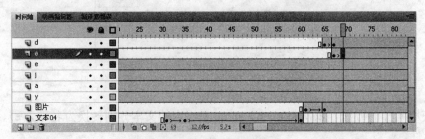

图 30-17 时间轴显示效果

33 将 e 层内的第 1 帧拖动至第 69 帧，选择该图层内的第 71 帧，按下键盘上的 F6 键，确定将该帧转换为关键帧。

34 选择第 69 帧内的元件，将其等比例放大 200%，然后选择该帧，右击鼠标，在弹出的快捷菜单中选择"创建传统补间"选项，确定在第 69~71 帧之间创建传统补间动画，时间轴显示如图 30-18 所示。

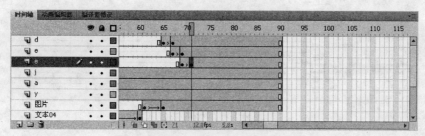

图 30-18　时间轴显示效果

35 将 j 层内的第 1 帧拖动至第 71 帧,选择该图层内的第 73 帧,按下键盘上的 F6 键,确定将该帧转换为关键帧。

36 选择第 71 帧内的元件,将其等比例放大 200%,然后选择该帧,右击鼠标,在弹出的快捷菜单中选择"创建传统补间"选项,确定在第 71~73 帧之间创建传统补间动画,时间轴显示如图 30-19 所示。

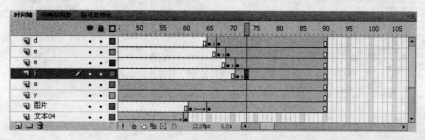

图 30-19　时间轴显示效果

37 将 a 层内的第 1 帧拖动至第 73 帧,选择该图层内的第 75 帧,按下键盘上的 F6 键,确定将该帧转换为关键帧。

38 选择第 73 帧内的元件,将其等比例放大 200%,然后选择该帧,右击鼠标,在弹出的快捷菜单中选择"创建传统补间"选项,确定在第 73~75 帧之间创建传统补间动画,时间轴显示如图 30-20 所示。

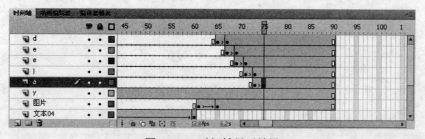

图 30-20　时间轴显示效果

39 将 y 层内的第 1 帧拖动至第 75 帧,选择该图层内的第 77 帧,按下键盘上的 F6 键,确定将该帧转换为关键帧。

40 选择第 75 帧内的元件,将其等比例放大 200%,然后选择该帧,右击鼠标,在弹出的快捷菜单中选择"创建传统补间"选项,确定在第 75~77 帧之间创建传统补间动画,时间轴显示如图 30-21 所示。

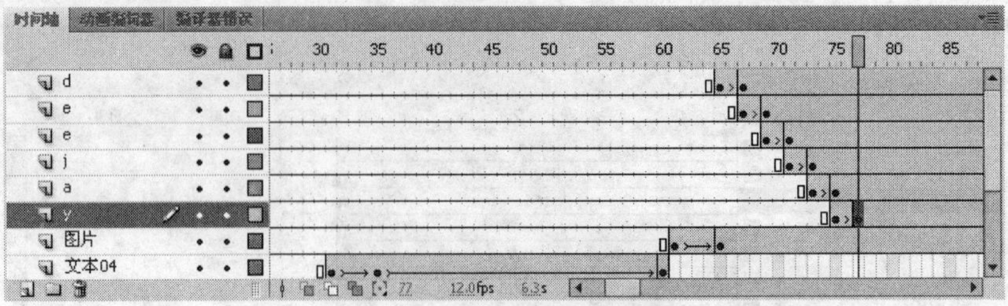

图 30-21　时间轴显示效果

41　现在本实例的制作就全部完成了，按下键盘上的 **Ctrl+Enter** 组合键，测试影片效果，图 30-22 所示为本实例在不同帧的显示效果。如果读者在制作过程中遇到了什么问题，可以打开本书附带光盘文件"视频广告制作" / "实例 30：设置文字广告" / "设置文字广告.fla"，该实例为完成后的文件。

图 30-22　设置文字广告

第 4 篇
互动游戏制作

    Flash CS4 制作的文件最大的特点就是其互动性，通过脚本编写，可以使文件与鼠标或者键盘产生互动，可以根据这一特点来设置互动小游戏，在这一部分中，将指导读者使用 Flash CS4 来设置互动游戏。通过实例的制作，使读者了解 Flash CS4 的基础脚本编写方法。

实例 31 设置铅笔绘图动画

本实例中，将指导读者设置铅笔绘图动画，动画内容为设置铅笔响应鼠标，当铅笔经过图片时，在其经过的地方会逐渐显示图片的动画。

本实例中，首先导入素材图像，然后将图像转换为元件，并使用任意变形工具调整图像的旋转角度，和创建传统补间动画，接下来设置元件的脚本，最后使用 Alpha 工具设置元件的不透明度值，并为帧添加脚本，完成该实例的制作。图 31-1 所示为动画完成后的截图。

图 31-1 设置铅笔绘图动画

① 运行 Flash CS4，创建一个新的 Flash（ActionScript 2.0）文档。

② 单击"属性"面板中的"属性"卷展栏内的"文档属性"按钮，打开"文档属性"对话框。在"尺寸"右侧的"宽"参数栏中键入"800 像素"，"高"参数栏中键入"516 像素"，设置背景颜色为白，设置帧频为 12，标尺单位为"像素"，如图 31-2 所示，单击"确定"按钮，退出该对话框。

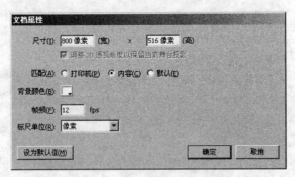

图 31-2 "文档属性"对话框

③ 执行菜单栏中的"文件"/"导入"/"导入到舞台"命令，打开"导入"对话框。选择本书附带光盘中的"互动游戏制作"/"实例 31：设置铅笔绘图动画"/"素材.psd"文件，如图 31-3 所示。

④ 单击"导入"对话框中的"打开"按钮，退出"导入"对话框后打开"将'素材.psd'导入到舞台"对话框，在"检查要导入的 Photoshop 图层"显示窗内选择"铅笔"选项，在"'铅笔'的选项"下的"将此图像图层导入为"选项组内选择"具有可编辑图层样式的位图图像"单选按钮，如图 31-4 所示。

图 31-3　"导入"对话框

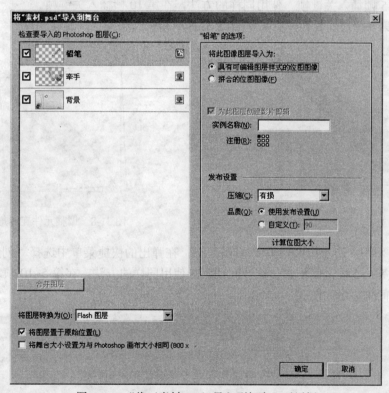

图 31-4　"将'素材.psd'导入到舞台"对话框

　　5　使用同样的方法，将"牵手"图像导入为具有可编辑图层样式的位图图像。然后单击"将'素材.psd'导入到舞台"对话框中的"确定"按钮，退出"将'素材.psd'导入到舞台"对话框后将素材图像导入到舞台，如图 31-5 所示。

　　6　将"图层 1"删除，双击"铅笔"层内的"铅笔"元件，进入"铅笔"编辑窗，选择"图层 1"内的图像，执行菜单栏中的"修改"/"转换为元件"命令，打开"转换为元件"对话框。在"名称"文本框内键入"元件 1"文本，在"类型"下拉选项栏中选择"图形"选项，如图 31-6 所示，单击"确定"按钮，退出该对话框。

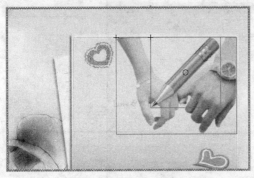

图 31-5　导入素材图像

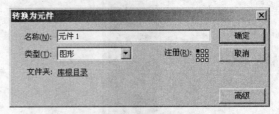

图 31-6　"转换为元件"对话框

7 确定"元件 1"仍处于被选择状态，选择工具箱内的 "任意变形工具"，然后参照图 31-7 所示来调整中心点的位置。

8 选择"图层 1"内的第 5 帧，右击鼠标，在弹出的快捷菜单中选择"插入关键帧"选项，确定在第 5 帧插入关键帧。使用同样的方法，在第 10 帧插入关键帧。

9 选择第 5 帧内的元件，然后参照图 31-8 所示来调整元件的旋转角度。

图 31-7　调整中心点位置

图 31-8　调整元件旋转角度

10 选择"图层 1"内的第 1 帧，右击鼠标，在弹出的快捷菜单中选择"创建传统补间"选项，确定在第 1~5 帧之间创建传统补间动画。使用同样的方法，在第 5~10 帧之间创建传统补间动画，时间轴显示如图 31-9 所示。

图 31-9　时间轴显示效果

11 进入"场景 1"编辑窗，选择"铅笔"层内的"铅笔"元件，按下键盘上的 F9 键，打开"动作-影片剪辑"面板，在该面板中键入如下代码：

```
onClipEvent(load){
    Mouse.hide();
```

```
        startDrag(this,true);
}
onClipEvent(mouseMove){
        updateAfterEvent();
}
```

12　双击"牵手"层内的"牵手"元件，进入"牵手"编辑窗，选择"图层 1"内的图像，执行菜单栏中的"修改"/"转换为元件"命令，打开"转换为元件"对话框。在"名称"文本框内键入"元件 2"文本，在"类型"下拉选项栏中选择"图形"选项，如图 31-10 所示，单击"确定"按钮，退出该对话框。

13　确定"元件 2"仍处于被选择状态，在"属性"面板中的"色彩效果"卷展栏内的"样式"下拉选项栏中选择 Alpha 选项，在 Alpha 参数栏中键入 10，设置元件透明后的效果如图 31-11 所示。

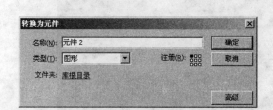

图 31-10　"转换为元件"对话框

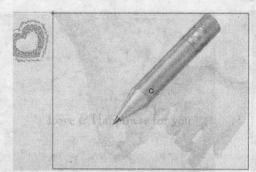

图 31-11　设置元件 Alpha

14　选择"图层 1"内的第 1 帧，按下键盘上的 F9 键，打开"动作-帧"面板，在该面板中键入如下代码：

```
onRollOver=function(){
        this._alpha=this._alpha+50;
}
```

15　现在本实例的制作就全部完成了，按下键盘上的 **Ctrl+Enter** 组合键，测试影片效果，图 31-12 所示为本实例在不同帧的显示效果。如果读者在制作过程中遇到了什么问题，可以打开本书附带光盘文件"互动游戏制作"/"实例 31：设置铅笔绘图动画"/"设置铅笔绘图动画.fla"，该实例为完成后的文件。

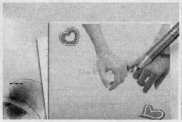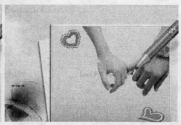

图 31-12　设置铅笔绘图动画

实例 32　控制灯的开关

实例说明　本实例中，将指导读者设置控制灯的开关，本实例为脚本设置图像互换的效果，即单击按钮时，图像以灯开起的状态显示，再次单击时，以灯开闭的状态显示。

技术要点　在本实例中，首先导入素材图像，然后设置帧内的脚本，接下来导入按钮元件，并设置按钮在各帧内的脚本，完成该实例的制作。图 32-1 所示为动画完成后的截图。

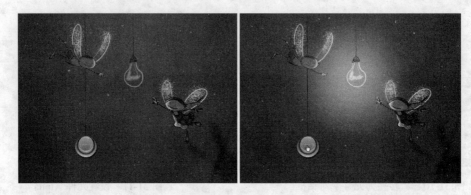

图 32-1　设置广告动画

1 运行 Flash CS4，创建一个新的 Flash（ActionScript 2.0）文档。

2 单击"属性"面板中的"属性"卷展栏内的"文档属性"按钮，打开"文档属性"对话框。在"尺寸"右侧的"宽"参数栏中键入"800 像素"，"高"参数栏中键入"600 像素"，设置背景颜色为白，设置帧频为 12，标尺单位为"像素"，如图 32-2 所示，单击"确定"按钮，退出该对话框。

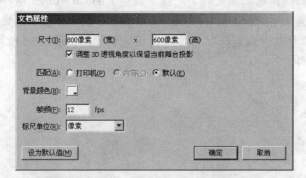

图 32-2　"文档属性"对话框

3 执行菜单栏中的"文件"/"导入"/"导入到舞台"命令，打开"导入"对话框。选择本书附带光盘中的"互动游戏制作"/"实例 32：控制灯的开关"/"关灯.jpg"文件，如图 32-3 所示，单击"打开"按钮，退出该对话框。

图 32-3　"导入"对话框

4 退出"导入"对话框后将素材图像导入到舞台，如图 32-4 所示。

5 选择第 1 帧，按下键盘上的 F9 键，打开"动作-帧"面板，在该面板中键入如下代码：

```
stop();
```

6 执行菜单栏中的"窗口"/"公用库"/"按钮"命令，打开"库"面板，选择 classic buttons 卷展栏内的 Arcade buttons 下的 arcade button – yellow 按钮选项，如图 32-5 所示。

图 32-4　导入素材图像

图 32-5　"库"面板

7 将 arcade button – yellow 按钮拖动至场景内，然后参照图 32-6 所示来调整按钮的位置。

从"库"面板中导入的按钮均为按钮元件。

提示

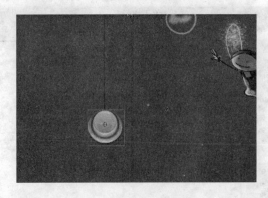

图 32-6　调整按钮位置

8 选择按钮元件，按下键盘上的 **F9** 键，打开"动作-按钮"面板，在该面板中键入如下代码：

```
on(release){
    gotoAndPlay(2);
}
```

9 选择"图层 1"内的第 2 帧，右击鼠标，在弹出的快捷菜单中选择"插入空白关键帧"选项，确定在该帧插入空白关键帧，时间轴显示如图 32-7 所示。

图 32-7　时间轴显示效果

10 执行菜单栏中的"文件"/"导入"/"导入到舞台"命令，打开"导入"对话框。选择本书附带光盘中的"视频广告制作"/"实例 32：控制灯的开关"/"开灯.jpg"文件，如图 32-8 所示，单击"打开"按钮，退出该对话框。

图 32-8　"导入"对话框

⑪　退出"导入"对话框后将素材图像导入到舞台，如图 32-9 所示。

⑫　选择第 2 帧，按下键盘上的 F9 键，打开"动作-帧"面板，在该面板中键入如下代码：

```
stop();
```

⑬　将"库"面板中的 arcade button – yellow 按钮元件拖动至场景内，然后参照图 32-10 所示来调整元件的位置。

图 32-10　调整元件位置

⑭　选择第 2 帧内的按钮元件，按下键盘上的 F9 键，打开"动作-按钮"面板，在该面板中键入如下代码：

```
on(release){
    gotoAndPlay(1);
}
```

⑮　现在本实例的制作就全部完成了，按下键盘上的 Ctrl+Enter 组合键，测试影片效果，图 32-11 所示为本实例在不同帧的显示效果。如果读者在制作过程中遇到了什么问题，可以打开本书附带光盘文件"互动游戏制作" / "实例 32：控制灯的开关" / "控制灯的开关.fla"，该实例为完成后的文件。

图 32-11　控制灯的开关

实例 33 设置倒计时

实例说明

本实例中，将指导读者设置倒计时，该实例由 3 个数字组成，依次由 3 向 1 递减，来完成倒计时的动画效果。通过本实例的制作，使读者了解如何设置遮罩层动画。

技术要点

在本实例中，首先导入素材图像，然后使用文本工具键入文本，接下来使用多角星形工具绘制星形，并使用旋转复制工具旋转复制图形，最后设置遮罩层动画，完成该实例的制作。图 33-1 所示为动画完成后的截图。

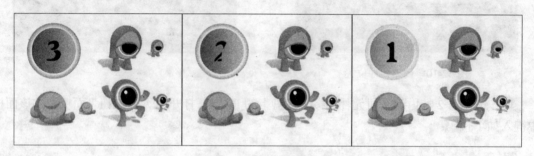

图 33-1 设置倒计时

1 运行 Flash CS4，创建一个新的 Flash（ActionScript 2.0）文档。

2 单击"属性"面板中的"属性"卷展栏内的"文档属性"按钮，打开"文档属性"对话框。在"尺寸"右侧的"宽"参数栏中键入"500 像素"，"高"参数栏中键入"375 像素"，设置背景颜色为白，设置帧频为 12，标尺单位为"像素"，如图 33-2 所示，单击"确定"按钮，退出该对话框。

图 33-2 "文档属性"对话框

3 执行菜单栏中的"文件"/"导入"/"导入到舞台"命令，打开"导入"对话框。选择本书附带光盘中的"互动游戏制作"/"实例 33：设置倒计时"/"素材.psd"文件，如图 33-3 所示。

图 33-3　"导入"对话框

4　单击"导入"对话框中的"打开"按钮，退出"导入"对话框后打开"将'素材.psd'导入到舞台"对话框，如图 33-4 所示，单击"确定"按钮，退出该对话框。

图 33-4　"将'素材.psd'导入到舞台"对话框

5　退出"导入"对话框后将素材图像导入到舞台，如图 33-5 所示。

6　删除"图层 1"，选择"背景"层内的第 40 帧，按下键盘上的 F5 键，使该图层内的图像延续到第 40 帧。

7　选择"倒计牌"层内的图像，执行菜单栏中的"修改"/"转换为元件"命令，打开"转换为元件"对话框。在"名称"文本框内键入"倒计牌"文本，在"类型"下拉选项栏中选择"图形"选项，如图 33-6 所示，单击"确定"按钮，退出该对话框。

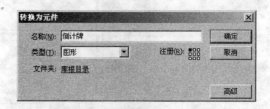

图 33-5　导入素材图像　　　　　　　图 33-6　"转换为元件"对话框

8　选择"倒计牌"层内的第 40 帧，右击鼠标，在弹出的快捷菜单中选择"插入关键帧"选项，选择该帧内的元件，在"属性"面板中的"色彩效果"卷展栏内的"样式"下拉选项栏中选择"高级"选项，将红色偏移设置为 50，将绿色偏移设置为 90，如图 33-7 所示。

9　选择"倒计牌"层内的第 1 帧，右击鼠标，在弹出的快捷菜单中选择"创建传统补间"选项，确定在第 1~40 帧之间创建传统补间动画。

10　创建一个新图层，将新创建的图层命名为"文本"，选择工具箱内的 **T** "文本工具"，在"属性"面板中的"字符"卷展栏内的"系列"下拉选项栏中选择"方正剪纸简体"选项，在"大小"参数栏中键入 80，将"文本填充颜色"设置为棕色（#990000），在"消除锯齿"下拉选项栏中选择"动画消除锯齿"选项，在如图 33-8 所示的位置键入"3"。

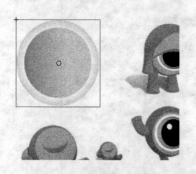

图 33-7　设置元件色调　　　　　　　　图 33-8　键入文本

11　选择"文本"层内的第 13~40 帧，右击鼠标，在弹出的快捷菜单中选择"删除帧"选项，删除所选的帧，时间轴显示如图 33-9 所示。

图 33-9　时间轴显示效果

[12]　单击工具箱内的  "矩形工具"下拉按钮，在弹出的下拉按钮内选择 "多角星形工具"选项，在"属性"面板中的"填充和笔触"卷展栏内，取消"笔触颜色"，将"填充颜色"设置为棕色（#990000），单击"工具设置"卷展栏内的"选项"按钮，打开"工具设置"对话框，在"边数"参数栏中键入 3，其他参数使用默认设置，如图 33-10 所示，单击"确定"按钮，退出该对话框。

图 33-10　"工具设置"对话框

[13]　使用工具箱内的 "多角星形工具"，按住键盘上的 Shift 键，然后参照图 33-11 所示绘制一个三角形。

[14]　使用工具箱内的 "选择工具"，然后参照图 33-12 所示来框选图形，按下键盘上的 Delete 键，删除所选的图形。

图 33-11　绘制一个三角形

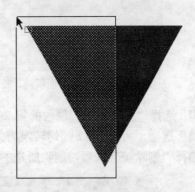

图 33-12　框选图形

[15]　选择删除后的图形，在"属性"面板中的"位置和大小"卷展栏内的 X 参数栏中键入 0，在 Y 参数栏中键入 0，在"宽度"参数栏中键入 46.1，在"高度"参数栏中键入 80，设置图形位置及大小。

[16]　进入"场景 1"编辑窗，在"文本"底层创建一个新图层，将新创建的图层命名为"文本遮罩"。

[17]　选择"文本遮罩"层，进入"库"面板，将该面板中的"三角形"元件拖动至场景内，然后参照图 33-13 所示来调整元件的位置。

[18]　单击工具箱内的 "任意变形工具"按钮，将中心点拖动至如图 33-14 所示的位置。

图 33-13　调整元件位置

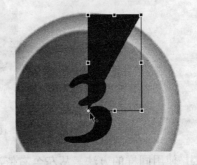

图 33-14　调整中心点的位置

19 执行菜单栏中的"窗口"/"变形"命令，打开"变形"面板，在"缩放宽度"参数栏中键入 100，在"缩放高度"参数栏中键入 100，在"旋转"参数栏中键入 30，单击 ⊞ "重制选区和变形"按钮，如图 33-15 所示。

20 单击 ⊞ "重制选区和变形"按钮 10 次，执行再制操作，再制后的图形效果如图 33-16 所示。

图 33-15　"变形"面板

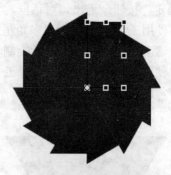

图 33-16　执行再制操作

21 选择"文本遮罩"层内的第 2~12 帧，右击鼠标，在弹出的快捷菜单中选择"转换为关键帧"选项，将第 2~12 帧均转换为关键帧。选择第 13~40 帧，右击鼠标，在弹出的快捷菜单中选择"删除帧"选项，删除所选的帧，时间轴显示如图 33-17 所示。

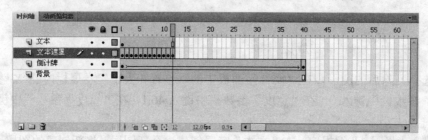

图 33-17　时间轴显示效果

22 框选"文本遮罩"层第 1 帧内的图形，按住键盘上的 Shift 键在如图 33-18 所示的位置单击，减选该图形，然后按下键盘上的 Delete 键，删除所选的图形。

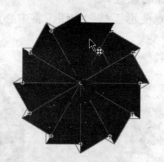

图 33-18　减选图形

23 使用同样的方法，从左至右依次递减第 1~12 帧内的图形，如图 33-19 所示中的分别为第 5 帧、第 10 帧和第 12 帧内的图形显示效果。

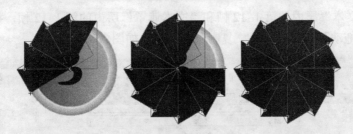

图 33-19 图形显示效果

24 选择"文本"层，右击鼠标，在弹出的快捷菜单中选择"遮罩层"选项，将该图层转换为遮罩层，"文本遮罩"层转换为被遮罩层，时间轴显示如图 33-20 所示。

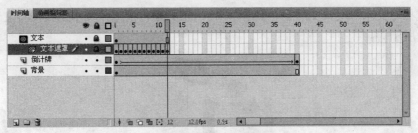

图 33-20 时间轴显示效果

25 解除锁定"文本"层和"文本遮罩"层，加选"文本"层内的第 1~12 帧和"文本遮罩"层内的第 1~12 帧，按住键盘上的 Alt 键，将所选的帧拖动至第 13~24 帧，复制所选的帧，如图 33-21 所示。

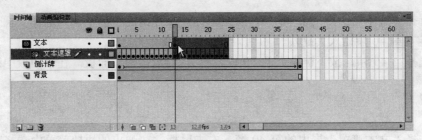

图 33-21 复制帧

26 选择"文本"层第 13 帧内的文本，使用工具箱内的 **T** "文本工具"，在文本框内单击，并选择文本 3，将其改为 2，如图 33-22 所示。

图 33-22 修改文本

27 加选"文本"层内的第1~12帧和"文本遮罩"层内的第1~12帧，按住键盘上的 Alt
键，将所选的帧拖动至第25~36帧，复制所选的帧，如图33-23所示。

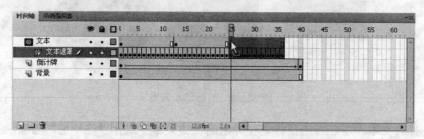

图33-23　复制帧

28 选择"文本"层第25帧内的文本，使用工具箱内的**T**"文本工具"将文本3改为1，
如图33-24所示。

图33-24　修改文本

29 选择"文本"层内的第40帧，右击鼠标，在弹出的快捷菜单中选择"插入关键帧"
选项，确定在第40帧插入关键帧。

30 选择第40帧，按下键盘上的 F9 键，打开"动作-帧"面板，在该面板中键入如下代
码：

```
stop();
```

31 选择"文本遮罩"层内的第40帧，右击鼠标，在弹出的快捷菜单中选择"插入帧"
选项，确定在该帧插入关键帧，时间轴显示如图33-25所示。

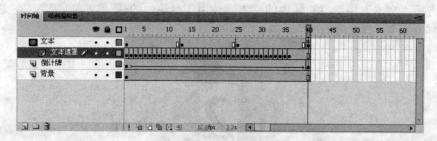

图33-25　时间轴显示效果

32 现在本实例的制作就全部完成了，按下键盘上的 **Ctrl+Enter** 组合键，测试影片效果，
图33-26所示为本实例在不同帧的显示效果。如果读者在制作过程中遇到了什么问题，可以打
开本书附带光盘文件"互动游戏制作" / "实例33：设置倒计时" / "设置倒计时.fla"。该实例

为完成后的文件。

图 33-26　设置倒计时

实例 34　设置珠宝箱移动游戏

本实例中，将指导读者设置珠宝箱移动游戏，动画内容为按下加号按钮时，场景内的珠宝箱元件不透明度值增加，按下减号按钮时，场景内的珠宝箱元件不透明度值减小，按下向上的按钮时场景内的珠宝箱元件延 Y 轴向上移动，按下向下的按钮时场景内的珠宝箱元件沿 Y 轴向下移动，按下向左或向右的按钮时场景中的珠宝箱元件沿 X 轴向左或向右移动。

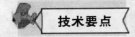

在制作本实例时，首先导入素材图像，将图像转换为元件，接下来为元件添加脚本，最后为每个按钮元件添加脚本，完成按下不同按钮时珠宝箱沿不同方向移动，和图像显示或透明的动画效果。图 34-1 所示为动画完成后的截图。

图 34-1　设置珠宝箱移动游戏

1　运行 Flash CS4，创建一个新的 Flash（ActionScript 2.0）文档。

2　单击"属性"面板中的"属性"卷展栏内的"文档属性"按钮，打开"文档属性"对话框。在"尺寸"右侧的"宽"参数栏中键入"595 像素"，"高"参数栏中键入"445 像素"，设置背景颜色为白，设置帧频为 12，标尺单位为"像素"，如图 34-2 所示，单击"确定"按钮，退出该对话框。

3　执行菜单栏中的"文件"/"导入"/"导入到舞台"命令，打开"导入"对话框。选择本书附带光盘中的"互动游戏制作"/"实例 34：设置珠宝箱移动游戏"/"素材.psd"文件，如图 34-3 所示。

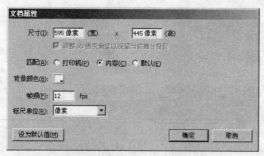

图 34-2 "文档属性"对话框

图 34-3 "导入"对话框

4 单击"导入"对话框中的"打开"按钮，打开"将'素材.psd'导入到舞台"对话框，如图 34-4 所示，单击"确定"按钮，退出该对话框。

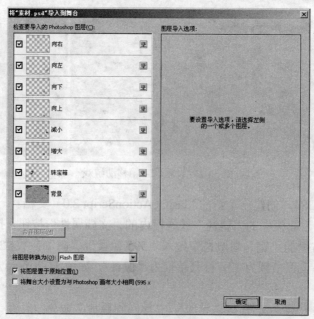

图 34-4 "将'素材.psd'导入到舞台"对话框

[5] 退出"导入"对话框后将素材图像导入到舞台，如图 34-5 所示。

图 34-5   导入素材图像

[6]   删除"图层 1"，然后选择"珠宝箱"层内的图像，执行菜单栏中的"修改"/"转换为元件"命令，打开"转换为元件"对话框。在"名称"文本框内键入"珠宝箱动画"文本，在"类型"下拉选项栏中选择"影片剪辑"选项，如图 34-6 所示。

[7]   双击"珠宝箱动画"元件，进入"珠宝箱动画"编辑窗，选择"图层 1"内的图像，执行菜单栏中的"修改"/"转换为元件"命令，打开"转换为元件"对话框。在"名称"文本框内键入"珠宝箱"文本，在"类型"下拉选项栏中选择"图形"选项，如图 34-7 所示，单击"确定"按钮，退出该对话框。

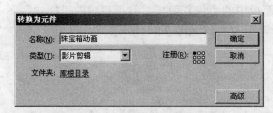 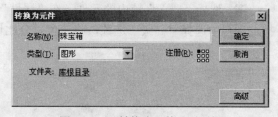

图 34-6   "转换为元件"对话框   图 34-7   "转换为元件"对话框

[8] 选择"图层 1"内的第 4 帧，右击鼠标，在弹出的快捷菜单中选择"插入关键帧"选项，确定在第 4 帧插入关键帧。使用同样的方法，在第 8 帧插入关键帧。

[9] 选择第 6 帧内的元件，在"属性"面板中的"位置和大小"卷展栏内的 X 参数栏中键入 6，设置元件位置。

[10] 选择第 1 帧，右击鼠标，在弹出的快捷菜单中选择"创建传统补间"选项，确定在第 1~4 帧之间创建传统补间动画。使用同样的方法，在第 4~8 帧之间创建传统补间动画，时间轴显示如图 34-8 所示。

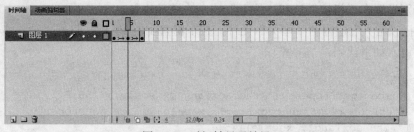

图 34-8   时间轴显示效果

⑪ 进入"场景1"编辑窗,选择"珠宝箱"层内的元件,在"属性"面板中的"实例名称"文本框内键入 zhubaoxiang 文本,设置元件的实例名称。

⑫ 选择"增大"层内的图像,执行菜单栏中的"修改"/"转换为元件"命令,打开"转换为元件"对话框。在"名称"文本框内键入"增大"文本,在"类型"下拉选项栏中选择"按钮"选项,如图 34-9 所示,单击"确定"按钮,退出该对话框。

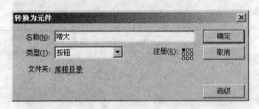

图 34-9 "转换为元件"对话框

⑬ 双击"增大"元件,进入"增大"编辑窗,选择"图层 1"内的图像,将其转换为图形元件。

⑭ 选择"图层 1"内的"指针"帧,右击鼠标,在弹出的快捷菜单中选择"插入关键帧"选项,确定在该帧插入关键帧。使用同样的方法,在"按下"帧插入关键帧。

⑮ 选择"指针"帧内的元件,在"属性"面板中的"色彩效果"卷展栏内的"样式"下拉选项栏中选择 Alpha 选项,在 Alpha 参数栏中键入 50,设置元件的不透明度,如图 34-10 所示。

⑯ 选择"插入"帧内的元件,在"属性"面板中的"色彩效果"卷展栏内的"样式"下拉选项栏中选择"高级"选项,将蓝色百分比设置为 50%,如图 34-11 所示。

图 34-10 设置元件 Alpha

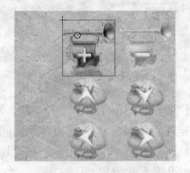

图 34-11 设置元件色调

⑰ 进入"场景 1"编辑窗,使用同样的方法,将"减小"、"向上"、"向下"、"向左"和"向右"层内的图像依次转换为名称为"减小"、"向上"、"向下"、"向左"和"向右"的按钮元件,并分别设置在"指帧"帧和"按下"帧内的显示效果。

⑱ 选择"增大"层内的"增大"元件,按下键盘上的 F9 键,打开"动作-按钮"面板,在该面板中键入如下代码:

```
on(press){
    if(Number(getProperty("/zhubaoxiang",_xscale))<150){
        setProperty("/zhubaoxiang",_xscale,Number(getProperty
        ("/zhubaoxiang",_xscale))+5);
        setProperty("/zhubaoxiang",_yscale,Number(getProperty
```

```
("/zhubaoxiang",_xscale))+5);
      }
}
```

19　选择"减小"层内的"减小"元件，按下键盘上的 F9 键，打开"动作-按钮"面板，在该面板中键入如下代码：

```
on(release){
      if(Number(getProperty("/zhubaoxiang",_xscale))>20){
         setProperty("/zhubaoxiang",_xscale,Number
      (getProperty("/zhubaoxiang",_xscale))-5);
         setProperty("/zhubaoxiang",_yscale,Number
      (getProperty("/zhubaoxiang",_xscale))-5);
      }
}
```

20　选择"向上"层内的"向上"元件，按下键盘上的 F9 键，打开"动作-按钮"面板，在该面板中键入如下代码：

```
on(release){
      setProperty("/zhubaoxiang",_y,Number(getProperty
      ("/zhubaoxiang",_y))-20);
}
```

21　选择"向下"层内的"向下"元件，按下键盘上的 F9 键，打开"动作-按钮"面板，在该面板中键入如下代码：

```
on(release){
      setProperty("/zhubaoxiang",_y,Number(getProperty
      ("/zhubaoxiang",_y))+20);
}
```

22　选择"向左"层内的"向左"元件，按下键盘上的 F9 键，打开"动作-按钮"面板，在该面板中键入如下代码：

```
on(release){
      setProperty("/zhubaoxiang",_x,Number(getProperty
      ("/zhubaoxiang",_x))-20);
}
```

23　选择"向左"层内的"向左"元件，按下键盘上的 F9 键，打开"动作-按钮"面板，在该面板中键入如下代码：

```
on(release){

setProperty("/zhubaoxiang",_x,Number(getProperty("/zhubaoxiang",_x))+20);
}
```

24　现在本实例的制作就全部完成了，按下键盘上的 Ctrl+Enter 组合键，测试影片效果，图 34-12 所示为本实例在不同帧的显示效果。如果读者在制作过程中遇到了什么问题，可以打开本书附带光盘文件"互动游戏制作"/"实例 34：设置珠宝箱移动游戏"/"设置珠宝箱移动游戏.fla",该实例为完成后的文件。

图 34-12　设置珠宝箱移动游戏

实例 35　设置物体碰撞动画

本实例中,将指导读者设置物体碰撞动画,该实例为两个相同的图像通过在相反位置的碰撞,使一边图像碰到另一边图像时,图像左右摇摆。

在制作本实例时,首先需要导入素材,然后将其转换为元件,接下来使用任意变形工具调整图像的旋转角度,并创建传统补间动画,最后为元件添加脚本,完成本实例的制作。图 35-1 所示为动画完成后的截图。

图 35-1　设置物体碰撞动画

1　运行 Flash CS4,创建一个新的 Flash(ActionScript 2.0)文档。

2　单击"属性"面板中的"属性"卷展栏内的"文档属性"按钮,打开"文档属性"对话框。在"尺寸"右侧的"宽"参数栏中键入"800 像素","高"参数栏中键入"616 像素",设置背景颜色为白,设置帧频为 12,标尺单位为"像素",如图 35-2 所示,单击"确定"按钮,退出该对话框。

3　执行菜单栏中的"文件"/"导入"/"导入到舞台"命令,打开"导入"对话框,选择本书附带光盘中的"互动游戏制作"/"实例 35:设置物体碰撞动画"/"素材.psd"文件,如图 35-3 所示。

4　单击"导入"对话框中的"打开"按钮,打开"将'素材.psd'导入到舞台"对话框,在"检查要导入的 Photoshop 图层"显示窗内选择"骨头"选项,在"'骨头'的选项"下的

"将此图像图层导入为"选项组内选择"具有可编辑图层样式的位图图像"单选按钮，在"实例名称"文本框内键入 gutou1 文本，如图 35-4 所示。

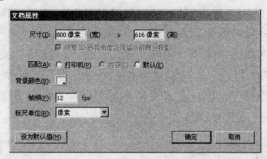

图 35-2　"文档属性"对话框

图 35-3　"导入"对话框

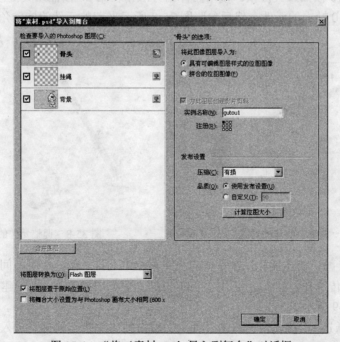

图 35-4　"将'素材.psd'导入到舞台"对话框

[5] 使用同样的方法，将"挂绳"图像导入为具有可编辑图层样式的位图图像，并将其"实例名称"命名为 guasheng1。

[6] 单击"将'素材.psd'导入到舞台"对话框中的"确定"按钮，退出"将'素材.psd'导入到舞台"对话框后将素材图像导入到舞台，如图 35-5 所示。

[7] 删除"图层 1"，双击"挂绳"层内的元件，进入"挂绳"编辑窗，选择"图层 1"内的图像，执行菜单栏中的"修改"/"转换为元件"命令，打开"转换为元件"对话框。在"名称"文本框内键入"元件 1"文本，在"类型"下拉选项栏中选择"图形"选项，如图 35-6 所示，单击"确定"按钮，退出该对话框。

图 35-5　导入素材图像

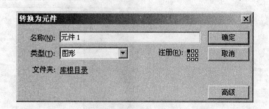

图 35-6　"转换为元件"对话框

[8] 确定"元件 1"仍处于被选择状态，单击工具箱内的 "任意变形工具"按钮，将中心点拖动至如图 35-7 所示的位置。

[8] 选择"图层 1"内的第 10 帧，右击鼠标，在弹出的快捷菜单中选择"插入关键帧"选项，确定在第 10 帧插入关键帧。使用同样的方法，在第 20 帧插入关键帧。

[10] 选择第 10 帧内的元件，然后参照图 35-8 所示来调整元件的旋转角度。

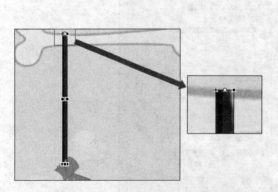

图 35-7　调整中心点的位置

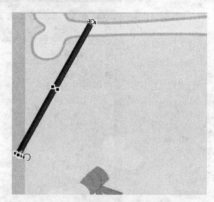

图 35-8　调整元件的旋转角度

[11] 选择第 1 帧，右击鼠标，在弹出的快捷菜单中选择"创建传统补间"选项，确定在第 1~10 帧之间创建传统补间动画。使用同样的方法，在第 10~20 帧之间创建传统补间动画，时间轴显示如图 35-9 所示。

[12] 进入"场景 1"编辑窗，双击"骨头"层内的"骨头"元件，进入"骨头"编辑窗，创建一个新图层——"图层 2"。然后使用工具箱内的 "钢笔工具"，参照图 35-10 所示来绘

制 1 条路径。

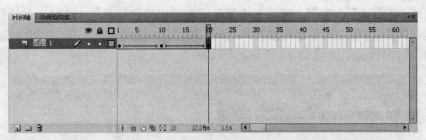

图 35-9　时间轴显示效果

13 选择"图层 2"内的第 20 帧，右击鼠标，在弹出的快捷菜单中选择"插入帧"选择，确定在第 20 帧插入帧。

14 选择"图层 2"，右击鼠标，在弹出的快捷菜单中选择"引导层"选择，将该图层转换为引导层，将"图层 1"拖动至"图层 2"内，将该图层转换为被引导层。

15 选择"图层 1"内的图像，执行菜单栏中的"修改" / "转换为元件"命令，打开"转换为元件"对话框。在"名称"文本框内键入"元件 2"文本，在"类型"下拉选项栏中选择"按钮"选项，如图 35-11 所示，单击"确定"按钮，退出该对话框。

图 35-10　绘制 1 条路径

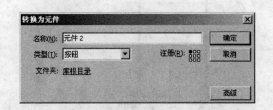

图 35-11　"转换为元件"对话框

16 选择"图层 1"内的第 10 帧，右击鼠标，在弹出的快捷菜单中选择"插入关键帧"选项，确定在第 10 帧插入关键帧。使用同样的方法，在第 20 帧插入关键帧。

17 选择"图层 1"第 1 帧内的元件，将其拖动至引导线的起点，如图 35-12 所示。

18 选择"图层 1"第 10 帧内的元件，将其拖动至引导线的终点，如图 35-13 所示。

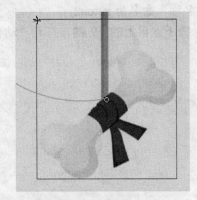

图 35-12　调整元件的位置

图 35-13　调整元件的位置

19 选择"图层1"内的第20帧内的元件,将其拖动至引导线的起点。

20 选择"图层1"内的第1帧,右击鼠标,在弹出的快捷菜单中选择"创建传统补间"选项,确定在第1~10帧之间创建传统补间动画。使用同样的方法,在第10~20帧之间创建传统补间动画,时间轴显示如图35-14所示。

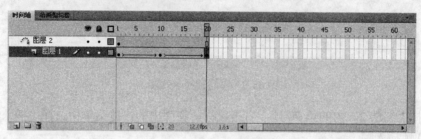

图35-14 时间轴显示效果

21 选择场景内的"挂绳"和"骨头"元件,按下键盘上的 Ctrl+C 组合键,复制元件。然后按下键盘上的 Ctrl+V 组合键,粘贴元件,将复制后的元件拖动至如图35-15所示的位置。

22 确定复制后的元件仍处于被选择状态,执行菜单栏中的"修改"/"变形"/"水平翻转"命令,水平翻转后的效果如图35-16所示。

图35-15 复制并调整元件位置

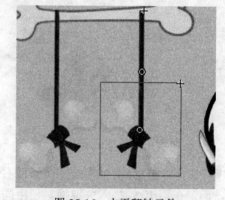

图35-16 水平翻转元件

23 选择复制后的"挂绳"元件,在"属性"面板中的"实例名称"文本框内键入 guasheng2 文本,使用同样的方法将复制后的"骨头"元件"实例名称"命名为 gutou2。

24 选择"实例名称"为 gutou2 的"骨头"元件,按下键盘上的 F9 键,打开"动作-影片剪辑"面板,在该面板中键入如下代码:

```
onClipEvent(enterFrame){
    if(hitTest(_root.gutou1)){
        k=k+1;
        if(k==1){
            play();
            _root.guasheng2.play();
            _root.guasheng1.stop();
            _root.gutou1.stop();
        }
        else{
```

```
            _root.guasheng1.play();
            _root.gutou1.play();
            stop();
            _root.guasheng2.stop();
            k=0;
        }
    }
}
```

25 选择"骨头"层内的第1帧，按下键盘上的F9键，打开"动作-帧"面板，在该面板中键入如下代码：

```
_root.guasheng2.stop();
_root.gutou2.stop();
_root.guasheng1.gotoAndPlay(11);
_root.gutou1.gotoAndPlay(11);
stop();
```

26 现在本实例的制作就全部完成了，按下键盘上的 **Ctrl+Enter** 组合键，测试影片效果，图 35-17 所示为本实例在不同帧的显示效果。如果读者在制作过程中遇到了什么问题，可以打开本书附带光盘文件"互动游戏制作"/"实例35：设置物体碰撞动画"/"设置物体碰撞动画.fla"，该实例为完成后的文件。

图 35-17 设置物体碰撞动画

实例36 设置隐藏鼠标指针

本实例中，将指导读者设置鼠标指针隐藏的动画，动画内容为设置小狗跟随鼠标指针，按下打开门按钮时小狗在屋外显示，按下关闭门按钮时小狗在屋内显示。

在本实例中，首先导入素材图像，将小狗转换为影片剪辑元件，然后将打开门和关闭门的图片转换为按钮，通过为按钮和影片剪辑添加代码，完成该实例的制作。图 36-1 所示为动画完成后的截图。

图 36-1　设置隐藏鼠标指针

1️⃣ 运行 Flash CS4，创建一个新的 Flash（ActionScript 2.0）文档。

2️⃣ 单击"属性"面板中的"属性"卷展栏内的"文档属性"按钮，打开"文档属性"对话框。在"尺寸"右侧的"宽"参数栏中键入"800 像素"，"高"参数栏中键入"600 像素"，设置背景颜色为白，设置帧频为 12，标尺单位为"像素"，如图 36-2 所示，单击"确定"按钮，退出该对话框。

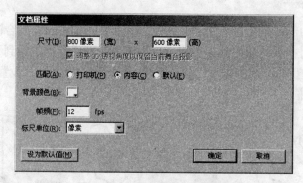

图 36-2　"文档属性"对话框

3️⃣ 执行菜单栏中的"文件"/"导入"/"导入到舞台"命令，打开"导入"对话框。选择本书附带光盘中的"互动游戏制作"/"实例 36：设置隐藏鼠标指针"/"素材.psd"文件，如图 36-3 所示。

图 36-3　"导入"对话框

4 单击"导入"对话框中的"打开"按钮,打开"将'素材.psd'导入到舞台"对话框,如图 36-4 所示。

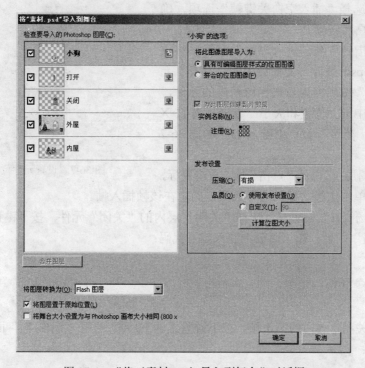

图 36-4 "将'素材.psd'导入到舞台"对话框

5 单击"将'素材.psd'导入到舞台"对话框中的"确定"按钮,退出"将'素材.psd'导入到舞台"对话框后将素材图像导入到舞台,如图 36-5 所示。

6 选择"内屋"层内的第 2 帧,右击鼠标,在弹出的快捷菜单中选择"插入帧"选项,使该图层内的元件延续到第 2 帧。使用同样的方法,在"外屋"层内的第 2 帧插入帧。

7 选择"进入"层内的图像,执行菜单栏中的"修改"/"转换为元件"对话框。在该对话框中的"名称"文本框内键入"关闭"文本,在"类型"下拉选项栏中选择"按钮"选项,如图 36-6 所示,单击"确定"按钮,退出该对话框。

图 36-5 导入素材图像

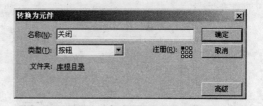

图 36-6 "转换为元件"对话框

8 双击"关闭"元件，进入"关闭"编辑窗，选择"图层 1"内的"指针"帧，右击鼠标，在弹出的快捷菜单中选择"插入空白关键帧"选项，确定在该帧插入空白关键帧。

9 选择"指针"帧，进入"库"面板，将该面板中的"素材.psd 资源"文件夹中的"打开"元件拖动至"关闭"编辑窗内，选择该帧内的元件，在"属性"面板中的"位置和大小"卷展栏内的 X 参数栏中键入 0，在 Y 参数栏中键入 27，如图 36-7 所示。

图 36-7　设置元件位置及大小

10 选择"图层 1"内的"点击"帧，右击鼠标，在弹出的快捷菜单中选择"插入帧"选项，确定在该帧插入帧。

11 进入"场景 1"编辑窗，选择"关闭"层内的"关闭"元件，按下键盘上的 F9 键，打开"动作-按钮"面板，在该面板中键入如下代码：

```
on(press){
    gotoAndPlay(2);
}
```

12 选择"关闭"层内的第 1 帧，按下键盘上的 F9 键，打开"动作-帧"面板，在该面板中键入如下代码：

```
stop();
```

13 选择"打开"层内的第 1 帧，将其拖动至第 2 帧，确定图像在该帧显示。

14 选择第 2 帧内的图像，执行菜单栏中的"修改" / "转换为元件"命令，打开"转换为元件"对话框。在"名称"文本框内键入"打开"文本，在"类型"下拉选项栏中选择"按钮"选项，如图 36-8 所示，单击"确定"按钮，退出该对话框。

15 双击"打开"元件，进入"打开"编辑窗，选择"图层 1"内的"指针"帧，右击鼠标，在弹出的快捷菜单中选择"插入空白关键帧"选项，确定在该帧插入空白关键帧。

16 选择"图层 1"内的"指针"帧，进入"库"面板。将该面板中的"素材.psd 资源"文件夹中的"关闭"文件拖动至"打开"编辑窗内，选择该帧内的元件，在"属性"面板中的"位置和大小"卷展栏内的 X 参数栏中键入 0，在 Y 参数栏中键入–24，如图 36-9 所示。

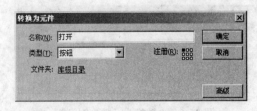

图 36-8　"转换为元件"对话框

图 36-9　设置元件位置及大小

17　选择"图层 1"内的"点击"帧，右击鼠标，在弹出的快捷菜单中选择"插入帧"选项，确定在该帧插入帧。

18　进入"场景 1"编辑窗，选择"打开"层内的"打开"元件，按下键盘上的 F9 键，打开"动作-按钮"面板，在该面板中键入如下代码：

```
on(press){
    gotoAndPlay(1);
}
```

19　选择"打开"层内的第 2 帧，按下键盘上的 F9 键，打开"动作-帧"面板，在该面板中键入如下代码：

```
stop();
```

20　选择"小狗"层内的"小狗"元件，按下键盘上的 F9 键，打开"动作-影片剪辑"面板，在该面板中键入如下代码；

```
onClipEvent(load){
    Mouse.hide();
    startDrag(this,true);
}
onClipEvent(mouseMove){
    updateAfterEvent();
}
```

21　将"图层 1"拖动至"内屋"层内的顶层，在"图层 1"内的第 2 帧插入关键帧。时间轴显示如图 36-10 所示。

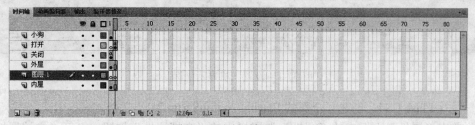

图 36-10　时间轴显示效果

22　选择"小狗"层内的"小狗"元件，按下键盘上的 Ctrl+C 组合键，复制该元件，选择"图层 1"内的第 2 帧，按下键盘上的 Ctrl+Shift+V 组合键，粘贴元件至原位置，如图 36-11 所示。

23　现在本实例的制作就全部完成了，按下键盘上的 Ctrl+Enter 组合键，测试影片效果，图 36-12 所示为本实例在不同帧的显示效果。如果读者在制作过程中遇到了什么问题，可以打开本书附带光盘文件"互动游戏制作" / "实例 36：设置物体碰撞动画" / "设置物体碰撞动画.fla"，该实例为完成后的文件。

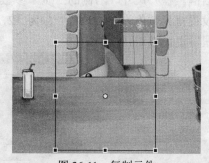

图 36-11　复制元件

图 36-12　设置隐藏鼠标指针

实例 37　设置飞机显示坐标

在本实例中，将指导读者设置飞机显示坐标效果。打开该文件后，鼠标跟随飞机动画，当飞机移动位置时，能够显示飞机的坐标。

在本实例中，首先导入素材图像，然后将其转换为影片剪辑元件，并添加脚本，最后使用文本工具输入文本框，分别用于显示 x 轴和 y 轴的坐标，并添加脚本，使其能够显示鼠标的坐标。图 37-1 所示为动画完成后的截图。

图 37-1　设置飞机显示坐标

1 运行 Flash CS4，创建一个新的 Flash（ActionScript 2.0）文档。

2 单击"属性"面板中的"属性"卷展栏内的"文档属性"按钮，打开"文档属性"对话框。在"尺寸"右侧的"宽"参数栏中键入"800 像素"，"高"参数栏中键入"600 像素"，设置背景颜色为白，设置帧频为 12，标尺单位为"像素"，如图 37-2 所示，单击"确定"按钮，退出该对话框。

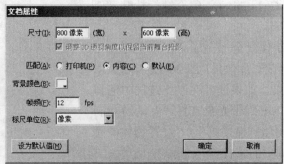

图 37-2　"文档属性"对话框

3 执行菜单栏中的"文件"/"导入"/"导入到舞台"命令,打开"导入"对话框。选择本书附带光盘中的"互动游戏制作"/"实例 37:设置飞机显示坐标"/"素材.psd"文件,如图 37-3 所示。

图 37-3 "导入"对话框

4 单击"导入"对话框中的"打开"按钮,打开"将'素材.psd'导入到舞台"对话框。在"检查要导入的 Photoshop 图层"显示窗内选择"飞机"选项,在"'飞机'的选项"下的"将此图像图层导入为"选项组内选择"具有可编辑图层样式的位图图像"单选按钮,如图 37-4 所示。

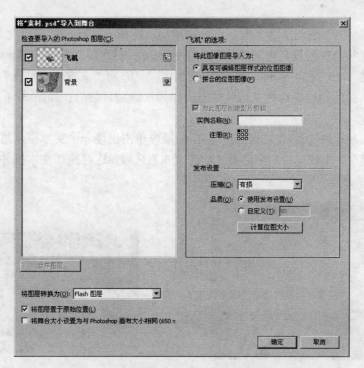

图 37-4 "将'素材.psd'导入到舞台"对话框

5 单击"将'素材.psd'导入到舞台"对话框中的"确定"按钮，退出"将'素材.psd'导入到舞台"对话框后将素材图像导入到舞台，如图 37-5 所示。

图 37-5　导入素材图像

6 选择"飞机"层内的"飞机"元件，按下键盘上的 F9 键，打开"动作-影片剪辑"面板，在该面板中键入如下代码：

```
onClipEvent(load){
    Mouse.hide();
    startDrag(this,true);
}
onClipEvent(mouseMove){
    updateAfterEvent();

}
```

7 将"图层 1"拖动至"飞机"层内的顶层，选择工具箱内的 **T** "文本工具"，在"属性"面板中的"字符"卷展栏内的"系列"下拉选项栏中选择"(隶书) _sans"选项，在"大小"参数栏中键入 16，在"字母间距"参数栏中键入 0，将"文本填充颜色"设置为白色，在"消除锯齿"下拉选项栏中选择"可读性消除锯齿"选项，然后在如图 37-6 所示的位置键入"X 坐标:"文本。

8 使用工具箱内的 **T** "文本工具"，在场景内单击出现一个文本框，然后在"属性"面板中的"文本类型"下拉选项栏中选择"动态文本"选项，这时拖动文本框并调整文本框的大小，如图 37-7 所示。

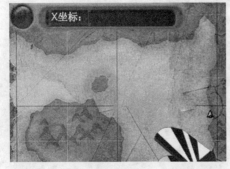

图 37-6　键入文本

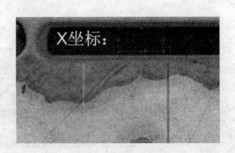

图 37-7　调整文本框大小

⑧ 选择新绘制的文本框，在"属性"面板中的"字符"卷展栏内的"系列"下拉选项栏中选择"_sans"选项，在"大小"参数栏中键入16，在"字母间距"参数栏中键入0，将"文本填充颜色"设置为白色，在"消除锯齿"下拉选项栏中选择"可读性消除锯齿"选项，在"选项"卷展栏内的"变量"文本框内键入a。

⑩ 选择工具箱内的 Ｔ "文本工具"，使用上述文本设置，在如图37-8所示的位置键入"Y坐标："文本。

⑪ 再次使用工具箱内的 Ｔ "文本工具"，在如图37-9所示的位置绘制一个动态文本框。

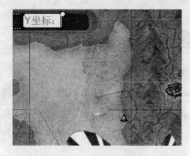
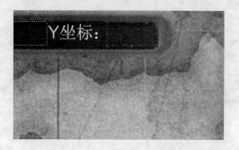

图37-8　键入文本　　　　　　　　　　　　图37-9　绘制动态文本框

⑫ 选择新绘制的文本框，在"属性"面板中的"字符"卷展栏内的"系列"下拉选项栏中选择"_sans"选项，在"大小"参数栏中键入16，在"字母间距"参数栏中键入0，将"文本填充颜色"设置为白色，在"消除锯齿"下拉选项栏中选择"可读性消除锯齿"选项，在"选项"卷展栏内的"变量"文本框内键入b。

⑬ 选择"图层1"内的所有文本，执行菜单栏中的"修改"/"转换为元件"命令，打开"转换为元件"对话框。在"名称"文本框内键入"文本"文本，在"类型"下拉选项栏中选择"影片剪辑"选项，如图37-10所示，单击"确定"按钮，退出该对话框。

图37-10　"转换为元件"对话框

⑭ 选择"文本"元件，按下键盘上的F9键，打开"动作-影片剪辑"面板，在该面板中键入如下代码：

```
onClipEvent(mouseMove){
    a=_xmouse
    b=_ymouse
}
```

⑮ 现在本实例的制作就全部完成了，按下键盘上的Ctrl+Enter组合键，测试影片效果，图37-11所示为本实例在不同帧的显示效果。如果读者在制作过程中遇到了什么问题，可以打开本书附带光盘文件"互动游戏制作"/"实例37：设置飞机显示坐标"/"设置飞机显示坐标.fla"，该实例为完成后的文件。

图 37-11　设置飞机显示坐标

实例 38　设置文字显示动画

本实例中，将指导读者设置打字显示动画。本实例为当图片播放时，场景内会逐个显示相应的文字效果，本实例共有 4 幅图像，依次为以春、夏、秋、冬为主题的图像，每个图像上以文字的形式衬托主题。

在本实例中，首先导入素材图像，创建新元件，使用工具箱中的文本工具输入动态文本，然后将该文本设置变量，通过添加脚本，和依次设置元件的显示渐隐效果，完成该实例的制作。图 38-1 所示为动画完成后的截图。

图 38-1　设置文字显示动画

1 运行 Flash CS4，创建一个新的 Flash（ActionScript 2.0）文档。

2 单击"属性"面板中的"属性"卷展栏内的"文档属性"按钮，打开"文档属性"对话框。在"尺寸"右侧的"宽"参数栏中键入"800 像素"，"高"参数栏中键入"600 像素"，设置背景颜色为白，设置帧频为 12，标尺单位为"像素"，如图 38-2 所示，单击"确定"按钮，退出该对话框。

3 执行菜单栏中的"插入"/"新建元件"命令，打开"创建新元件"对话框。在"名称"文本框内键入"春天"文本，在"类型"下拉选项栏中选择"影片剪辑"选项，如图 38-3 所示，单击"确定"按钮，退出该对话框。

4 执行菜单栏中的"文件"/"导入"/"导入到舞台"命令，打开"导入"对话框。选择本书附带光盘中的"互动游戏制作"/"实例 38：设置文字显示动画"/"春天.jpg"文件，如图 38-4 所示，单击"打开"按钮，退出该对话框。

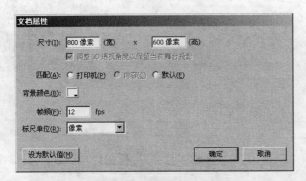

图 38-2 　"文档属性"对话框

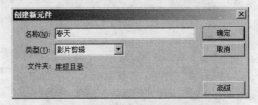

图 38-3 　"创建新元件"对话框

图 38-4 　"导入"对话框

　　5 　退出"导入"对话框后将素材图像导入到舞台，选择导入的素材图像，在"属性"面板中的"位置和大小"卷展栏内的 X 参数栏中键入 0，Y 参数栏中键入 0，设置图像位置后的效果如图 38-5 所示。

　　6 　选择"图层 1"内的第 3 帧，按下键盘上的 F5 键，使该图层内的图像延续到第 3 帧。

　　7 　创建一个新图层，将新创建的图层命名为"文本"，选择工具箱内的 **T** "文本工具"，在"属性"面板中的"文本类型"下拉选项栏中选择"动态文本"选项，在"字符"卷展栏内的"设置字体系列"下拉选项栏中选择"方正剪纸简体"选项，在"大小"参数栏中键入 16，在"字母间距"参数栏中键入 0，设置"文本填充颜色"为白色，在"消除锯齿"下拉选项栏中选择"可读性消除锯齿"选项，在"选项"卷展栏内的"变量"文本框内键入 text，然后参照图 38-6 所示来键入文本。

提示　　如果读者机器中没有相应字体，可选择任意字体进行编辑。

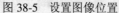

图 38-5 设置图像位置   图 38-6 键入文本

8 创建一个新图层，将新创建的图层命名为"脚本"。

9 选择"脚本"层内的第 1 帧，按下键盘上的 F9 键，打开"动作-帧"面板，在该面板中键入如下代码：

```
texttemp=text;
text="";
textlen=1;
function judge(){
    if(Number(textlen)<=Number(length(texttemp)) and Number(textlen)<>0){
        text=texttemp.substr(0, textlen);
        textlen=textlen+1;
    }else{
        textlen=0;
    }
}
```

10 选择"脚本"层内的第 2 帧，按下键盘上的 F6 键，将该帧转换为空白关键帧，按下键盘上的 F9 键，打开"动作-帧"面板，在该面板中键入如下代码：

```
judge();
```

提示   该脚本用于调用前面在第 1 帧脚本中定义的用户函数 judge()。

11 选择"脚本"层内的第 3 帧，将该帧转换为空白关键帧，按下键盘上的 F9 键，打开"动作-帧"面板，在该面板中键入如下代码：

```
gotoAndplay(2)
```

提示   通过更改第 3 帧脚本的位置（例如将该帧放至到第 4 帧），既可更改文本显示的速度。

⓬　进入"库"面板，选择"春天"元件，右击鼠标，在弹出的快捷菜单中选择"直接复制"选项，打开"直接复制元件"对话框。在"名称"文本框内键入"夏天"文本，在"类型"下拉选项栏中选择"影片剪辑"选项，如图 38-7 所示。

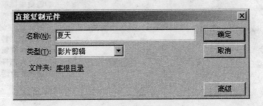

图 38-7　"直接复制元件"对话框

⓭　双击"夏天"元件，进入"夏天"编辑窗，选择"图层 1"内的图像，按下键盘上的 Delete 键，删除该图层内的图像。

⓮　执行菜单栏中的"文件"/"导入"/"导入到舞台"命令，打开"导入"对话框。选择本书附带光盘中的"互动游戏制作"/"实例 38：设置文字显示动画"/"夏天.jpg"文件，如图 38-8 所示，单击"打开"按钮，退出该对话框。

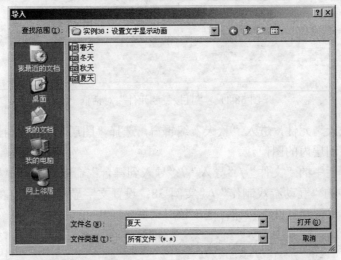

图 38-8　"导入"对话框

⓯　退出"导入"对话框后将素材图像导入到舞台，选择导入的素材图像，在"属性"面板中的"位置和大小"卷展栏内的 X 参数栏中键入 0，Y 参数栏中键入 0，设置图像位置后的效果如图 38-9 所示。

⓰　选择"文本"层内的文本，选择工具箱内的 T "文本工具"，在"属性"面板中的"文本类型"下拉选项栏中选择"动态文本"选项，在"字符"卷展栏内的"设置字体系列"下拉选项栏中选择"方正剪纸简体"选项，在"大小"参数栏中键 16，在"字母间距"参数栏中键入 0，设置"文本填充颜色"为黑色，在"消除锯齿"下拉选项栏中选择"可读性消除锯齿"选项，在"选项"卷展栏内的"变量"文本框内键入 text，然后在文本框内单击鼠标，将原文本改为如图 38-10 所示的文本。

图 38-9　设置图像位置　　　　　　　　　　图 38-10　修改文本

[17]　进入"库"面板，选择"春天"元件，右击鼠标，在弹出的快捷菜单中选择"直接复制"选项，打开"直接复制元件"对话框。在"名称"文本框内键入"秋天"文本，在"类型"下拉选项栏中选择"影片剪辑"选项，如图 38-11 所示。

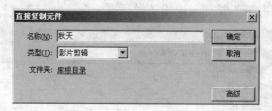

图 38-11　"直接复制元件"对话框

[18]　双击"秋天"元件，进入"秋天"编辑窗，选择"图层 1"内的图像，按下键盘上的 Delete 键，删除该图层内的图像。

[19]　执行菜单栏中的"文件"/"导入"/"导入到舞台"命令，打开"导入"对话框。选择本书附带光盘中的"互动游戏制作"/"实例 38：设置文字显示动画"/"秋天.jpg"文件，如图 38-12 所示，单击"打开"按钮，退出该对话框。

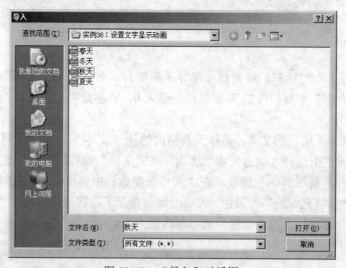

图 38-12　"导入"对话框

20 退出"导入"对话框后将素材图像导入到舞台，选择导入的素材图像，在"属性"面板中的"位置和大小"卷展栏内的 X 参数栏中键入 0，Y 参数栏中键入 0，调整图像位置后的效果如图 38-13 所示。

21 选择"文本"层内的文本，选择工具箱内的 **T** "文本工具"，在"属性"面板中的"文本类型"下拉选项栏中选择"动态文本"选项，在"字符"卷展栏内的"设置字体系列"下拉选项栏中选择"方正剪纸简体"选项，在"大小"参数栏中键 16，在"字母间距"参数栏中键入 0，设置"文本填充颜色"为黑色，在"消除锯齿"下拉选项栏中选择"可读性消除锯齿"选项，在"选项"卷展栏内的"变量"文本框内键入 text，然后在文本框内单击，将原文本改为如图 38-14 所示的文本。

图 38-13　设置图像位置

图 38-14　修改文本

22 进入"库"面板，选择"春天"元件，右击鼠标，在弹出的快捷菜单中选择"直接复制"选项，打开"直接复制元件"对话框。在"名称"文本框内键入"冬天"文本，在"类型"下拉选项栏中选择"影片剪辑"选项，如图 38-15 所示。

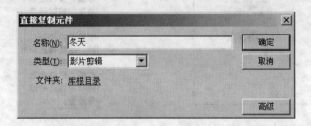

图 38-15　"直接复制元件"对话框

23 双击"冬天"元件，进入"冬天"编辑窗，选择"图层 1"内的图像，按下键盘上的 Delete 键，删除该图层内的图像。

24 执行菜单栏中的"文件"/"导入"/"导入到舞台"命令，打开"导入"对话框。选择本书附带光盘中的"互动游戏制作"/"实例 38：设置文字显示动画"/"冬天.jpg"文件，如图 38-16 所示，单击"打开"按钮，退出该对话框。

25 退出"导入"对话框后将素材图像导入到舞台，选择导入的素材图像，在"属性"面板中的"位置和大小"卷展栏内的 X 参数栏中键入 0，Y 参数栏中键入 0，设置图像位置后的效果如图 38-17 所示。

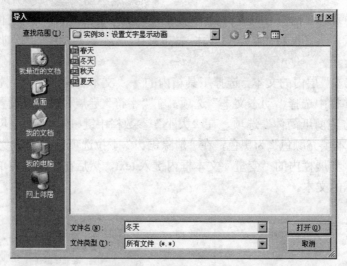

图 38-16 "导入"对话框

26 选择"文本"层内的文本,选择工具箱内的 **T** "文本工具",在"属性"面板中的"文本类型"下拉选项栏中选择"动态文本"选项,在"字符"卷展栏内的"设置字体系列"下拉选项栏中选择"方正剪纸简体"选项,在"大小"参数栏中键 16,在"字母间距"参数栏中键入 0,设置"文本填充颜色"为黑色,在"消除锯齿"下拉选项栏中选择"可读性消除锯齿"选项,在"选项"卷展栏内的"变量"文本框内键入 text,然后在文本框内单击鼠标,将原文本改为如图 38-18 所示的文本。

图 38-17 设置图像位置

图 38-18 修改文本

27 进入"场景 1"编辑窗,将"库"面板中的"春天"元件拖动至场景内。

28 选择"春天"元件,在"属性"面板中的"位置和大小"卷展栏内的 X 参数栏中键入 0,Y 参数栏中键入 0,设置元件位置,如图 38-19 所示。

29 选择"图层 1"内的第 60 帧,按下键盘上的 F6 键,确定在该帧插入关键帧。使用同样的方法,在第 65 帧插入关键帧。

30 选择第 65 帧内的元件,在"属性"面板中的"色彩效果"卷展栏内的"样式"下拉选项栏中选择 Alpha 选项,在 Alpha 参数栏中键入 0。

31 选择"图层 1"内的第 60 帧,右击鼠标,在弹出的快捷菜单中选择"创建传统补间"选项,确定在第 60~65 帧之间创建传统补间动画,时间轴显示如图 38-20 所示。

图 38-19　设置元件位置

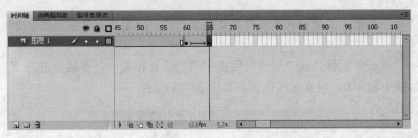

图 38-20　时间轴显示效果

32 创建一个新图层——"图层 2"，选择该图层内的第 66 帧，按下键盘上的 F6 键，确定在该帧插入空白关键帧。

33 将"库"面板中的"夏天"元件拖动至场景内，确定该元件在"图层 2"内的第 66 帧显示。

34 选择"春天"元件，在"属性"面板中的"位置和大小"卷展栏内的 X 参数栏中键入 0，Y 参数栏中键入 0，设置元件位置，如图 38-21 所示。

图 38-21　设置元件位置

35 选择"图层 2"内的第 125 帧，按下键盘上的 F6 键，确定在该帧插入关键帧。使用同样的方法，在第 130 帧插入关键帧。

36 选择第 130 帧内的元件，在"属性"面板中的"色彩效果"卷展栏内的"样式"下拉选项栏中选择 Alpha 选项，在 Alpha 参数栏中键入 0。

37 选择"图层 2"内的第 125 帧，右击鼠标，在弹出的快捷菜单中选择"创建传统补间"

选项，确定在第 125~130 帧之间创建传统补间动画，时间轴显示如图 38-22 所示。

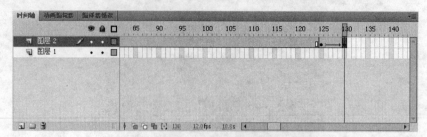

图 38-22　时间轴显示效果

38 创建一个新图层——"图层 3"，选择该图层内的第 131 帧，按下键盘上的 F6 键，确定在该帧插入空白关键帧。

39 将"库"面板中的"秋天"元件拖动至场景内，确定该元件在"图层 3"内的第 131 帧显示。

40 选择"秋天"元件，在"属性"面板中的"位置和大小"卷展栏内的 X 参数栏中键入 0，Y 参数栏中键入 0，设置元件位置，如图 38-23 所示。

图 38-23　设置元件位置

41 选择"图层 3"内的第 190 帧，按下键盘上的 F6 键，确定在该帧插入关键帧。使用同样的方法，在第 195 帧插入关键帧。

42 选择第 195 帧内的元件，在"属性"面板中的"色彩效果"卷展栏内的"样式"下拉选项栏中选择 Alpha 选项，在 Alpha 参数栏中键入 0。

43 选择"图层 3"内的第 190 帧，右击鼠标，在弹出的快捷菜单中选择"创建传统补间"选项，确定在第 190~195 帧之间创建传统补间动画，时间轴显示如图 38-24 所示。

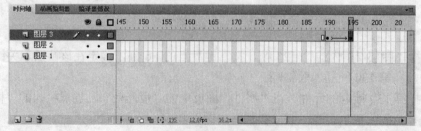

图 38-24　时间轴显示效果

44　创建一个新图层——"图层 4"，选择该图层内的第 196 帧，按下键盘上的 F6 键，确定在该帧插入空白关键帧。

45　将"库"面板中的"冬天"元件拖动至场景内，确定该元件在"图层 4"内的第 196 帧显示。

46　选择"冬天"元件，在"属性"面板中的"位置和大小"卷展栏内的 X 参数栏中键入 0，Y 参数栏中键入 0，设置元件位置，如图 38-25 所示。

图 38-25　设置元件位置

47　选择"图层 4"内的第 255 帧，按下键盘上的 F6 键，确定在该帧插入关键帧。使用同样的方法，在第 260 帧插入关键帧。

48　选择第 260 帧内的元件，在"属性"面板中的"色彩效果"卷展栏内的"样式"下拉选项栏中选择 Alpha 选项，在 Alpha 参数栏中键入 0。

49　选择"图层 4"内的第 255 帧，右击鼠标，在弹出的快捷菜单中选择"创建传统补间"选项，确定在第 255~260 帧之间创建传统补间动画，时间轴显示如图 38-26 所示。

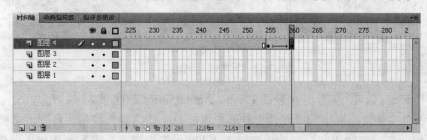

图 38-26　时间轴显示效果

50　现在本实例的制作就全部完成了，按下键盘上的 Ctrl+Enter 组合键，测试影片效果，图 38-27 所示为本实例在不同帧的显示效果。如果读者在制作过程中遇到了什么问题，可以打开本书附带光盘文件"互动游戏制作"/"实例 38：设置文字显示动画"/"设置文字显示动画.fla"，该实例为完成后的文件。

图 38-27　设置文字显示动画

实例 39 设置图片浏览效果

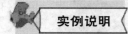

实例说明

在本实例中，将指导读者设置图片浏览效果，该浏览窗口中包括 3 个按钮和 1 个由 3 张图片组成的元件，窗口的大小与图片一致，单击相应按钮后，会使该图片跳动至该窗口位置。

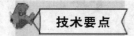

技术要点

在本实例中，首先导入素材图像，使用转换为元件工具将图像设置为影片剪辑元件，并添加脚本，接下来将影片剪辑元件和按钮放置于场景内，最后为按钮添加脚本，完成本实例的制作。图 39-1 所示为动画完成后的截图。

图 39-1 设置图片浏览效果

1 运行 Flash CS4，创建一个新的 Flash（ActionScript 2.0）文档。

2 单击"属性"面板中的"属性"卷展栏内的"文档属性"按钮，打开"文档属性"对话框。在"尺寸"右侧的"宽"参数栏中键入"200 像素"，"高"参数栏中键入"600 像素"，设置背景颜色为白，设置帧频为 12，标尺单位为"像素"，如图 39-2 所示，单击"确定"按钮，退出该对话框。

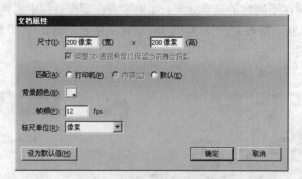

图 39-2 "文档属性"对话框

3 执行菜单栏中的"文件"/"导入"/"导入到舞台"命令，打开"导入"对话框。选择本书附带光盘中的"互动游戏制作"/"实例 39：设置图片浏览效果"/"素材.psd"文件，如图 39-3 所示。

4 单击"导入"对话框中的"打开"按钮，打开"将'素材.psd'导入到舞台"对话框。

在"检查要导入的 Photoshop 图层"显示窗内选择"下"选项，在"'下'的选项"下的"将此图像图层导入为"选项组内选择"具有可编辑图层样式的位图图像"单选按钮，如图 39-4 所示。

图 39-3　"导入"对话框

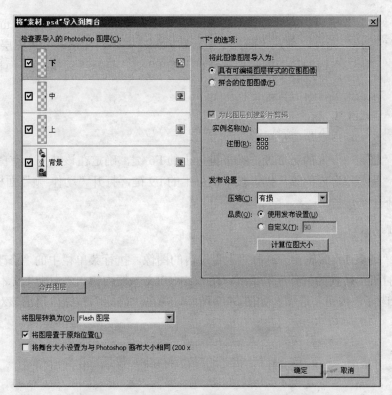

图 39-4　"将'素材.psd'导入到舞台"对话框

[5] 使用同样的方法，分别将"中"和"上"图像导入为具有可编辑图层样式的位图图像。然后单击"将'素材.psd'导入到舞台"对话框中的"确定"按钮，退出"将'素材.psd'导入到舞台"对话框后将素材图像导入到舞台，如图 39-5 所示。

[6] 选择场景内的所有图像，在"属性"面板中的"位置和大小"卷展栏内的 X 参数栏中键入 0，在 Y 参数栏中键入-200，设置图像位置。

[7] 将"图层 1"删除，选择"背景"层内的图像，执行菜单栏中的"修改"/"转换为元件"命令，打开"转换为元件"对话框。在"名称"文本框内键入"图片"文本，在"类型"下拉选项栏中选择"影片剪辑"选项，如图 39-6 所示。

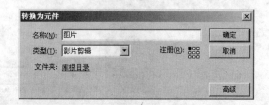

图 39-5 导入素材图像　　　　　　图 39-6 "转换为元件"对话框

[8] 选择"图片"元件，在"属性"面板中的"实例名称"文本框内键入 tupian。

[9] 双击"图片"元件，进入"图片"编辑窗，创建一个新图层——"图层 2"。

[10] 选择"图层 2"内的第 1 帧，按下键盘上的 F9 键，打开"动作-帧"面板，在该面板中键入如下代码：

```
y_vel=(yvel-_y)*0.1
setProperty("",_y,Number(y_vel)+Number(_y));
```

[11] 选择"图层 2"内的第 2 帧，按下键盘上的 F6 键，确定在该帧插入空白关键帧。

[12] 选择"图层 2"内的第 2 帧，按下键盘上的 F9 键，打开"动作-帧"面板，在该面板中键入如下代码：

```
gotoAndPlay(1);
```

[13] 进入"场景 1"编辑窗，选择"上"层内的图像，执行菜单栏中的"修改"/"转换为元件"命令，打开"转换为元件"对话框。在"名称"文本框内键入"向上"文本，在"类型"下拉选项栏中选择"按钮"选项，如图 39-7 所示，单击"确定"按钮，退出该对话框。

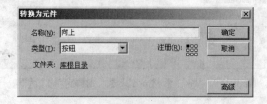

图 39-7 "转换为元件"对话框

[14] 双击"向上"元件，进入"向上"编辑窗，选择"图层 1"内的"按下"帧，按下键盘上的 F6 键，确定在该帧插入关键帧。

15 选择"按下"帧内的元件,在"属性"面板中的"色彩效果"卷展栏内的"样式"下拉选项栏中选择"高级"选项,将蓝色百分比设置为 50%,如图 39-8 所示。

16 进入"场景 1"编辑窗,选择"向上"元件,按下键盘上的 F9 键,打开"动作-按钮"面板,在该面板中键入如下代码:

```
on(release){
    tupian.yvel=0;
}
```

17 选择"中"层内的图像,执行菜单栏中的"修改"/"转换为元件"命令,打开"转换为元件"对话框。在"名称"文本框内键入"中间"文本,在"类型"下拉选项栏中选择"按钮"选项,如图 39-9 所示,单击"确定"按钮,退出该对话框。

图 39-8 设置元件色调

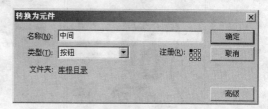

图 39-9 "转换为元件"对话框

18 双击"中间"元件,进入"中间"编辑窗,选择"图层 1"内的"按下"帧,按下键盘上的 F6 键,确定在该帧插入关键帧。

19 选择"按下"帧内的元件,在"属性"面板中的"色彩效果"卷展栏内的"样式"下拉选项栏中选择"高级"选项,将蓝色百分比设置为 50%。

20 进入"场景 1"编辑窗,选择"中间"元件,按下键盘上的 F9 键,打开"动作-按钮"面板,在该面板中键入如下代码:

```
on(release){
tupian.yvel=-200;
}
```

21 选择"下"层内的图像,执行菜单栏中的"修改"/"转换为元件"命令,打开"转换为元件"对话框。在"名称"文本框内键入"向下"文本,在"类型"下拉选项栏中选择"按钮"选项,如图 39-10 所示,单击"确定"按钮,退出该对话框。

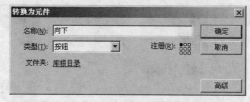

图 39-10 "转换为元件"对话框

22 双击"向下"元件,进入"向下"编辑窗,选择"图层 1"内的"按下"帧,按下键盘上的 F6 键，确定在该帧插入关键帧。

23 选择"按下"帧内的元件，在"属性"面板中的"色彩效果"卷展栏内的"样式"下拉选项栏中选择"高级"选项，将蓝色百分比设置为50%。

24 进入"场景1"编辑窗，选择"向下"元件，按下键盘上的 F9 键，打开"动作-按钮"面板，在该面板中键入如下代码：

```
on(release){
tupian.yvel=-400;
}
```

25 现在本实例的制作就全部完成了，按下键盘上的 Ctrl+Enter 组合键，测试影片效果，图 39-11 所示为本实例在不同帧的显示效果。如果读者在制作过程中遇到了什么问题，可以打开本书附带光盘文件"互动游戏制作"/"实例39：设置图片浏览效果"/"设置图片浏览效果.fla"，该实例为完成后的文件。

图 39-11 设置图片浏览效果

实例 40 设置飞舞蝴蝶效果

在本实例中，将指导读者设置飞舞蝴蝶效果，即创建一个鼠标跟随事件的实例，实例内容为当鼠标移动时，许多飞舞的蝴蝶跟随鼠标运动。由于蝴蝶位置的不同，形成鼠标的运动轨迹。

在本实例中，首先导入素材图像，使用新建元件工具创建一个新元件，并进入元件编辑窗，导入相应素材和设置关键帧完成蝴蝶飞舞的效果，接下来进入"场景1"编辑窗，复制元件并设置其位置，最后设置按钮的脚本，完成本实例的制作。图 40-1 所示为动画完成后的截图。

图 40-1 设置飞舞蝴蝶效果

1 运行 Flash CS4，创建一个新的 Flash（ActionScript 2.0）文档。

2 单击"属性"面板中的"属性"卷展栏内的"文档属性"按钮，打开"文档属性"对话框。在"尺寸"右侧的"宽"参数栏中键入"1024 像素"，"高"参数栏中键入"768 像素"，设置背景颜色为白，设置帧频为 12，标尺单位为"像素"，如图 40-2 所示，单击"确定"按钮，退出该对话框。

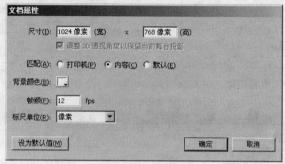

图 40-2　"文档属性"对话框

3 执行菜单栏中的"文件"/"导入"/"导入到舞台"命令，打开"导入"对话框。选择本书附带光盘中的"互动游戏制作"/"实例 40：设置飞舞蝴蝶效果"/"背景.jpg"文件，如图 40-3 所示，单击"打开"按钮，退出该对话框。

图 40-3　"导入"对话框

4 退出"导入"对话框后将素材图像导入到舞台，如图 40-4 所示。

5 执行菜单栏中的"插入"/"新建元件"命令，打开"创建新元件"对话框。在"名称"文本框内键入"蝴蝶"文本，在"类型"下拉选项栏中选择"影片剪辑"选项，如图 40-5 所示，单击"确定"按钮，退出该对话框。

6 退出"创建新元件"对话框后进入"蝴蝶"编辑窗，执行菜单栏中的"文件"/"导入"/"导入到库"命令，打开"导入到库"对话框。选择本书附带光盘中的"互动游戏制作"/"实例 40：设置飞舞蝴蝶效果"/"蝴蝶 01.psd"文件，如图 40-6 所示。

7 单击"导入到库"对话框中的"打开"按钮，退出"导入到库"对话框后打开"将'蝴蝶 01.psd'导入到库"对话框，如图 40-7 所示，单击"确定"按钮，退出该对话框。

图 40-4　导入素材图像

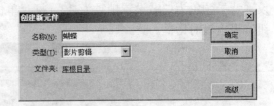

图 40-5　"创建新元件"对话框

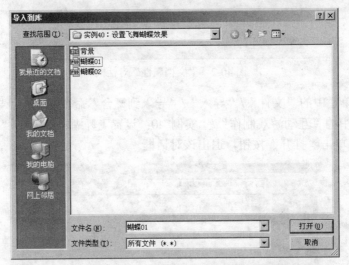

图 40-6　"导入到库"对话框

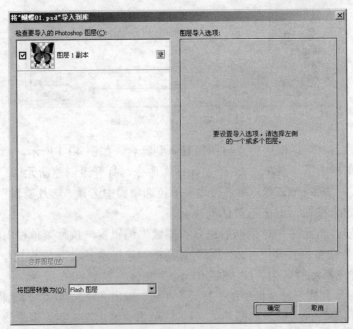

图 40-7　"将'蝴蝶 01.psd'导入到库"对话框

8 退出"将'蝴蝶01.psd'导入到库"对话框后将素材图像导入到"库"面板中。

9 选择"库"面板中的"蝴蝶01.psd"文件，将其拖动至"蝴蝶"编辑窗内。

10 选择"图层1"内的图像，在"属性"面板中的"位置和大小"卷展栏内的 X 参数栏中键入 0，在 Y 参数栏中键入 0，设置图像位置，如图 40-8 所示。

11 选择"图层1"内的第2帧，右击鼠标，在弹出的快捷菜单中选择"插入空白关键帧"选项，确定在该帧插入空白关键帧。

12 选择"图层1"内的第2帧，将本书附带光盘中的"互动游戏制作"/"实例40：设置飞舞蝴蝶效果"/"蝴蝶02.psd"文件导入到"库"面板中，将该面板中的"蝴蝶02.psd"文件拖动至"蝴蝶"编辑窗内。

13 选择第2帧内的元件，在"属性"面板中的"位置和大小"卷展栏内的 X 参数栏中键入 0，在 Y 参数栏中键入 0，设置元件位置，如图 40-9 所示。

图 40-8　设置图像位置　　　　　　　　　　图 40-9　设置元件位置

14 进入"场景1"编辑窗，进入"库"面板，将该面板中的"蝴蝶"元件拖动至场景内，设置其 X 轴位置为 50，Y 轴位置为 250，如图 40-10 所示。

15 选择"蝴蝶"元件，按住键盘上的 Alt 键，拖动鼠标将其向右侧复制，如图 40-11 所示。

图 40-10　设置元件位置　　　　　　　　　　图 40-11　复制元件

16 使用同样的方法再复制8个"蝴蝶"元件，如图 40-12 所示。

17 选择最左侧的"蝴蝶"元件，在"属性"面板中的"色彩效果"卷展栏内的"样式"下拉选项栏中选择 Alpha 选项，在 Alpha 参数栏中键入 10，设置其透明效果，如图 40-13 所示。

18 使用同样的方法，从左至右依次设置"蝴蝶"元件的 Alpha 值为 20%、30%、40%、50%、60%、70%、80%、90% 和 100%，效果如图 40-14 所示。

图 40-12 复制其他元件

图 40-13 设置元件透明效果

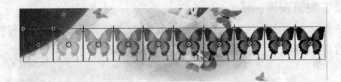

图 40-14 设置元件 Alpha

19 选择最右侧的"蝴蝶"元件，按下键盘上的 **F9** 键，打开"动作-影片剪辑"面板，在该面板中键入如下代码：

```
onClipEvent(enterFrame){
    this._x+=_xmouse/1;
    this._y+=_ymouse/1;
}
```

20 选择由右至左第 2 个"蝴蝶"元件，按下键盘上的 **F9** 键，打开"动作-影片剪辑"面板，在该面板中键入如下代码：

```
onClipEvent(enterFrame){
    this._x+=_xmouse/3;
    this._y+=_ymouse/3;
}
```

21 使用同样的方法为其他"蝴蝶"元件添加脚本，影片剪辑从右至左的脚本中的_xmouse/和_ymouse/值依次为 1、3、6、9、12、15、18、21、24、27。

22 现在本实例的制作就全部完成了，按下键盘上的 **Ctrl+Enter** 组合键，测试影片效果，图 40-15 所示为本实例在不同帧的显示效果。如果读者在制作过程中遇到了什么问题，可以打开本书附带光盘文件"互动游戏制作"/"实例 40：设置飞舞蝴蝶效果"/"设置飞舞蝴蝶效果.fla"，该实例为完成后的文件。

图 40-15 设置飞舞蝴蝶效果

第 5 篇
动画片制作

本部分为本书最后一部分，实例均为复杂的综合性实例，实例内容为两部动画短片，动画短片的制作涉及到音频、视频、脚本编写等多方面的元素，过程较为复杂，所以每段动画短片将分为 5 个实例来进行讲解。通过这一部分实例的学习，使读者整体回顾前面章节中所学的知识点，更牢固地掌握 Flash CS4，并了解动画短片的制作方法。

实例 41 动画短片——素材制作

 **实例说明**

在本实例和下 4 个实例中，将指导读者制作动画短片，动画短片为帧频为 445 帧的"鱼国国王的故事"，由于实例制作较为复杂，所以将分为动画短片（素材制作）、动画短片（片头制作）、动画短片（动画制作 1）、动画短片（动画制作 2）和动画短片（片尾制作及添加音乐）5 个实例来进行。在本实例中将从素材制作方面进行编辑。

 **技术要点**

在本实例中，首先导入需要进行制作元件的素材图像，然后创建按钮元件，制作播放和再看一次按钮元件，最后创建影片剪辑元件，制作大鱼和数只小鱼的影片剪辑动画，完成本实例的制作。图 41-1 所示为制作完成的各素材元件。

图 41-1 动画短片（素材制作）

1 运行 Flash CS4，创建一个新的 Flash（ActionScript 2.0）文档。

2 单击"属性"面板中的"属性"卷展栏内的"文档属性"按钮，打开"文档属性"对话框。在"尺寸"右侧的"宽"参数栏中键入"700 像素"，在"高"参数栏中键入"450 像素"，设置背景颜色为白色，设置帧频为 12，标尺单位为"像素"，如图 41-2 所示，单击"确定"按钮，退出该对话框。

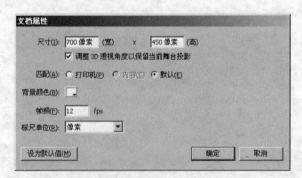

图 41-2 "文档属性"对话框

3 执行菜单栏中的"文件" / "导入" / "导入到库"命令，打开"导入到库"对话框。选择本书附带光盘中的"动画片制作" / "实例 41~45：动画短片" / "背景.psd"文件，如图 41-3 所示。

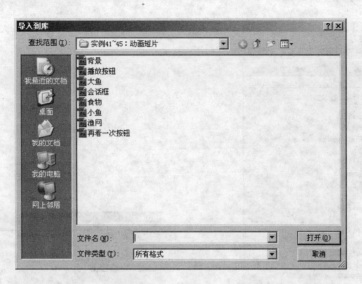

图 41-3　"导入到库"对话框

4　单击"导入到库"对话框中的"打开"按钮，退出"导入到库"对话框后打开"将'背景.psd'导入到库"对话框，如图 41-4 所示，单击"确定"按钮，退出该对话框。

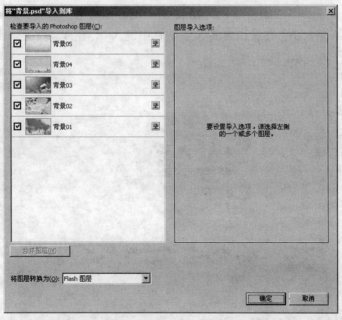

图 41-4　"将'背景.psd'导入到库"对话框

5　使用同样的方法，分别将本书附带光盘中的"动画片制作"/"实例 41~45：动画短片"文件夹中的其他 psd 文件导入至"库"面板中，如图 41-5 所示。

6　执行菜单栏中的"插入"/"新建元件"命令，打开"创建新元件"对话框。在"名称"文本框内键入"播放"文本，在"类型"下拉选项栏中选择"按钮"选项，如图 41-6 所示，单击"确定"按钮，退出该对话框。

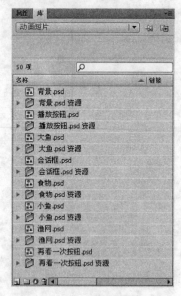

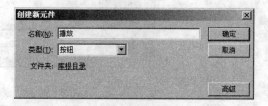

图 41-5　导入其他 psd 文件　　　　　　　图 41-6　"创建新元件"对话框

7　退出"创建新元件"对话框后进入"播放"编辑窗，选择"弹起"帧，将"库"面板中的"播放按钮.psd 资源"文件夹中的"播放 01"图像拖动至"播放"编辑窗内，进入"属性"面板，在"位置和大小"卷展栏内的 X 参数栏中键入 0，在 Y 参数栏中键入 0，如图 41-7 所示。

图 41-7　设置图像位置

8　选择"指针"帧，在"指针"帧内插入空白关键帧，将"库"面板中的"播放按钮.psd 资源"文件夹中的"播放 02"图像拖动至"播放"编辑窗内，进入"属性"面板，在"位置和大小"卷展栏内的 X 参数栏中键入 0，在 Y 参数栏中键入 0，设置图像位置，如图 41-8 所示。

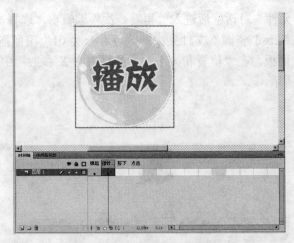

图 41-8　设置图像位置

9　选择"按下"帧，在"按下"帧内插入空白关键帧，将"库"面板中的"播放按钮.psd资源"文件夹中的"播放 03"图像拖动至"播放"编辑窗内，进入"属性"面板，在"位置和大小"卷展栏内的 X 参数栏中键入 0，在 Y 参数栏中键入 0，设置图像位置，如图 41-9 所示。

图 41-9　设置图像位置

10　执行菜单栏中的"插入"/"新建元件"命令，打开"创建新元件"对话框。在"名称"文本框内键入"再看一次"文本，在"类型"下拉选项栏中选择"按钮"选项，如图 41-10所示，单击"确定"按钮，退出该对话框。

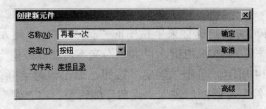

图 41-10　"创建新元件"对话框

[11] 退出"创建新元件"对话框后进入"再看一次"编辑窗，选择"弹起"帧，将"库"面板中的"再看一次按钮.psd 资源"文件夹中的"再看一次 01"图像拖动至"再看一次"编辑窗内，进入"属性"面板，在"位置和大小"卷展栏内的 X 参数栏中键入 0，在 Y 参数栏中键入 0，如图 41-11 所示。

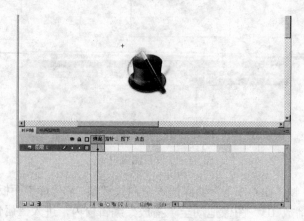

图 41-11　设置图像位置

[12] 选择"指针"帧，在"指针"帧内插入空白关键帧，将"库"面板中的"再看一次.psd 资源"文件夹中的"再看一次 02"图像拖动至"再看一次"编辑窗内，进入"属性"面板，在"位置和大小"卷展栏内的 X 参数栏中键入 0，在 Y 参数栏中键入 0，设置图像位置，如图 41-12 所示。

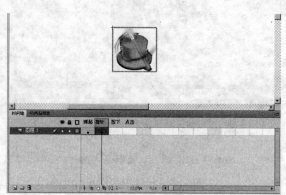

图 41-12　设置图像位置

[13] 右击"弹起"帧，在弹出的快捷菜单中选择"复制帧"选项，右击"按下"帧，在弹出的快捷菜单中选择"粘贴帧"选项，将"弹起"帧内的图像粘贴至"按下"帧内，时间轴显示如图 41-13 所示。

[14] 设置大鱼影片剪辑动画。执行菜单栏中的"插入"/"新建元件"命令，打开"创建新元件"对话框，在"名称"文本框内键入"大鱼"文本，在"类型"下拉选项栏中选择"影片剪辑"选项，如图 41-14 所示，单击"确定"按钮，退出该对话框。

[15] 退出"创建新元件"对话框后进入"大鱼"编辑窗，将"库"面板中的"大鱼.psd 资源"文件夹中的"大鱼闭嘴"图像拖动至"大鱼"编辑窗内，进入"属性"面板，在"位置和大小"卷展栏内的 X 参数栏中键入 0，在 Y 参数栏中键入 0，如图 41-15 所示。

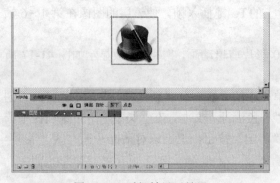

图 41-13 时间轴显示效果

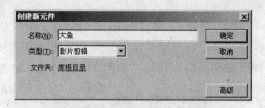

图 41-14 "创建新元件"对话框

图 41-15 设置图像位置

16 选择"图层 1"内的第 3 帧,按下键盘上的 F5 键插入帧,使该层的图像在第 1~3 帧之间显示。

17 选择第 4 帧,插入空白关键帧,将"库"面板中的"大鱼.psd 资源"文件夹中的"大鱼张嘴"图像拖动至"大鱼"编辑窗内,进入"属性"面板,在"位置和大小"卷展栏内的 X 参数栏中键入 0,在 Y 参数栏中键入 0,如图 41-16 所示。

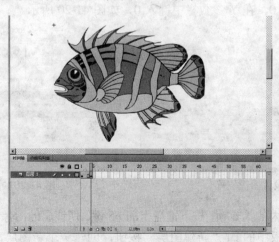

图 41-16 设置图像位置

18 选择"图层 1"内的第 6 帧，按下键盘上的 F5 键插入帧，使该层的图像在第 4～6 帧之间显示。

19 使用同样的方法，分别设置小鱼 01~10 影片剪辑动画，"库"面板显示如图 41-17 所示。

20 设置小鱼流汗影片剪辑动画。执行菜单栏中的"插入"/"新建元件"命令，打开"创建新元件"对话框，在"名称"文本框内键入"小鱼流汗"文本，在"类型"下拉选项栏中选择"影片剪辑"选项，如图 41-18 所示，单击"确定"按钮，退出该对话框。

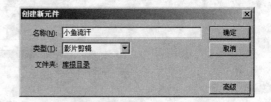

图 41-17　设置其他小鱼影片剪辑动画　　　　　图 41-18　"创建新元件"对话框

21 退出"创建新元件"对话框后进入"小鱼流汗"编辑窗，将"库"面板中的"小鱼.psd 资源"文件夹中的"小鱼 02（右）"图像拖动至"小鱼流汗"编辑窗内，进入"属性"面板，在"位置和大小"卷展栏内的 X 参数栏中键入 0，在 Y 参数栏中键入 0，如图 41-19 所示。

22 选择"图层 1"内的第 3 帧，按下键盘上的 F5 键，使该层的图像在第 1～3 帧之间显示。

23 选择第 4 帧，插入空白关键帧，将"库"面板中的"小鱼.psd 资源"文件夹中的"小鱼 02（左）"图像拖动至"小鱼流汗"编辑窗内，进入"属性"面板，在"位置和大小"卷展栏内的 X 参数栏中键入 0，在 Y 参数栏中键入 0，如图 41-20 所示。

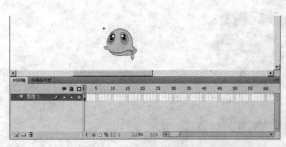

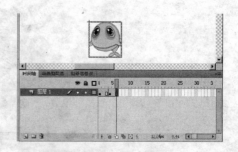

图 41-19　设置图像位置　　　　　　　　　图 41-20　设置图像位置

24 选择"图层 1"内的第 6 帧，按下键盘上的 F5 键，使该层的图像在第 4～6 帧之间显示。

25 单击时间轴面板中的 🔲 "新建图层"按钮，创建一个新图层，将新创建的图层命名为"汗水"。

26　选择工具箱内的 ♦, "钢笔工具"，在如图 41-21 所示的位置绘制一个闭合路径。

27　选择绘制的闭合路径，取消"笔触颜色"，将"填充颜色"填充为任意颜色。

28　选择填充后的闭合路径，执行菜单栏中的"窗口"/"颜色"命令，打开"颜色"面板。在"类型"下拉选项栏中选择"放射状"选项，选择左侧色标，在"红"、"绿"、"蓝"参数栏中均键入 255，在 Alpha 参数栏中键入 0%，如图 41-22 所示。

图 41-21　绘制闭合路径

图 41-22　设置色标颜色

29　选择右侧色标，在"红"参数栏中键入 0，在"绿"参数栏中键入 204，在"蓝"参数栏中键入 204，在 Alpha 参数栏中键入 100%，如图 41-23 所示。

30　选择"汗水"层内的第 6 帧，按下键盘上的 F6 键，将第 6 帧转换为关键帧，选择第 6 帧内的图形，将其移动至如图 41-24 所示的位置。

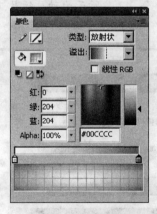

图 41-23　设置色标颜色

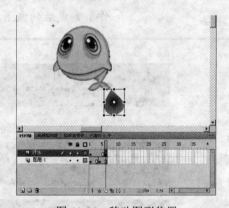

图 41-24　移动图形位置

31　在"汗水"层内的第 1~6 帧之间创建传统补间动画，时间轴显示如图 41-25 所示。

图 41-25　时间轴显示效果

32 现在本实例的制作就全部完成了，完成后的各素材元件如图 41-26 所示。

图 41-26 动画短片（素材制作）

33 将本实例进行保存，以便在实例 42 中应用。

实例 42 动画短片——片头制作

在本实例中将指导读者制作动画短片（片头制作）部分，该片头部分主要由背景展开效果、大鱼与小鱼游动效果和按钮控制动画播放三部分组成。

在本实例中，首先将舞台背景颜色设置为蓝色，然后使用文本工具键入相关文本，导入库面板中的影片剪辑元件，将影片剪辑元件设置为传统补间动画，最后导入按钮元件，通过对按钮设置脚本来编辑按钮的互动效果，完成本实例的制作。图 42-1 所示为动画短片（片头制作）完成后的截图。

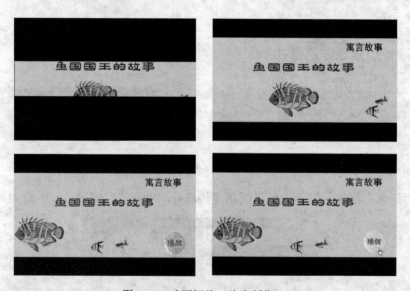

图 42-1 动画短片（片头制作）

1 打开实例 41 中保存的文件。

2 进入"属性"面板，将"舞台"显示窗内的颜色设置为蓝色（#99FFFF）。

3 选择工具箱内的 **T** "文本工具"，在"属性"面板中的"字符"卷展栏内的"系列"下拉选项栏中选择"方正祥隶简体"选项，在"大小"参数栏中键入50，将"文本填充颜色"设置为红色（#FF0000），在如图42-2所示的位置键入"鱼国国王的故事"文本。

4 选择工具箱内的 **T** "文本工具"，在"属性"面板中的"字符"卷展栏内的"系列"下拉选项栏中选择"黑体"选项，在"大小"参数栏中键入 30，将"文本填充颜色"设置为黑色，在如图42-3所示的位置键入"寓言故事"文本。

图 42-2　键入文本

图 42-3　键入文本

5 选择"图层 1"内的第 60 帧，按下键盘上的 F6 键，插入关键帧，使文本在第 1~60 帧之间显示。

6 选择第 60 帧，按下键盘上的 F9 键，打开"动作-帧"面板，在该面板中键入如下代码：

```
stop();
```

7 单击时间轴面板中的 ⬚ "新建图层"按钮，创建一个新图层，将新创建的图层命名为"片头大鱼"。

8 选择"库"面板中的"大鱼"元件，将其拖动至场景内，然后参照图 42-4 所示来调整元件大小及位置。

9 选择"片头大鱼"层内的第 20 帧，按下键盘上的 F6 键，将第 20 帧转换为关键帧，选择第 60 帧，按下键盘上的 F6 键，将第 60 帧转换为关键帧。

10 选择第 60 帧内的元件，将其移动至如图42-5所示的位置。

图 42-4　调整元件大小及位置

图 42-5　调整元件位置

11 选择第 20 帧，右击鼠标，在弹出的快捷菜单中选择"创建传统补间"选项，确定在第 20~60 帧之间创建传统补间动画。

[12] 单击时间轴面板中的 ➡ "新建图层"按钮，创建一个新图层，将新创建的图层命名为"片头小鱼 01"。

[13] 选择"库"面板中的"小鱼 01"元件，将其拖动至场景内，然后参照图 42-6 所示来调整元件大小、角度及位置。

[14] 选择"片头小鱼 01"层内的第 20 帧，按下键盘上的 F6 键，将第 20 帧转换为关键帧，选择第 60 帧，按下键盘上的 F6 键，将第 60 帧转换为关键帧。

[15] 选择第 60 帧内的元件，将其移动至如图 42-7 所示的位置。

图 42-6　调整元件大小、角度及位置　　　　图 42-7　调整元件位置

[16] 选择第 20 帧，右击鼠标，在弹出的快捷菜单中选择"创建传统补间"选项，确定在第 20~60 帧之间创建传统补间动画。

[17] 单击时间轴面板中的 ➡ "新建图层"按钮，创建一个新图层，将新创建的图层命名为"片头小鱼 02"。

[18] 选择"库"面板中的"小鱼 05"元件，将其拖动至场景内，然后参照图 42-8 所示来调整元件大小、角度及位置。

[19] 选择"片头小鱼 02"层内的第 20 帧，按下键盘上的 F6 键，将第 20 帧转换为关键帧，选择第 60 帧，按下键盘上的 F6 键，将第 60 帧转换为关键帧。

[20] 选择第 60 帧内的元件，将其移动至如图 42-9 所示的位置。

图 42-8　调整元件大小、角度及位置　　　　图 42-9　调整元件位置

[21] 选择第 20 帧，右击鼠标，在弹出的快捷菜单中选择"创建传统补间"选项，确定在第 20~60 帧之间创建传统补间动画。

[22] 单击时间轴面板中的 ➡ "新建图层"按钮，创建一个新图层，将新创建的图层命名为"上滑条"。

23 选择"上滑条"层内的第 21 帧，按下键盘上的 F6 键，将空白帧转换为空白关键帧。

24 选择第 1 帧，单击工具箱内的 □ "矩形工具"按钮，取消"笔触颜色"，将"填充颜色"设置为黑色，在场景内绘制一个任意矩形，选择绘制的矩形，在"属性"面板中的"位置和大小"卷展栏内的 X 参数栏中键入 0，Y 参数栏中键入 0，在"宽度"参数栏中键入 700，在"高度"参数栏中键入 225，如图 42-10 所示。

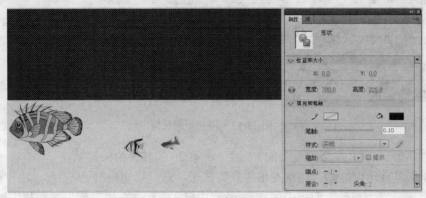

图 42-10　调整矩形位置

25 选择第 20 帧，按下键盘上的 F6 键，将第 20 帧转换为关键帧。

26 单击工具箱内的 ▦ "任意变形工具"按钮，选择第 20 帧内的矩形，将中心点移动至顶部中心位置，在"属性"面板中的"高度"参数栏中键入 70，如图 42-11 所示。

图 42-11　调整矩形形态

27 选择第 1 帧，右击鼠标，在弹出的快捷菜单中选择"创建形状补间"选项，确定在第 1~20 帧之间创建形状补间动画。

28 选择第 20 帧，右击鼠标，在弹出的快捷菜单中选择"复制帧"选项，复制第 20 帧内的矩形，选择第 21 帧，右击鼠标，在弹出的快捷菜单中选择"粘贴帧"选项，将图形粘贴至第 21~60 帧之间。

29 单击时间轴面板中的 ▣ "新建图层"按钮，创建一个新图层，将新创建的图层命名为"下滑条"。

30 选择"上滑条"层内的第 21 帧，按下键盘上的 F6 键，将空白帧转换为空白关键帧。

31 选择第 1 帧，单击工具箱内的 □ "矩形工具"按钮，取消"笔触颜色"，将"填充颜色"设置为黑色，在场景内绘制一个任意矩形，选择绘制的矩形，在"属性"面板中的"位置和大小"卷展栏内的 X 参数栏中键入 0，Y 参数栏中键入 225，在"宽度"参数栏中键入 700，在"高度"参数栏中键入 225，如图 42-12 所示。

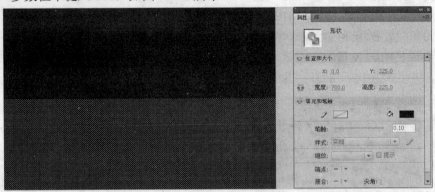

图 42-12　调整矩形位置

32 选择第 20 帧，按下键盘上的 F6 键，将第 20 帧转换为关键帧。

33 单击工具箱内的 "任意变形工具"按钮，选择第 20 帧内的矩形，将中心点移动至底部中心位置，在"属性"面板中的 Y 参数栏中键入 380，在"高度"参数栏中键入 70，如图 42-13 所示。

34 选择第 1 帧，右击鼠标，在弹出的快捷菜单中选择"创建形状补间"选项，确定在第 1~20 帧之间创建形状补间动画。

35 选择第 20 帧，右击鼠标，在弹出的快捷菜单中选择"复制帧"选项，复制第 20 帧内的矩形，选择第 21 帧，右击鼠标，在弹出的快捷菜单中选择"粘贴帧"选项，将图形粘贴至第 21~60 帧之间。

36 单击时间轴面板中的 "新建图层"按钮，创建一个新图层，将新创建的图层命名为"播放按钮"。

37 选择"播放按钮"层内的第 60 帧，按下键盘上的 F6 键，将空白帧转换为空白关键帧。

38 选择第 60 帧，选择"库"面板中的"播放"元件，将其拖动至场景内，然后参照图 42-14 所示来调整元件大小及位置。

图 42-13　调整矩形形态　　　　　图 42-14　调整元件大小及位置

39 选择第 60 帧内的"播放按钮"元件，按下键盘上的 F9 键，打开"动作-帧"面板，在该面板中键入如下代码：

```
on(press){
    gotoAndplay(61)
}
```

40 单击时间轴面板中的 "新建文件" 按钮，创建一个文件夹，将新创建的文件夹命名为 "片头"。

41 选择全部图层，将其移动至 "片头" 文件夹中，时间轴显示如图 42-15 所示。

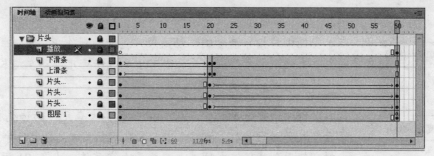

图 42-15　时间轴显示效果

42 单击 "片头" 文件夹左侧的 ▼ 按钮，折叠文件夹，单击 🔒 "锁定或解除锁定所有图层" 按钮，锁定所有图层，时间轴显示如图 42-16 所示。

为了便于以后的操作，读者可以将已设置完成后不需要进行编辑的图层进行锁定。

提示

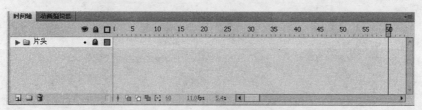

图 42-16　时间轴显示效果

43 现在本实例的制作就全部完成了，完成后的动画短片（片头制作）截图效果如图 42-17 所示。

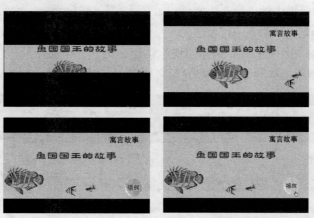

图 42-17　动画短片（片头制作）

44 将本实例进行保存，以便在实例 43 中应用。

实例 43　动画短片——动画制作 1

在本实例中将指导读者制作动画短片（动画制作 1）部分，该部分动画主要由两个场景组成，动画内容主要包括鱼儿游动、文本逐渐显示和场景间的透明转换。

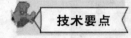

在本实例中，首先导入背景 01 素材，设置大鱼元件的传统补间动画，然后导入会话框素材，使用文本工具键入相关文本，最后导入背景 02 素材，使用创建传统补间工具，设置大鱼元件、小鱼 01 元件、小鱼流汗元件和小鱼 03 元件的传统补间动画，完成本实例的制作。图 43-1 所示为动画短片（动画制作 1）完成后的截图。

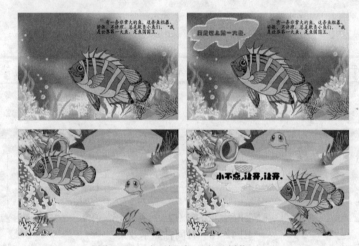

图 43-1　动画短片（动画制作 1）

1 打开实例 42 中保存的文件。

2 选择时间轴面板中的"片头"文件夹，单击 🗀 "新建文件"按钮，创建一个文件夹，将新创建的文件夹命名为"动画 01"。

3 单击时间轴面板中的 🗂 "新建图层"按钮，创建一个新图层，将新创建的图层命名为"背景 01"，将该图层移动至"动画 01"文件夹中，时间轴显示如图 43-2 所示。

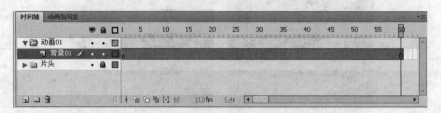

图 43-2　时间轴显示效果

4 选择"背景 01"层内的第 61 帧，按下键盘上的 F6 键，插入空白关键帧，选择第 120

帧，按下键盘上的 F5 键，在第 62~120 帧之间插入帧。

⑤ 选择第 61 帧，将"库"面板中的"背景.psd 资源"文件夹中的"背景 01"图像拖动至场景内，使该图像在第 61~120 帧之间显示，在"属性"面板中的"位置和大小"卷展栏内的 X 参数栏中键入 0，Y 参数栏中键入 0，设置图像位置，如图 43-3 所示。

⑥ 单击时间轴面板中的 ➡ "新建图层"按钮，创建一个新图层，将新创建的图层命名为"大鱼"。

⑦ 选择"大鱼"层内的第 61 帧，按下键盘上的 F6 键，将空白帧转换为空白关键帧。

⑧ 选择"库"面板中的"大鱼"元件，将其拖动至场景内，使该元件在第 61~120 帧之间显示，然后参照图 43-4 所示来调整元件大小、角度及位置。

图 43-3 设置图像位置

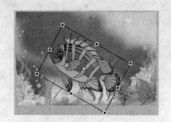
图 43-4 调整元件大小、角度及位置

⑨ 选择"大鱼"层内的第 90 帧，按下键盘上的 F6 键，将第 90 帧转换为关键帧。

⑩ 选择第 61 帧内的元件，然后参照图 43-5 所示来调整元件角度及位置。

⑪ 选择第 61 帧，右击鼠标，在弹出的快捷菜单中选择"创建传统补间"选项，确定在第 61~90 帧之间创建传统补间动画。

⑫ 单击时间轴面板中的 ➡ "新建图层"按钮，创建一个新图层，将新创建的图层命名为"会话框"。

⑬ 选择"会话框"层内的第 90 帧，按下键盘上的 F6 键，将空白帧转换为空白关键帧。

⑭ 选择第 90 帧，将"库"面板中的"会话框.psd 资源"文件夹中的"会话框"图像拖动至场景内，使该图像在第 90~120 帧之间显示，然后参照图 43-6 所示来调整图像大小、角度及位置。

图 43-5 调整元件角度及位置

图 43-6 调整图像大小、角度及位置

⑮ 选择工具箱内的 T "文本工具"，在"属性"面板中的"字符"卷展栏内的"系列"下拉选项栏中选择"方正胖头鱼简体"选项，在"大小"参数栏中键入 25，将"文本填充颜色"设置为红色（#FF3265），在如图 43-7 所示的位置键入"我是世上第一大鱼。"文本。

16 单击时间轴面板中的 ⬛ "新建图层"按钮，创建一个新图层，将新创建的图层命名为"文本"。

17 选择"文本"层内的第 61 帧，按下键盘上的 F6 键，将空白帧转换为空白关键帧。

18 选择工具箱内的 **T** "文本工具"，在"属性"面板中的"字符"卷展栏内的"系列"下拉选项栏中选择"楷体-GB2312"选项，在"大小"参数栏中键入 20，将"文本填充颜色"设置为黑色，在如图 43-8 所示的位置键入"有一条非常大的鱼。这条鱼粗暴、骄傲、不讲理，总是欺负小鱼们。我是世界第一大鱼，是鱼国国王。"文本。

图 43-7　键入文本　　　　　　　　　　　　　　图 43-8　键入文本

19 选择时间轴面板中的"动画 01"文件夹，单击 ⬛ "新建文件"按钮，创建一个文件夹，将新创建的文件夹命名为"动画 02"。

20 单击时间轴面板中的 ⬛ "新建图层"按钮，创建一个新图层，将新创建的图层命名为"背景 02"，并将该图层移动至"动画 02"文件夹中。

21 选择"背景 02"层内的第 121 帧，按下键盘上的 F6 键，插入空白关键帧，选择第 185 帧，按下键盘上的 F5 键，在第 122~185 帧之间插入空白帧。

22 选择第 121 帧，将"库"面板中的"背景.psd 资源"文件夹中的"背景 02"图像拖动至场景内，使该图像在第 121~185 帧之间显示，在"属性"面板中的"位置和大小"卷展栏内的 X 参数栏中键入 0，Y 参数栏中键入 0，设置图像位置，如图 43-9 所示。

23 选择第 121 帧内的图像，执行菜单栏中的"修改"/"转换为元件"命令，打开"创建新元件"对话框。在"名称"文本框内键入"背景 02"文本，在"类型"下拉选项栏中选择"图形"选项，如图 43-10 所示，单击"确定"按钮，退出该对话框。

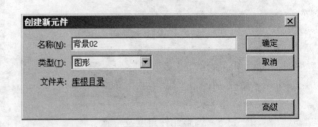

图 43-9　设置图像位置　　　　　　　　　　图 43-10　"创建新元件"对话框

24 选择"背景 02"层内的第 125 帧，按下键盘上的 F6 键两次，将第 125 帧和第 126 帧转换为关键帧。

25 选择第 121 帧内的元件，进入"属性"面板，在"色彩效果"卷展栏内的"样式"下拉选项栏中选择 Alpha 选项，在 Alpha 参数栏中键入 0，如图 43-11 所示。

图 43-11　设置元件 Alpha

26 选择第 121 帧，右击鼠标，在弹出的快捷菜单中选择"创建传统补间"选项，确定在第 121~125 帧之间创建传统补间动画，时间轴显示如图 43-12 所示。

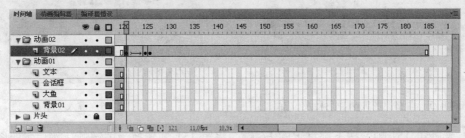

图 43-12　时间轴显示效果

27 单击时间轴面板中的 🖫 "新建图层"按钮，创建一个新图层，将新创建的图层命名为"大鱼"。

28 选择"大鱼"层内的第 125 帧，按下键盘上的 F6 键，插入空白关键帧，选择"库"面板中的"大鱼"元件，将其拖动至场景内，然后参照图 43-13 所示来调整元件大小、角度及位置。

29 选择"大鱼"层内的第 185 帧，按下键盘上的 F6 键，将第 185 帧转换为关键帧，然后参照图 43-14 所示来调整元件角度及位置。

图 43-13　调整元件大小、角度及位置

图 43-14　调整元件角度及位置

30 选择第 121 帧，右击鼠标，在弹出的快捷菜单中选择"创建传统补间"选项，确定在第 121~185 帧之间创建传统补间动画。

31 单击时间轴面板中的 🖫 "新建图层"按钮，创建一个新图层，将新创建的图层命名为"会话框"。

32 加选"会话框"层内的第 127 帧和第 152 帧，按下键盘上的 F6 键，将第 127 帧和第

152 帧转换为空白关键帧。

33 选择第 127 帧，将 "库" 面板中的 "会话框.psd 资源" 文件夹中的 "会话框" 图像拖动至场景内，使该图像在第 127~151 帧之间显示，然后参照图 43-15 所示来调整图像大小、角度及位置。

34 选择工具箱内的 **T** "文本工具"，在 "属性" 面板中的 "字符" 卷展栏内的 "系列" 下拉选项栏中选择 "方正胖头鱼简体" 选项，在 "大小" 参数栏中键入 35，将 "文本填充颜色" 设置为黑色，在如图 43-16 所示的位置键入 "小不点，让开，让开。" 文本。

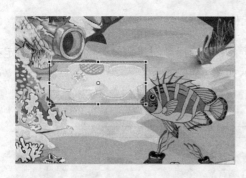

图 43-15　调整图像大小、角度及位置

图 43-16　键入文本

35 选择第 151 帧，按下键盘上的 F6 键，将第 151 帧转换为关键帧，然后参照图 43-17 所示来调整图像与文本位置。

36 选择第 127 帧，右击鼠标，在弹出的快捷菜单中选择 "创建传统补间" 选项，确定在第 121~185 帧之间创建传统补间动画。

37 单击时间轴面板中的 ✑ "新建图层" 按钮，创建一个新图层，将新创建的图层命名为 "小鱼 01"。

38 加选 "小鱼 01" 层内的第 127 帧和第 145 帧，按下键盘上的 F6 键，将第 127 帧和第 145 帧转换为空白关键帧。

39 选择第 127 帧，将 "库" 面板中的 "小鱼 01" 元件拖动至场景内，使该元件在第 127~144 帧之间显示，然后参照图 43-18 所示来调整元件位置。

图 43-17　调整图像及文本位置

图 43-18　调整元件位置

40 选择 "小鱼 01" 层内的第 144 帧，按下键盘上的 F6 键，将第 144 帧转换为关键帧，然后参照图 43-19 所示来调整元件位置。

41 选择第 127 帧，右击鼠标，在弹出的快捷菜单中选择 "创建传统补间" 选项，确定在第 127~144 帧之间创建传统补间动画。

42 选择第 145 帧，将"库"面板中的"小鱼流汗"元件拖动至场景内，使该元件在第 145~185 帧之间显示，然后参照图 43-20 所示来调整元件位置。

图 43-19　调整元件位置

图 43-20　调整元件位置

43 选择第 165 帧，按下键盘上的 F6 键，将第 165 帧转换为关键帧，选择第 185 帧，按下键盘上的 F6 键，将第 185 帧转换为关键帧。

44 选择第 185 帧内的元件，然后参照图 43-21 所示来调整元件位置。

45 选择第 165 帧，右击鼠标，在弹出的快捷菜单中选择"创建传统补间"选项，确定在第 165~185 帧之间创建传统补间动画。

46 单击时间轴面板中的 🔲 "新建图层"按钮，创建一个新图层，将新创建的图层命名为"小鱼 02"。

47 选择"小鱼 02"层内的第 127 帧，按下键盘上的 F6 键，将第 127 帧转换为空白关键帧。

48 选择第 127 帧，将"库"面板中的"小鱼 03"元件拖动至场景内，使该元件在第 127~185 帧之间显示，然后参照图 43-22 所示来调整元件位置。

图 43-21　调整元件位置

图 43-22　调整元件位置

49 选择第 185 帧，按下键盘上的 F6 键，将第 185 帧转换为关键帧，然后参照图 43-23 所示来调整元件位置。

50 选择第 127 帧，右击鼠标，在弹出的快捷菜单中选择"创建传统补间"选项，确定在第 165~185 帧之间创建传统补间动画。

51 选择第 140 帧，按下键盘上的 F6 键 2 次，将第 140 帧和第 141 帧转换为关键帧，然后参照图 43-24 所示来调整元件在第 140 帧和第 141 帧内的角度及位置。

52 单击"动画 01"文件夹和"动画 02"文件夹左侧的 ▼ 按钮，折叠文件夹，单击 🔒 "锁定或解除锁定所有图层"按钮，锁定所有图层，时间轴显示如图 43-25 所示。

图 43-23　调整元件位置

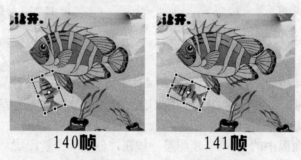

图 43-24　调整元件在不同帧内的角度及位置

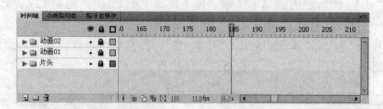

图 43-25　时间轴显示效果

53　现在本实例的制作就全部完成了，完成后的动画短片（动画制作 1）截图效果如图 43-26 所示。

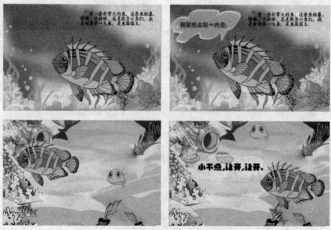

图 43-26　动画短片（动画制作 1）

54 将本实例进行保存，以便在实例 44 中应用。

实例 44　动画短片——动画制作 2

 在本实例中将指导读者制作动画短片（动画制作 2）部分，该部分动画主要由两个场景组成，动画内容主要包括鱼儿逐渐变大动画，渔网网住鱼动画，小鱼逃出动画和大鱼被补动画。

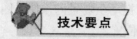 在本实例中，首先导入背景 03 素材，使用任意变形工具设置大鱼逐渐变大动画和小鱼逐渐变小动画，然后导入会话框素材，使用文本工具键入相关文本，最后导入背景 04 素材，通过使用创建传统补间工具设置渔网捕鱼和小鱼逃出动画，完成本实例的制作。图 44-1 所示为动画短片（动画制作 2）完成后的截图。

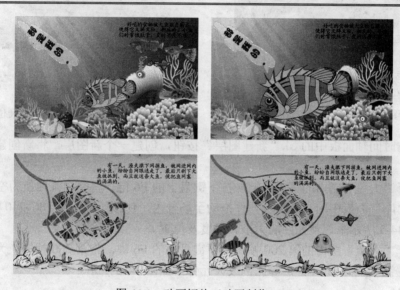

图 44-1　动画短片（动画制作 2）

1 打开实例 43 中保存的文件。

2 选择时间轴面板中的"片头"文件夹，单击 🗀 "新建文件"按钮，创建一个文件夹，将新创建的文件夹命名为"动画 03"。

3 单击时间轴面板中的 🖿 "新建图层"按钮，创建一个新图层，将新创建的图层命名为"背景 03"，将该图层移动至"动画 03"文件夹中，时间轴显示如图 44-2 所示。

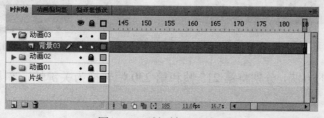

图 44-2　时间轴显示效果

4 选择"背景 03"层内的第 186 帧，按下键盘上的 F6 键，插入空白关键帧，选择第 240 帧，按下键盘上的 F5 键，在第 186~240 帧之间插入帧。

5 选择第 186 帧，将"库"面板中的"背景.psd 资源"文件夹中的"背景 03"图像拖动至场景内，使该图像在第 186~240 帧之间显示，在"属性"面板中的"位置和大小"卷展栏内的 X 参数栏中键入 0，Y 参数栏中键入 0，设置图像位置，如图 44-3 所示。

6 单击时间轴面板中的 ⤵ "新建图层"按钮，创建一个新图层，将新创建的图层命名为"食物"。

7 选择"食物"层内的第 186 帧，按下键盘上的 F6 键，将空白帧转换为空白关键帧。

8 将"库"面板中的"食物.psd 资源"文件夹中的"食物"图像拖动至场景内，使该图像在第 186~240 帧之间显示，然后参照图 44-4 所示来调整图像大小及位置。

图 44-3　设置图像位置

图 44-4　调整图像大小及位置

8 单击时间轴面板中的 ⤵ "新建图层"按钮，创建一个新图层，将新创建的图层命名为"大鱼"。

10 选择"大鱼"层内的第 186 帧，按下键盘上的 F6 键，将空白帧转换为空白关键帧。

11 将"库"面板中的"大鱼"元件拖动至场景内，使该元件在第 186~240 帧之间显示，然后参照图 44-5 所示来调整元件的大小、角度及位置。

12 选择"大鱼"层内的第 200 帧，按下键盘上的 F6 键，将第 200 帧转换为关键帧。

13 按住键盘上的 Shift 键，等比例放大元件，如图 44-6 所示。

图 44-5　调整元件大小、角度及位置

图 44-6　等比例放大元件

14 使用同样的方法，分别将第 215 帧和第 230 帧转换为关键帧，等比例放大第 215 帧和第 230 帧内的元件。

15　单击时间轴面板中的 ▣ "新建图层"按钮，创建一个新图层，将新创建的图层命名为"会话框"。

16　选择"会话框"层内的第 186 帧，按下键盘上的 F6 键，将空白帧转换为空白关键帧。

17　选择第 186 帧，将"库"面板中的"会话框.psd 资源"文件夹中的"会话框"图像拖动至场景内，使该图像在第 186~240 帧之间显示，然后参照图 44-7 所示来调整图像大小、角度及位置。

18　选择工具箱内的 T "文本工具"，在"属性"面板中的"字符"卷展栏内的"系列"下拉选项栏中选择"方正胖头鱼简体"选项，在"大小"参数栏中键入 35，将"文本填充颜色"设置为红色（#FF0000），在如图 44-8 所示的位置键入"都是我的。"文本。

图 44-7　调整图像大小、角度及位置

图 44-8　键入文本

19　确定键入的文本仍处于被选择状态，选择工具箱内的 ▦ "任意变形工具"，然后参照图 44-9 所示来调整文本角度及位置。

20　选择工具箱内的 T "文本工具"，在"属性"面板中的"字符"卷展栏内的"系列"下拉选项栏中选择"楷体_GB2312"选项，在"大小"参数栏中键入 20，将"文本填充颜色"设置为黑色，在如图 44-10 所示的位置键入"好吃的食物被大鱼独自霸占，使得它又胖又壮。相反的，小鱼们时常饿肚子，变的消瘦不堪。"文本。

图 44-9　调整文本角度及位置

图 44-10　键入文本

21　单击时间轴面板中的 ▣ "新建图层"按钮，创建一个新图层，将新创建的图层命名为"小鱼 01"。

22 选择"小鱼 01"层内的第 186 帧，按下键盘上的 F6 键，将空白帧转换为空白关键帧。

23 将"库"面板中的"小鱼 07"元件拖动至场景内，使该元件在第 186~240 帧之间显示，然后参照图 44-11 所示来调整元件位置。

24 选择"小鱼 01"层内的第 200 帧，按下键盘上的 F6 键，将第 200 帧转换为关键帧。

25 按住键盘上的 Shift 键，等比例缩小元件，如图 44-12 所示。

图 44-11　调整元件位置

图 44-12　等比例放大元件

26 使用同样的方法，分别将第 215 帧和第 230 帧转换为关键帧，等比例缩小第 215 帧和第 230 帧内的元件。

提示

第 200 帧内的元件略大于第 215 帧内的元件；第 215 帧内的元件略大于第 230 帧内的元件。

27 使用同样的方法，分别创建"小鱼 02"层和"小鱼 03"层，并分别导入"小鱼 08"元件和"小鱼 09"元件，设置元件在不同关键帧内的大小，如图 44-13 所示。

图 44-13　设置元件大小

28 单击时间轴面板中的 按钮，创建一个新图层，将新创建的图层命名为"小鱼04"。

[28] 选择"小鱼04"层内的第186帧，按下键盘上的F6键，将空白帧转换为空白关键帧。

[30] 将"库"面板中的"小鱼10"元件拖动至场景内，使该元件在第186~240帧之间显示，然后参照图44-14所示来调整元件位置。

[31] 选择"小鱼04"层内的第185帧，按下键盘上的F6键，将第185帧转换为关键帧，然后参照图44-15所示来调整第185帧内元件位置。

图44-14 调整元件位置

图44-15 调整元件位置

[32] 选择第186帧，右击鼠标，在弹出的快捷菜单中选择"创建传统补间"选项，确定在第186~240帧之间创建传统补间动画。

[33] 选择时间轴面板中的"动画03"文件夹，单击 ▢ "新建文件"按钮，创建一个文件夹，将新创建的文件夹命名为"动画04"，单击时间轴面板中的 ▣ "新建图层"按钮，创建一个新图层，将新创建的图层命名为"背景04"，并将该图层移动至"动画04"文件夹中。

[34] 选择"背景04"层内的第241帧，按下键盘上的F6键，插入空白关键帧，选择第300帧，按下键盘上的F5键，在第241~300帧之间插入空白帧。

[35] 选择第241帧，将"库"面板中的"背景.psd资源"文件夹中的"背景04"图像拖动至场景内，使该图像在第241~300帧之间显示，在"属性"面板中的"位置和大小"卷展栏内的X参数栏中键入0，Y参数栏中键入0，设置图像位置，如图44-16所示。

[36] 单击时间轴面板中的 ▣ "新建图层"按钮，创建一个新图层，将新创建的图层命名为"渔网"。

[37] 选择"渔网"层内的第241帧，按下键盘上的F6键，将空白帧转换为空白关键帧。

[38] 选择第241帧，将"库"面板中的"渔网.psd资源"文件夹中的"渔网"图像拖动至场景内，使该图像在第241~300帧之间显示，然后参照图44-17所示来调整图像大小及位置。

图44-16 设置图像位置

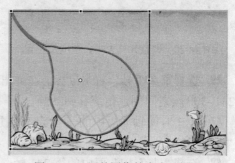

图44-17 调整图像的大小及位置

39 选择第 241 帧内的图像，执行菜单栏中的"修改"/"转换为元件"命令，打开"创建新元件"对话框。在"名称"文本框内键入"渔网"文本，在"类型"下拉选项栏中选择"图形"选项，如图 43-18 所示，单击"确定"按钮，退出该对话框。

40 选择第 241 帧内的元件，将第 241 帧内的元件中心点移动至左上角，选择第 300 帧，按下键盘上的 F6 键，将第 300 帧转换为关键帧，然后参照图 44-19 所示来调整图像大小、角度及位置。

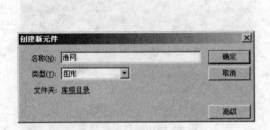

图 44-18　"创建新元件"对话框

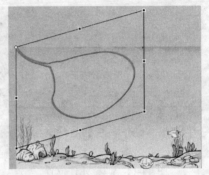

图 44-19　调整图像大小、角度及位置

41 选择第 241 帧，右击鼠标，在弹出的快捷菜单中选择"创建传统补间"选项，确定在第 241~300 帧之间创建传统补间动画。

42 单击时间轴面板中的 ▣ "新建图层"按钮，创建一个新图层，将新创建的图层命名为"大鱼"。

43 选择"大鱼"层内的第 241 帧，按下键盘上的 F6 键，将空白帧转换为空白关键帧。

44 选择第 241 帧，将"库"面板中的"大鱼"元件拖动至场景内，使该元件在第 241~300 帧之间显示，然后参照图 44-20 所示来调整元件大小、角度及位置。

45 选择第 300 帧，按下键盘上的 F6 键，将第 300 帧转换为关键帧，然后参照图 44-21 所示来调整元件位置。

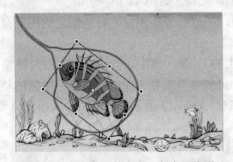

图 44-20　调整元件大小、角度及位置

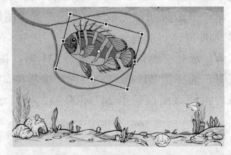

图 44-21　调整元件位置

46 选择第 241 帧，右击鼠标，在弹出的快捷菜单中选择"创建传统补间"选项，确定在第 241~300 帧之间创建传统补间动画。

47 单击时间轴面板中的 ▣ "新建图层"按钮，创建一个新图层，将新创建的图层命名为"小鱼 01"。

48 选择"小鱼 01"层内的第 241 帧，按下键盘上的 F6 键，将空白帧转换为空白关键帧。

48 选择第 241 帧，将"库"面板中的大鱼元件拖动至场景内，使该元件在第 241~300

帧之间显示，然后参照图 44-22 所示来调整元件角度及位置。

50 选择第 300 帧，按下键盘上的 F6 键，将第 300 帧转换为关键帧，然后参照图 44-23
所示来调整元件位置。

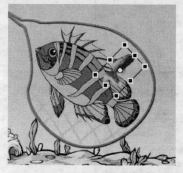

图 44-22　调整元件角度及位置

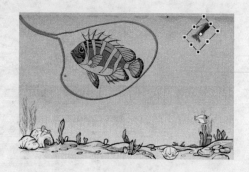

图 44-23　调整元件位置

51 选择第 241 帧，右击鼠标，在弹出的快捷菜单中选择"创建传统补间"选项，确定在
第 241~300 帧之间创建传统补间动画。

52 选择第 250 帧，按下键盘上的 F6 键，将第 250 帧转换为关键帧，然后参照图 44-24
所示来调整元件位置。

53 选择第 260 帧，按下键盘上的 F6 键，将第 260 帧转换为关键帧，然后参照图 44-25
所示来调整元件位置。

图 44-24　调整元件位置

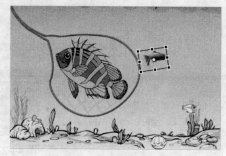

图 44-25　调整元件位置

54 使用同样的方法，创建"小鱼 01"、"小鱼 03"、"小鱼 04"和"小鱼 05"层，分别设
置各层内的小鱼动画效果，如图 44-26 所示。

在设置其他小鱼动画时，读者可根据需要自行设置小鱼游动的快慢速度和小鱼游动的起始、
终点位置。

提示

55 将"渔网"层移动至"动画 04"文件夹中的最顶层，如图 44-27 所示。

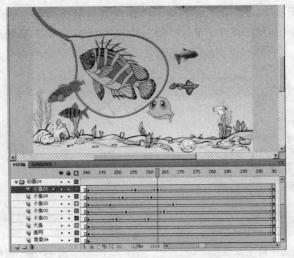

图 44-26　设置其他小鱼动画

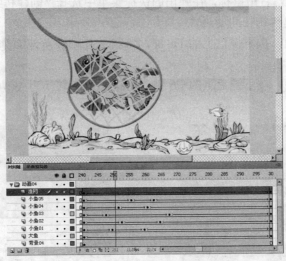

图 44-27　调整图层顺序

56 单击时间轴面板中的 ⬛ "新建图层"
按钮，创建一个新图层，将新创建的图层命名
为"文本"。

57 选择"文本"层内的第 241 帧，按下
键盘上的 F6 键，将空白帧转换为空白关键帧。

58 选择工具箱内的 **T** "文本工具"，在
"属性"面板中的"字符"卷展栏内的"系列"
下拉选项栏中选择"楷体-GB2312"选项，在
"大小"参数栏中键入 20，将"文本填充颜色"
设置为黑色，在如图 44-28 所示的位置键入"有

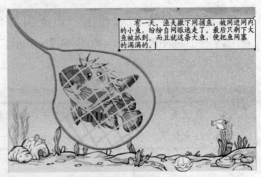

图 44-28　键入文本

一天，渔夫撒下网捕鱼，被网进网内的小鱼，纷纷自网眼逃走了。最后只剩下大鱼被抓到。而
且就这条大鱼，便把鱼网塞的满满的。"文本。

59 单击"动画 03"文件夹和"动画 04"文件夹左侧的 ▼ 按钮，折叠文件夹，单击 🔒 "锁

定或解除锁定所有图层"按钮，锁定所有图层，时间轴显示如图 44-29 所示。

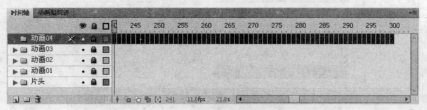

图 44-29　时间轴显示效果

60　现在本实例的制作就全部完成了，完成后的动画短片（动画制作2）截图效果如图 44-30 所示。

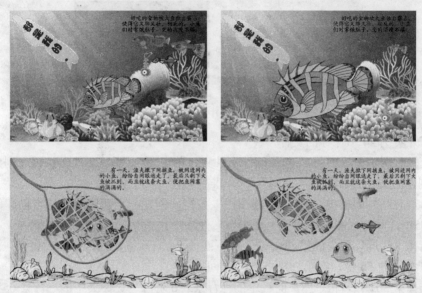

图 44-30　动画短片（动画制作 2）

61　将本实例进行保存，以便在实例 45 中应用。

实例 45　动画短片——片尾制作及添加音乐

在本实例中将指导读者制作动画短片（片尾制作及添加音乐）部分，该实例动画部分主要由小鱼游动和文字逐渐显示两部分组成，播放动画时会伴有背景音乐。

在本实例中，首先导入背景 05 素材，通过使用创建传统补间工具设置小鱼游动和遮罩动画，使用文本工具键入相关文本，使用矩形工具绘制矩形，使用创建传统补间工具设置矩形传统补间动画，设置文字逐渐显示效果，通过对按钮设置脚本来编辑按钮的互动效果，完成本实例的制作。图 45-1 所示为动画短片（片尾制作及添加音乐）完成后的截图。

图 45-1 动画短片

[1] 打开实例 44 中保存的文件。

[2] 选择时间轴面板中的"动画 04"文件夹，单击 □ "新建文件"按钮，创建一个文件夹，将新创建的文件夹命名为"片尾"。

[3] 单击时间轴面板中的 □ "新建图层"按钮，创建一个新图层，将新创建的图层命名为"背景 05"，并将该图层移动至"片尾"文件夹中。

[4] 选择"片尾"层内的第 301 帧，按下键盘上的 F6 键，插入空白关键帧，选择第 375 帧，按下键盘上的 F5 键，在第 301~375 帧之间插入帧。

[5] 选择第 301 帧，将"库"面板中的"背景.psd 资源"文件夹中的"背景 05"图像拖动至场景内，使该图像在第 130~375 帧之间显示，在"属性"面板中的"位置和大小"卷展栏内的 X 参数栏中键入 0，Y 参数栏中键入 0，设置图像位置，如图 45-2 所示。

[6] 单击时间轴面板中的 □ "新建图层"按钮，创建一个新图层，将新创建的图层命名为"小鱼 01"。

[7] 选择"小鱼 01"层内的第 301 帧，按下键盘上的 F6 键，将空白帧转换为空白关键帧。

[8] 将"库"面板中的"小鱼 01"元件拖动至场景内，使该图像在第 301~375 帧之间显示，然后参照图 45-3 所示来调整元件位置。

图 45-2 设置图像位置

图 45-3 调整元件位置

9 加选第 320 帧、第 340 帧和第 360 帧，按下键盘上的 F6 键，将第 320 帧、第 340 帧和第 360 帧转换为关键帧，然后参照图 45-4 所示来调整元件在各帧内的位置。

320帧   340帧   360帧

图 45-4　调整元件在各帧内的位置

10 选择第 301 帧，右击鼠标，在弹出的快捷菜单中选择"创建传统补间"选项，确定在第 301~320 帧之间创建传统补间动画；选择第 340 帧，右击鼠标，在弹出的快捷菜单中选择"创建传统补间"选项，确定在第 340~360 帧之间创建传统补间动画。

11 使用同样的方法，分别创建"小鱼 02"、"小鱼 03"、"小鱼 04"和"小鱼 05"层，并分别导入"小鱼 01"、"小鱼 02"、"小鱼 03"、"小鱼 08"和"小鱼 09"元件，设置小鱼游动动画，如图 45-5 所示。

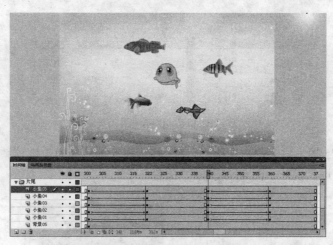

图 45-5　设置其他小鱼动画

12 单击时间轴面板中的 　"新建图层"按钮，创建一个新图层，将新创建的图层命名为"文本"。

13 选择"文本"层内的第 301 帧，按下键盘上的 F6 键，将空白帧转换为空白关键帧。

14 选择工具箱内的 **T** "文本工具"，在"属性"面板中的"字符"卷展栏内的"系列"下拉选项栏中选择"楷体-GB2312"选项，在"大小"参数栏中键入 20，将"文本填充颜色"设置为黑色，在如图 45-6 所示的位置键入"小鱼们高兴的跳起舞来。"文本。

15 单击时间轴面板中的 　"新建图层"按钮，创建一个新图层，将新创建的图层命名为"遮罩"。

16 选择"遮罩"层内的第 365 帧，按下键盘上的 F6 键，插入空白关键帧；选择第 449 帧，按下键盘上的 F5 键，使该图层内的帧延续到第 449 帧。

图 45-6　键入文本

17 选择第 365 帧，单击工具箱内的 ▢ "矩形工具"按钮，取消"笔触颜色"，将"填充颜色"设置为黑色，在场景内绘制一个与场景大小相等的矩形，如图 45-7 所示。

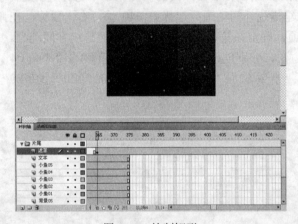

图 45-7　绘制矩形

18 选择第 375 帧，按下键盘上的 F6 键，将第 375 帧转换为关键帧；选择第 365 帧内的矩形，将其移动至场景以外如图 45-8 所示的位置。

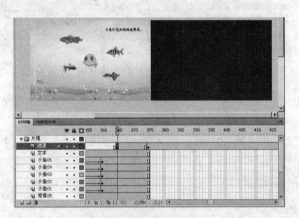

图 45-8　调整图形位置

19 选择第 365 帧，右击鼠标，在弹出的快捷菜单中选择"创建传统补间"选项，确定在第 365~375 帧之间创建传统补间动画。

20 单击时间轴面板中的 "新建图层"按钮，创建一个新图层，将新创建的图层命名为"文本 01"。

21 选择"文本 01"层内的第 375 帧，按下键盘上的 F6 键，将空白帧转换为空白关键帧。

22 选择工具箱内的 T "文本工具"，在"属性"面板中的"字符"卷展栏内的"系列"下拉选项栏中选择"黑体"选项，在"大小"参数栏中键入 26，将"文本填充颜色"设置为白色，在如图 45-9 所示的位置键入"有什么值得高兴的呢?你们的食物多了难道不会长胖吗...."文本。

23 单击时间轴面板中的 "新建图层"按钮，创建一个新图层，将新创建的图层命名为"遮罩 01"。

24 选择"遮罩 01"层内的第 375 帧，按下键盘上的 F6 键，将空白帧转换为空白关键帧。

25 选择第 375 帧，单击工具箱内的 "矩形工具"按钮，取消"笔触颜色"，将"填充颜色"设置为黑色，在场景内绘制一个如图 45-10 所示的矩形。

提示　为了使读者能看清绘制的矩形，在显示图 45-10 时，矩形以白色显示。

图 45-9　键入文本

图 45-10　绘制矩形

26 选择第 425 帧，按下键盘上的 F6 键，将第 425 帧转换为关键帧，然后参照图 45-11 所示将矩形移动至场景外。

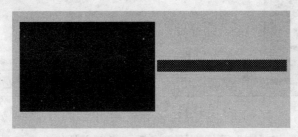

图 45-11　移动图像位置

27 选择第 375 帧，右击鼠标，在弹出的快捷菜单中选择"创建传统补间"选项，确定在第 375~425 帧之间创建传统补间动画。

28 选择第 449 帧，按下键盘上的 F6 键，将第 449 帧转换为关键帧，将"库"面板中的"再看一次按钮"元件拖动至场景内，然后参照图 45-12 所示来调整图像大小及位置。

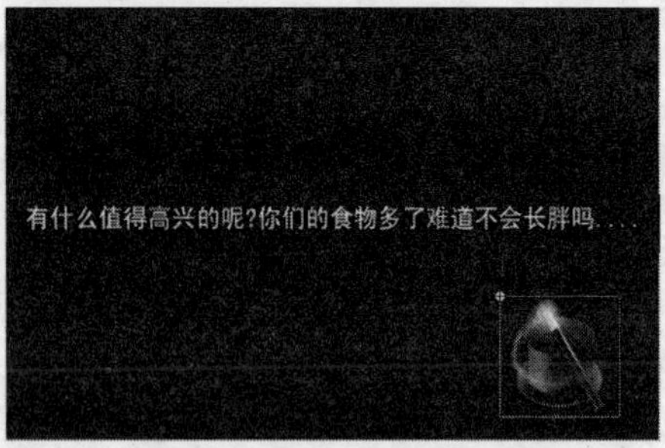

29 选择第 449 帧，按下键盘上的 F9 键，打开"动作-帧"面板，在该面板中键入如下代码：

```
stop();
```

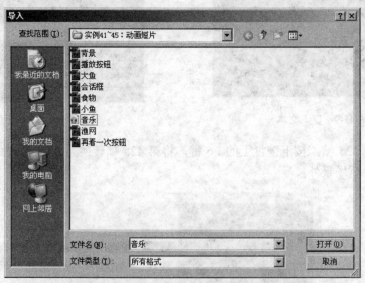

有什么值得高兴的呢?你们的食物多了难道不会长胖吗......

图 45-12 调整元件位置

30 选择第 449 帧内的"再看一次按钮"元件，按下键盘上的 F9 键，打开"动作-帧"面板，在该面板中键入如下代码：

```
on(press){
    gotoAndplay(1)
}
```

31 单击时间轴面板中的 "新建图层"按钮，创建一个新图层，将新创建的图层命名为"音乐"。

32 加选"音乐"层内的第 61 帧和第 448 帧，按下键盘上的 F6 键，将空白帧转换为空白关键帧。

33 执行菜单栏中的"文件"/"导入"/"导入到舞台"命令，打开"导入"对话框，选择本书附带光盘中的"动画片制作"/"实例 41~45：动画短片"/"音乐.mp3"文件，如图 45-13 所示，单击"打开"按钮，导入文件。

图 45-13 "导入"对话框

34 选择第 61 帧，将"库"面板中的"音乐.mp3"文件拖动至场景内，时间轴显示效果如图 45-14 所示。

图 45-14　时间轴显示效果

35 现在本实例的制作就全部完成了，按下键盘上的 **Ctrl+Enter** 组合键，测试影片效果，图 45-15 所示为本实例在不同帧的显示效果。如果读者在制作过程中遇到了什么问题，可以打开本书附带光盘文件"动画片制作" / "实例 41~45：动画短片" / "动画短片.fla"，该实例为完成后的文件。

图 45-15　动画短片

实例 46　影片制作——影片制作 1

在本实例和下 3 个实例中，将指导读者制作一个简短的影片，该影片为帧频为 265 帧的"公鸡和宝石"的故事。该实例由分为影片制作（影片制作 1）、影片制作（影片制作 2）、影片制作（影片制作 3）、影片制作（影片制作 4）、影片制作（片尾制作及添加音乐）6 个影片组成。

在本实例中，首先创建影片剪辑元件，然后导入影片 01 的素材图像，制作公鸡和小鸡的影片剪辑动画，接下来设置元件位置和大小，并创建传统补间动画，完成本实例的制作。图 46-1 所示为制作完成的各素材元件。

图 46-1　影片制作（影片制作 1）

1 运行 Flash CS4，创建一个新的 Flash（ActionScript 2.0）文档。

2 单击"属性"面板中的"属性"卷展栏中的"文档属性"按钮，打开"文档属性"对话框。在"尺寸"右侧的"宽"参数栏中键入"800 像素"，在"高"参数栏中键入"600 像素"，设置背景颜色为白色，设置帧频为 12，标尺单位为"像素"，如图 46-2 所示，单击"确定"按钮，退出该对话框。

图 46-2　"文档属性"对话框

3 执行菜单栏中的"插入"/"新建元件"命令，打开"创建新元件"对话框。在"名称"文本框内键入"公鸡"文本，在"类型"下拉选项栏中选择"影片剪辑"选项，如图 46-3 所示，单击"确定"按钮，退出该对话框。

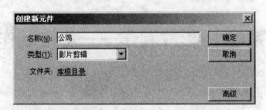

图 46-3　"创建新元件"对话框

4 退出"创建新元件"对话框后进入"公鸡"编辑窗。

5 执行菜单栏中的"文件"/"导入"/"导入到舞台"命令，打开"导入"对话框。选择本书附带光盘中的"动画片制作"/"实例 46~50：影片制作"/"公鸡.psd"文件，如图 46-4 所示。

6 单击"导入"对话框中的"打开"按钮，退出"导入"对话框后打开"将'公鸡.psd'导入到库"对话框，如图 46-5 所示，单击"确定"按钮，退出该对话框。

7 退出"将'公鸡.psd'导入到库"对话框后将素材图像导入到编辑窗内，如图 46-6 所示。

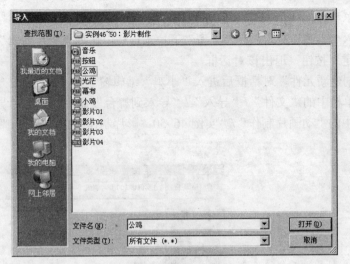

图 46-4　"导入"对话框

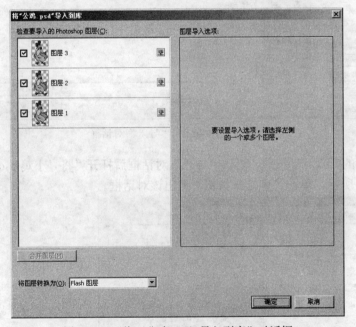

图 46-5　"将'公鸡.psd'导入到库"对话框

图 46-6　导入素材图像

8 将"图层 1"删除，将"图层 2"内的第 1 帧拖动至第 2 帧，确定该图层内的图像在第 2 帧显示。使用同样的方法，将"图层 3"内的第 1 帧拖动至第 3 帧，时间轴显示如图 46-7 所示。

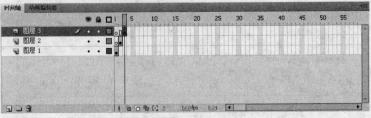

图 46-7　时间轴显示效果

9 执行菜单栏中的"插入"/"新建元件"命令，打开"创建新元件"对话框。在"名称"文本框内键入"小鸡"文本，在"类型"下拉选项栏中选择"影片剪辑"选项，如图 46-8 所示，单击"确定"按钮，退出该对话框。

10 退出"创建新元件"对话框后进入"小鸡"编辑窗。

11 执行菜单栏中的"文件"/"导入"/"导入到舞台"命令，打开"导入"对话框。选择本书附带光盘中的"动画片制作"/"实例 46~50：影片制作"/"小鸡.psd"文件，如图 46-9 所示。

图 46-8　"创建新元件"对话框　　　　　　图 46-9　"导入"对话框

12 单击"导入"对话框中的"打开"按钮，退出"导入"对话框后打开"将'小鸡.psd'导入到库"对话框，如图 46-10 所示，单击"确定"按钮，退出该对话框。

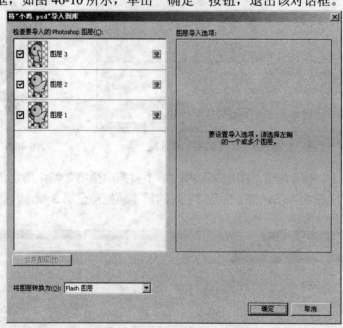

图 46-10　"将'小鸡.psd'导入到库"对话框

⏹ 退出"将'小鸡.psd'导入到库"对话框后将素材图像导入到编辑窗内，如图 46-11 所示。

图 46-11　导入素材图像

⏹ 将"图层 1"删除，将"图层 2"内的第 1 帧拖动至第 2 帧，确定该图层内的图像在第 2 帧显示。使用同样的方法，将"图层 3"内的第 1 帧拖动至第 3 帧，时间轴显示如图 46-12 所示。

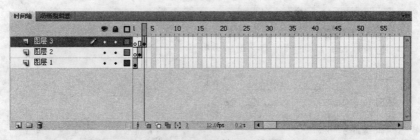

图 46-12　时间轴显示效果

⏹ 执行菜单栏中的"插入"/"新键元件"命令，打开"创建新元件"对话框。在"名称"文本框内键入"影片 01"文本，在"类型"下拉选项栏中选择"影片剪辑"选项，如图 46-13 所示，单击"确定"按钮，退出该对话框。

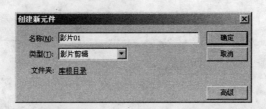

图 46-13　"创建新元件"对话框

⏹ 退出"创建新元件"对话框后进入"影片 01"编辑窗。

⏹ 执行菜单栏中的"文件"/"导入"/"导入到舞台"命令，打开"导入"对话框。选择本书附带光盘中的"动画片制作"/"实例 46~50：影片制作"/"影片 01.psd"文件，如图 46-14 所示。

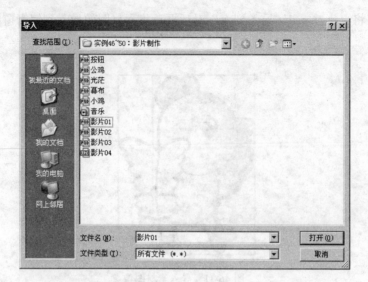

图 46-14　"导入"对话框

18　单击"导入"对话框中的"打开"按钮，退出"导入"对话框后打开"将'影片 01.psd'导入到库"对话框，如图 46-15 所示，单击"确定"按钮，退出该对话框。

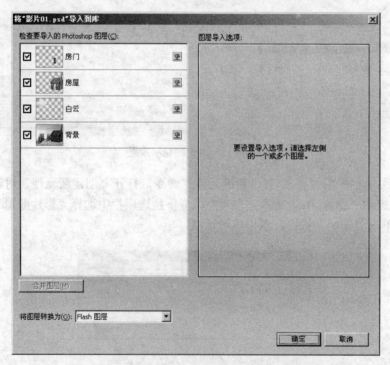

图 46-15　"将'影片 01.psd'导入到库"对话框

19　退出"将'影片 01.psd'导入到库"对话框后将素材图像导入到编辑窗内，如图 46-16 所示。

20　删除"图层 1"，选择"背景"层内的第 70 帧，按下键盘上的 F5 键，使该图层内的图像延续到第 70 帧。

21　选择"白云"层内的图像，执行菜单栏中的"修改"/"转换为元件"命令，打开"转换为元件"对话框。在"名称"文本框内键入"白云"文本，在"类型"下拉选项栏中选择"图形"选项，如图 46-17 所示，单击"确定"按钮，退出该对话框。

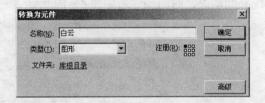

图 46-16　导入素材图像　　　　　　　　　　图 46-17　"转换为元件"对话框

22　选择"白云"层内的第 70 帧，按下键盘上的 F6 键，确定在该帧插入关键帧。

23　选择第 1 帧的元件，在"属性"面板中的"位置和大小"卷展栏内的 X 参数栏中键入-300，在 Y 参数栏中键入 25，设置元件位置。使用同样的方法，设置第 70 帧元件的 X 轴位置为 800，Y 轴位置为 25。

24　选择"白云"层内的第 1 帧，右击鼠标，在弹出的快捷菜单中选择"创建传统补间"选项，确定在第 1~70 帧之间创建传统补间动画。

25　选择"房屋"层内的第 70 帧，按下键盘上的 F5 键，使该图层内的图像延续到第 70帧。

26　在"房屋"层内的顶层创建一个新图层，将新创建的图层命名为"公鸡"。

27　将"公鸡"层内的第 5 帧转换为空白关键帧，选择该帧，将"库"面板中的"公鸡"元件拖动至"影片 01"编辑窗内。

28　选择第 5 帧的元件，在"属性"面板中的"位置和大小"卷展栏内的 X 参数栏中键入 535，在 Y 参数栏中键入 380，在"宽度"参数栏中键入 60，"高度"参数栏中键入 100，如图 46-18 所示。

图 46-18　设置元件位置及大小

29　选择"公鸡"层内的第 25 帧，按下键盘上的 F6 键，将第 25 帧转换为关键帧。使用同样的方法，将第 45 帧和第 70 帧转换为关键帧。

30 选择第 25 帧的元件，在"属性"面板中的"位置和大小"卷展栏内的 X 参数栏中键入 350，在 Y 参数栏中键入 450，设置元件位置。使用同样的方法，将第 45 帧元件的 X 轴位置设置为 350，Y 轴位置设置为 450，将第 70 帧元件的 X 轴位置设置为 50，Y 轴位置设置为 600。

31 选择"公鸡"层内的第 5 帧，右击鼠标，在弹出的快捷菜单中选择"创建传统补间"选项，确定在第 5~25 帧之间创建传统补间动画。使用同样的方法，在第 45~70 帧之间创建传统补间动画，时间轴显示如图 46-19 所示。

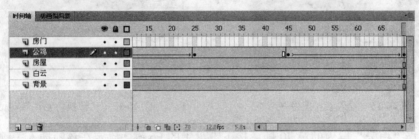

图 46-19 时间轴显示效果

32 在"公鸡"层顶部创建一个新图层，将新创建的图层命名为"小鸡 01"。

33 将"小鸡 01"层内的第 10 帧转换为空白关键帧，选择该帧，将"库"面板中的"小鸡"元件拖动至"影片 01"编辑窗内。

34 选择第 10 帧的元件，在"属性"面板中的"位置和大小"卷展栏内的 X 参数栏中键入 540，在 Y 参数栏中键入 420，在"宽度"参数栏中键入 40，在"高度"参数栏中键入 50，如图 46-20 所示。

图 46-20 设置元件位置及大小

35 选择"小鸡 01"层内的第 30 帧，按下键盘上的 F6 键，将第 30 帧转换为关键帧。使用同样的方法，在第 45 帧和第 70 帧插入关键帧。

36 选择第 30 帧的元件，在"属性"面板中的"位置和大小"卷展栏内的 X 参数栏中键入 410，在 Y 参数栏中键入 490，设置元件位置。使用同样的方法，将第 45 帧元件的 X 轴位置设置为 410，Y 轴位置设置为 490，将第 70 帧元件的 X 轴位置设置为 110，Y 轴位置设置为 640。

37 选择"小鸡01"层内的第10帧,右击鼠标,在弹出的快捷菜单中选择"创建传统补间"选项,确定在第10~30帧之间创建传统补间动画。使用同样的方法,在第45~70帧之间创建传统补间动画,时间轴显示如图46-21所示。

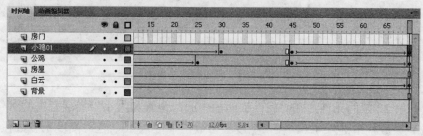

图46-21　时间轴显示效果

38 在"小鸡01"层内的顶层创建一个新图层,将新创建的图层命名为"小鸡02"。

39 将"小鸡02"层内的第15帧转换为空白关键帧,选择该帧,将"库"面板中的"小鸡"元件拖动至"影片01"编辑窗内。

40 选择第15帧的元件,在"属性"面板中的"位置和大小"卷展栏内的X参数栏中键入540,在Y参数栏中键入420,在"宽度"参数栏中键入40,在"高度"参数栏中键入50,如图46-22所示。

图46-22　设置元件位置及大小

41 选择"小鸡02"层内的第35帧,按下键盘上的F6键,将第35帧转换为关键帧。使用同样的方法,在第45帧和第70帧插入关键帧。

42 选择第35帧的元件,在"属性"面板中的"位置和大小"卷展栏内的X参数栏中键入450,在Y参数栏中键入480,设置元件位置。使用同样的方法,将第45帧元件的X轴位置设置为450,Y轴位置设置为480,将第70帧元件的X轴位置设置为150,Y轴位置设置为630。

43 选择"小鸡02"层内的第15帧,右击鼠标,在弹出的快捷菜单中选择"创建传统补间"选项,确定在第15~35帧之间创建传统补间动画。使用同样的方法,在第45~70帧之间创建传统补间动画,时间轴显示如图46-23所示。

44 在"小鸡02"层顶部创建一个新图层,将新创建的图层命名为"小鸡03"。

45 将"小鸡03"层内的第20帧转换为空白关键帧,选择该帧,将"库"面板中的"小鸡"元件拖动至"影片01"编辑窗内。

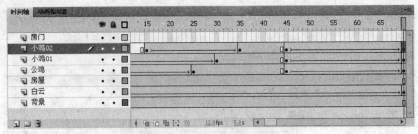

图 46-23　时间轴显示效果

46 选择第 20 帧的元件，在"属性"面板中的"位置和大小"卷展栏内的 X 参数栏中键入 550，在 Y 参数栏中键入 420，在"宽度"参数栏中键入 40，在"高度"参数栏中键入 50，如图 46-24 所示。

图 46-24　设置元件位置及大小

47 选择"小鸡 03"层内的第 40 帧，按下键盘上的 F6 键，确定在该帧插入关键帧。使用同样的方法，在第 45 帧和第 70 帧插入关键帧。

48 选择第 40 帧的元件，在"属性"面板中的"位置和大小"卷展栏内的 X 参数栏中键入 490，在 Y 参数栏中键入 470，设置元件位置。使用同样的方法，将第 45 帧元件的 X 轴位置设置为 490，Y 轴位置设置为 470，将第 70 帧元件的 X 轴位置设置为 190，Y 轴位置设置为 620。

48 选择"小鸡 03"层内的第 20 帧，右击鼠标，在弹出的快捷菜单中选择"创建传统补间"选项，确定在第 20~40 帧之间创建传统补间动画。使用同样的方法，在第 45~70 帧之间创建传统补间动画，时间轴显示如图 46-25 所示。

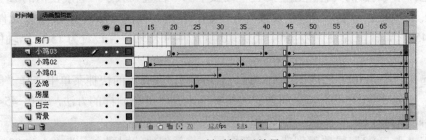

图 46-25　时间轴显示效果

50 选择"房门"层内的图像，执行菜单栏中的"修改"/"转换为元件"命令，打开"转换为元件"对话框。在"名称"文本框内键入"房门"文本，在"类型"下拉选项栏中选择"图形"选项，如图 46-26 所示。

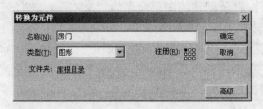

图 46-26　"转换为元件"对话框

51　选择"房门"层内的第 5 帧，按下键盘上的 F6 键，确定在该帧插入关键帧。使用同样的方法，在第 45 帧插入关键帧。

52　选择第 5 帧的元件，单击工具箱内的 ▦ "任意变形工具"按钮，然后参照图 46-27 所示来调整中心点的位置。

53　调整完元件的中心点位置，在"属性"面板中的"位置和大小"卷展栏内的"宽度"参数栏中键入 2，设置元件宽度后的效果如图 46-28 所示。

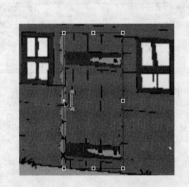

图 46-27　调整中心点位置　　　　　　　　图 46-28　设置元件宽度

54　选择"房门"层内的第 40 帧，按下键盘上的 F6 键，确定将该帧转换为关键帧，选择第 6 帧，右击鼠标，在弹出的快捷菜单中选择"转换为空白关键帧"选项，确定元件在第 6~39 帧之间不显示。

55　选择"房门"层内的第 1 帧，右击鼠标，在弹出的快捷菜单中选择"创建传统补间"选项，确定在第 1~5 帧之间创建传统补间动画。使用同样的方法，在第 40~45 帧之间创建传统补间动画，时间轴显示如图 46-29 所示。

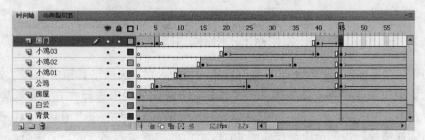

图 46-29　时间轴显示效果

56 选择"房门"层内的第 70 帧，按下键盘上的 F5 键，使该图层内的图像延续到第 70 帧。

57 创建一个新图层，将新创建的图层命名为"文本"，选择该图层内的第 40 帧，按下键盘上的 F6 键，将该帧转换为空白关键帧。

58 选择工具箱内的 **T** "文本工具"，在"属性"面板中的"字符"卷展栏内的"系列"下拉选项栏中选择"方正剪纸简体"选项，在"大小"参数栏中键入 30，将"文本填充颜色"设置为白色，在"消除锯齿"下拉选项栏中选择"可读性消除锯齿"选项，在如图 46-30 所示的位置键入"走吧，孩子们!"文本。

59 选择新键入的文本，执行菜单栏中的"修改"/"转换为元件"命令，打开"转换为元件"对话框。在"名称"文本框内键入"文本"文本，在"类型"下拉选项栏中选择"图形"选项，如图 46-31 所示，单击"确定"按钮，退出该对话框。

图 46-30　键入文本

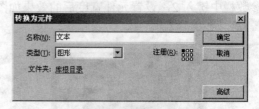

图 46-31　"转换为元件"对话框

60 选择"文本"层内的第 45 帧，按下键盘上的 F6 键，将该帧转换为关键帧。使用同样的方法，将第 50 帧转换为关键帧。

61 选择第 50 帧的元件，在"属性"面板中的"色彩效果"卷展栏内的"样式"下拉选项栏中选择 Alpha 选项，在 Alpha 参数栏中键入 0。

62 选择"文本"层内的第 45 帧，右击鼠标，在弹出的快捷菜单中选择"创建传统补间"选项，确定在第 45~50 帧之间创建传统补间动画，时间轴显示如图 46-32 所示。

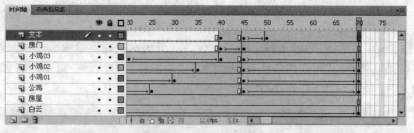

图 46-32　时间轴显示效果

63 创建一个新图层，将新创建的图层命名为"图层 1"，选择工具箱内的 **T** "文本工具"，在"属性"面板中的"字符"卷展栏内的"系列"下拉选项栏中选择"方正剪纸简体"选项，在"大小"参数栏中键入 30，将"文本填充颜色"设置为黑色，在"消除锯齿"下拉选项栏中选择"可读性消除锯齿"选项，在如图 46-33 所示的位置键入"一天，公鸡带着它的孩子们一块出门寻找食物。"文本。

图 46-33 键入文本

64 选择新键入的文本，右击鼠标，在弹出的快捷菜单中选择"分离"选项，将文本打散，再次右击鼠标，在弹出的快捷菜单中选择"分散到图层"选项，这时文本分别显示在图层上，时间轴显示如图 46-34 所示。

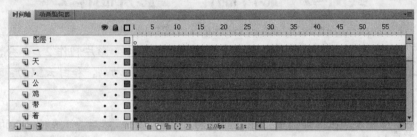

图 46-34 时间轴显示效果

65 将"图层 1"删除，将"天"层内的第 1 帧拖动至第 2 帧，使该图层内的文本在第 1 帧不显示。

66 使用同样的方法，从上至下依次将文本层内的第 1 帧向后累计拖动 1 帧，时间轴显示如图 46-35 所示。

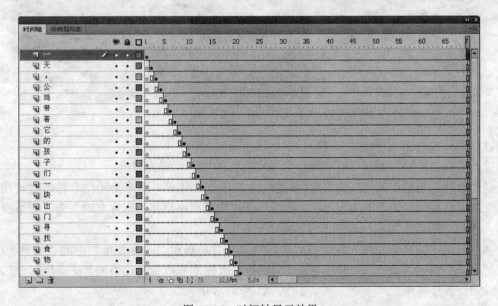

图 46-35 时间轴显示效果

67 现在本实例的制作就全部完成了,完成后的影片制作(影片制作1)截图效果如图46-36
所示。

图 46-36 影片制作(影片制作 1)

68 将本实例进行保存,以便在实例 47 中应用。

实例 47 影片制作——影片制作 2

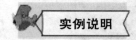

在本实例中将指导读者制作影片制作(影片制作 2)部分,该影片部分主要为公鸡元件和小鸡元件的行走动画,和白云飘动、眨眼动画以及文字的显示动画组成。

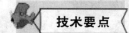

在本实例中,首先创建影片剪辑元件,然后导入影片 02 的素材图像,设置公鸡和小鸡的行走动画,接下来设置元件位置和大小,并创建传统补间动画,完成本实例的制作。图 47-1 所示为影片制作(影片制作 2)完成后的截图。

图 47-1 影片制作(影片制作 2)

1 打开实例 46 中保存的文件。

2 进入"属性"面板,将"舞台"显示窗内的颜色设置为黑色。

3 执行菜单栏中的"插入"/"新建元件"命令,打开"创建新元件"对话框。在"名称"文本框内键入"光芒"文本,在"类型"下拉选项栏中选择"影片剪辑"选项,如图 47-2所示,单击"确定"按钮,退出该对话框。

4 退出"创建新元件"对话框后进入"光芒"编辑窗,执行菜单栏中的"文件"/"导入"/"导入到舞台"命令,打开"导入"对话框。选择本书附带光盘中的"动画片制作"/"实例 46~50:影片制作"/"光芒.psd"文件,如图 47-3 所示。

图 47-2 "创建新元件"对话框

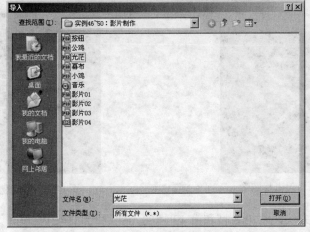

图 47-3 "导入"对话框

5 单击"导入"对话框中的"打开"按钮，退出"导入"对话框后打开"将'光芒.psd'导入到库"对话框，如图 47-4 所示。在"检查要导入的 Photoshop 图层"显示窗内选择"光芒"选项，在"'光芒'的选项"下的"将此图像图层导入为"选项组内选择"具有可编辑图层样式的位图图像"单选按钮，单击"确定"按钮，退出该对话框。

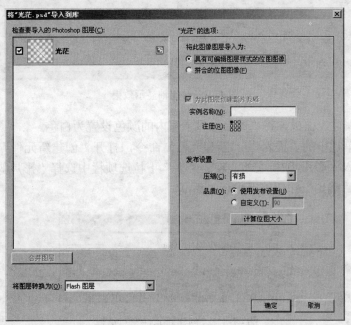

图 47-4 "将'光芒.psd'导入到库"对话框

6 退出"将'光芒.psd'导入到库"对话框后将素材图像导入到编辑窗内，并自动生成
"光芒"层，如图 47-5 所示。

7 删除"图层 1"，选择"光芒"层内的第 3 帧，按下键盘上的 F6 键，确定在该帧插入
关键帧。使用同样的方法，分别在第 6 帧、第 8 帧、第 10 帧、第 13 帧、第 15 帧插入关键帧。

8 选择第 3 帧的元件，单击工具箱内的 █ "任意变形工具"按钮，按住键盘上的 Shift
键，然后参照图 47-6 所示来等比例缩小元件。

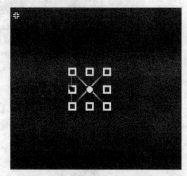

图 47-5　导入素材图像　　　　　　　　图 47-6　等比例缩小元件

8 使用同样的方法，将第 8 帧和第 13 帧的元件进行同样的操作。

10 选择"光芒"层内的第 1 帧，右击鼠标，在弹出的快捷菜单中选择"创建传统补间"
选项，确定在第 1~3 帧之间创建传统补间动画。使用同样的方法，在第 3~6 帧，第 6~8 帧、
第 8~10 帧、第 10~13 帧、第 13~15 帧之间创建传统补间动画，时间轴显示如图 47-7 所示。

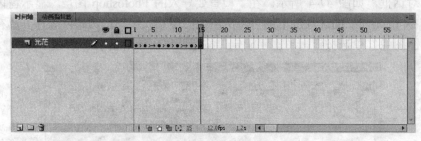

图 47-7　时间轴显示效果

11 进入"属性"面板，将"舞台"显示窗内的颜色设置为白色。

12 执行菜单栏中的"插入"/"新建元件"命令，打开"创建新元件"对话框。在"名
称"文本框内键入"影片 02"文本，在"类型"下拉选项栏中选择"影片剪辑"选项，如图
47-8 所示，单击"确定"按钮，退出该对话框。

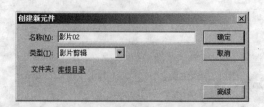

图 47-8　"创建新元件"对话框

13 退出"创建新元件"对话框后进入"影片 02"编辑窗。

14 执行菜单栏中的"文件"/"导入"/"导入到舞台"命令,打开"导入"对话框。选择本书附带光盘中的"动画片制作"/"实例 46~50:影片制作"/"影片 02.psd"文件,如图 47-9 所示。

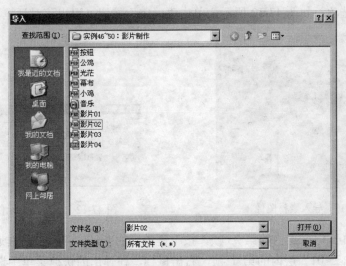

图 47-9 "导入"对话框

15 单击"导入"对话框中的"打开"按钮,退出"导入"对话框后打开"将'影片 02.psd'导入到库"对话框,如图 47-10 所示,单击"确定"按钮,退出该对话框。

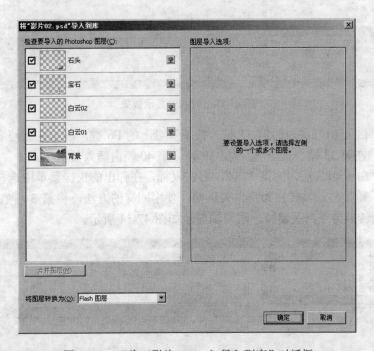

图 47-10 "将'影片 02.psd'导入到库"对话框

16 退出"将'影片 02.psd'导入到库"对话框后将素材图像导入到编辑窗内,如图 47-11 所示。

17 删除"图层 1",选择"背景"层内的第 70 帧,按下键盘上的 F5 键,使该图层内的图像延续到第 70 帧。

18 选择"白云 01"层内的图像,执行菜单栏中的"修改"/"转换为元件"命令,打开"转换为元件"对话框。在"名称"文本框内键入"白云 01"文本,在"类型"下拉选项栏中选择"图形"选项,如图 47-12 所示,单击"确定"按钮,退出该对话框。

图 47-11 导入素材图像

图 47-12 "转换为元件"对话框

19 选择"白云 01"层内的第 25 帧,按下键盘上的 F6 键,确定在该帧插入关键帧。

20 选择"白云 01"层内的第 1 帧,右击鼠标,在弹出的快捷菜单中选择"创建传统补间"选项,确定在第 1~25 帧之间创建传统补间动画,时间轴显示如图 47-13 所示。

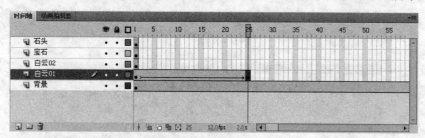

图 47-13 时间轴显示效果

21 选择"白云 01"层内的第 31 帧,按下键盘上的 F6 键,确定在该帧插入关键帧。使用同样的方法,在第 33 帧、第 36 帧、第 38 帧、第 40 帧内插入关键帧。

22 选择"白云 01"层内的第 32 帧,右击鼠标,在弹出的快捷菜单中选择"转换为空白关键帧"选项,确定将该帧转换为空白关键帧。使用同样的方法,将第 34 帧、第 35 帧、第 37 帧、第 39 帧转换为空白关键帧,时间轴显示如图 47-14 所示。

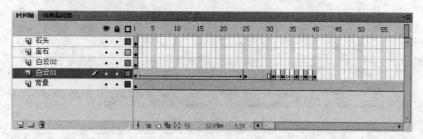

图 47-14 时间轴显示效果

23 选择"白云 01"层内的第 60 帧,按下键盘上的 F5 键,确定在该帧插入关键帧。

24 将"白云 02"层内的第 1 帧拖动至第 30 帧,选择第 32 帧,按下键盘上的 F6 键,确定在该帧插入关键帧。使用同样的方法，在第 37 帧、第 39 帧插入关键帧。

25 选择"白云 02"层内的第 31 帧，右击鼠标，在弹出的快捷菜单中选择"转换为空白关键帧"选项，确定将该帧转换为空白关键帧。使用同样的方法，将第 33 帧、第 34 帧、第 35 帧、第 36 帧、第 38 帧转换为空白关键帧，时间轴显示如图 47-15 所示。

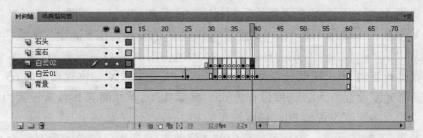

图 47-15　时间轴显示效果

26 选择"宝石"层内的第 60 帧，按下键盘上的 F5 键，使该图层内的图像延续到第 60 帧。使用同样的方法，将"石头"层内的图像延续到第 60 帧，时间轴显示如图 47-16 所示。

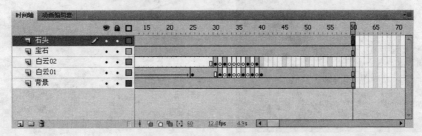

图 47-16　时间轴显示效果

27 在"宝石"层内的顶层创建一个新图层，将新创建的图层命名为"光芒"，选择该图层内的第 30 帧，右击鼠标，在弹出的快捷菜单中选择"转换为空白关键帧"选项，确定将该帧转换为空白关键帧。使用同样的方法，将第 40 帧转换为空白关键帧。

28 选择第 30 帧，进入"库"面板，将该面板中的"光芒"元件拖动至"影片 02"编辑窗内，然后参照图 47-17 所示来调整元件的位置。

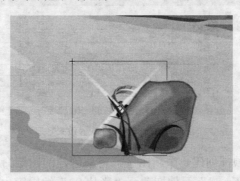

图 47-17　调整元件位置

28 在"石头"层顶部创建一个新图层，将新创建的图层命名为"小鸡 01"。将"库"面板中的"小鸡"元件拖动至"影片 02"编辑窗内。

30 选择"小鸡 01"层内的第 15 帧，按下键盘上的 F6 键，确定将该帧转换为关键帧。

使用同样的方法，将第 24 帧、第 25 帧、第 40 帧转换为关键帧。

31 选择第 1 帧的元件，在"属性"面板中的"位置和大小"卷展栏内的 X 参数栏中键入 430，在 Y 参数栏中键入 160，在"宽度"参数栏中键入 30，在"高度"参数栏中键入 38，如图 47-18 所示。

32 选择第 15 帧的元件，在"属性"面板中的"位置和大小"卷展栏内的 X 参数栏中键入 330，在 Y 参数栏中键入 160，在"宽度"参数栏中键入 40，在"高度"参数栏中键入 50，设置元件位置及大小。使用同样的方法，将第 24 帧元件的 X 轴位置设置为 65，Y 轴位置设置为 175，将宽度设置为 50，高度设置为 65，将第 25 帧元件的 X 轴位置设置为 65，Y 轴位置设置为 175，将宽度设置为 50，高度设置为 65，将第 40 帧元件的 X 轴位置设置为 150，Y 轴位置设置为 200，将宽度设置为 70，高度设置为 88。

33 选择第 25 帧的元件，执行菜单栏中的"修改"/"变形"/"水平翻转"命令，将其水平翻转，如图 47-19 所示。

图 47-18　设置元件位置及大小　　　　图 47-19　水平翻转元件

34 使用同样的方法，将第 40 帧的元件进行水平翻转操作。

35 选择"小鸡 01"层内的第 1 帧，右击鼠标，在弹出的快捷菜单中选择"创建传统补间"选项，确定在第 1~15 帧之间创建传统补间动画。使用同样的方法，在第 15~24 帧、第 25~40 帧之间创建传统补间动画，时间轴显示如图 47-20 所示。

图 47-20　时间轴显示效果

36 在"小鸡 01"层顶部创建一个新图层，将新创建的图层命名为"小鸡 02"，选择该图层，将"库"面板中的"小鸡"元件拖动至"影片 02"编辑窗内。

37 选择"小鸡 02"层内的第 15 帧，按下键盘上的 F6 键，确定将该帧转换为关键帧。使用同样的方法，将第 22 帧、第 23 帧、第 40 帧转换为关键帧。

38 选择第 1 帧的元件，在"属性"面板中的"位置和大小"卷展栏内的 X 参数栏中键入 370，在 Y 参数栏中键入 150，在"宽度"参数栏中键入 40，"高度"参数栏中键入 50，如图 47-21 所示。

38 选择第 15 帧的元件，在"属性"面板中的"位置和大小"卷展栏内的 X 参数栏中键入 260，在 Y 参数栏中键入 150，在"宽度"参数栏中键入 50，在"高度"参数栏中键入 65，设置元件位置及大小。使用同样的方法，将第 22 帧元件的 X 轴位置设置为 60，Y 轴位置设置为 160，将宽度设置为 60，高度设置为 78，将第 23 帧元件的 X 轴位置设置为 60，Y 轴位置设置为 160，将宽度设置为 60，高度设置为 78，将第 40 帧元件的 X 轴位置设置为 220，Y 轴位置设置为 220，将宽度设置为 80，高度设置为 105。

40 选择第 22 帧的元件，执行菜单栏中的"修改"/"变形"/"水平翻转"命令，将其水平翻转，如图 47-22 所示。

图 47-21　设置元件位置及大小　　　　　　图 47-22　水平翻转元件

41 使用同样的方法，将第 40 帧的元件进行水平翻转操作。

42 选择"小鸡 02"层内的第 1 帧，右击鼠标，在弹出的快捷菜单中选择"创建传统补间"选项，确定在第 1~15 帧之间创建传统补间动画。使用同样的方法，在第 15~23 帧、第 23~40 帧之间创建传统补间动画，时间轴显示如图 47-23 所示。

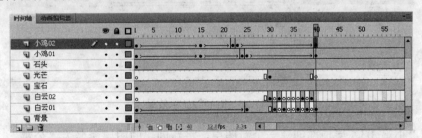

图 47-23　时间轴显示效果

43 在"小鸡 02"层顶部创建一个新图层，将新创建的图层命名为"小鸡 03"，将"库"面板中的"小鸡"元件拖动至"影片 02"编辑窗内。

44 选择"小鸡 03"层内的第 15 帧，按下键盘上的 F6 键，确定将该帧转换为关键帧。使用同样的方法，将第 19 帧、第 20 帧、第 40 帧转换为关键帧。

45 选择第 1 帧的元件，在"属性"面板中的"位置和大小"卷展栏内的 X 参数栏中键入 300，在 Y 参数栏中键入 140，在"宽度"参数栏中键入 50，"高度"参数栏中键入 65，如图 47-24 所示。

46 选择第 15 帧的元件，在"属性"面板中的"位置和大小"卷展栏内的 X 参数栏中键入 150，在 Y 参数栏中键入 100，在"宽度"参数栏中键入 100，在"高度"参数栏中键入 125，设置元件位置及大小。使用同样的方法，将第 19 帧元件的 X 轴位置设置为 40，Y 轴位置设置为 100，将宽度设置为 110，高度设置为 140，将第 20 帧元件的 X 轴位置设置为 40，Y 轴位置设置为 100，将宽度设置为 110，高度设置为 140，将第 40 帧元件的 X 轴位置设置为 300，Y 轴位置设置为 210，将宽度设置为 130，高度设置为 165。

47 选择第 22 帧的元件，执行菜单栏中的"修改"/"变形"/"水平翻转"命令，将其水平翻转，如图 47-25 所示。

图 47-24　设置元件位置及大小

图 47-25　水平翻转元件

48 使用同样的方法，将第 40 帧的元件进行水平翻转操作。

49 选择"小鸡 03"层内的第 1 帧，右击鼠标，在弹出的快捷菜单中选择"创建传统补间"选项，确定在第 1~15 帧之间创建传统补间动画。使用同样的方法，在第 15~19 帧、第 20~40 帧之间创建传统补间动画，时间轴显示如图 47-26 所示。

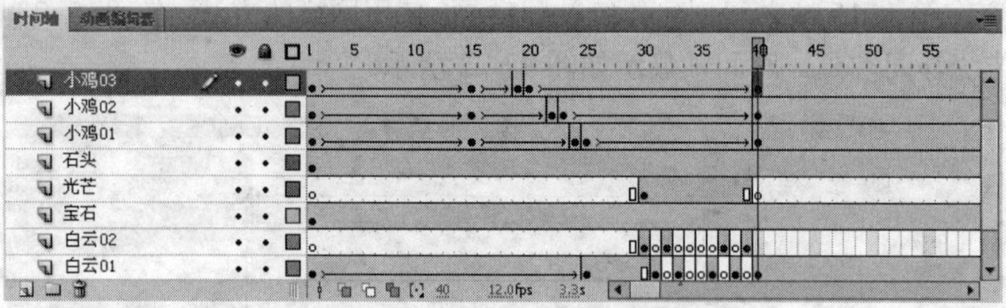

图 47-26　时间轴显示效果

50 在"小鸡 03"层顶部创建一个新图层，将新创建的图层命名为"公鸡"，将"库"面板中的"公鸡"元件拖动至"影片 02"编辑窗内。

51 选择"公鸡"层内的第 15 帧，按下键盘上的 F6 键，将第 15 帧转换为关键帧。使用同样的方法，将第 16 帧、第 17 帧、第 40 帧转换为关键帧。

52 选择第 1 帧的元件，在"属性"面板中的"位置和大小"卷展栏内的 X 参数栏中键入 200，在 Y 数栏内键入 80，在"宽度"参数栏中键入 80，"高度"参数栏中键入 135，如图 47-27 所示。

53 选择第 15 帧的元件，在"属性"面板中的"位置和大小"卷展栏内的 X 参数栏中键入 30，在 Y 参数栏中键入 30，在"宽度"参数栏中键入 120，在"高度"参数栏中键入 205，设置元件位置及大小。使用同样的方法，将第 16 帧元件的 X 轴位置设置为 20，Y 轴位置设置为 30，将宽度设置为 122，高度设置为 208，将第 17 帧元件的 X 轴位置设置为 20，Y 轴位置设置为 30，将宽度设置为 122，高度设置为 208，将第 40 帧元件的 X 轴位置设置为 395，Y 轴位置设置为 200，将宽度设置为 160，高度设置为 275。

54 选择第 17 帧的元件，执行菜单栏中的"修改"/"变形"/"水平翻转"命令，将其水平翻转，如图 47-28 所示。

图 47-27　设置元件位置及大小

图 47-28　水平翻转元件

55 使用同样的方法，将第 40 帧的元件进行水平翻转操作。

56 选择"公鸡"层内的第 1 帧，右击鼠标，在弹出的快捷菜单中选择"创建传统补间"选项，确定在第 1~15 帧之间创建传统补间动画。使用同样的方法，在第 17~40 帧之间创建传统补间动画，时间轴显示如图 47-29 所示。

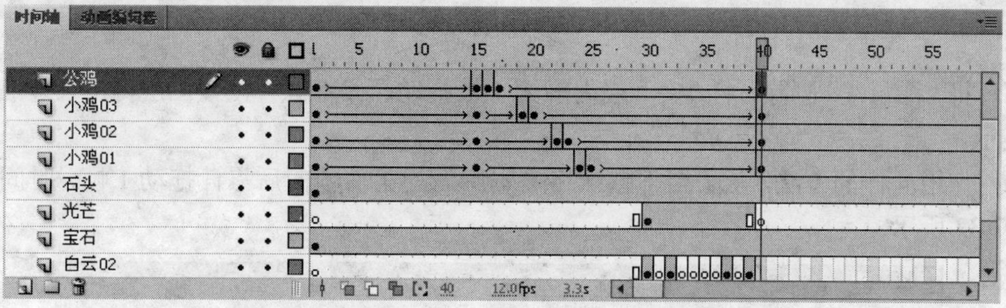

图 47-29　时间轴显示效果

57 创建一个新图层，将新创建的图层命名为"文本"，选择工具箱内的 **T**"文本工具"，在"属性"面板中的"字符"卷展栏内的"系列"下拉选项栏中选择"方正剪纸简体"选项，在"大小"参数栏中键入 30，将"文本填充颜色"设置为白色，在"消除锯齿"下拉选项栏中选择"可读性消除锯齿"选项，在如图 47-30 所示的位置键入"哇！宝石！"文本。

58 选择"文本"层内的第 1 帧，将其拖动至第 40 帧。

58 创建一个新图层，将新创建的图层命名为"图层 1"，选择工具箱内的 **T**"文本工具"，在"属性"面板中的"字符"卷展栏内的"系列"下拉选项栏中选择"方正剪纸简体"选项，在"大小"参数栏中键入 30，将"文本填充颜色"设置为黑色，在"消除锯齿"下拉选项栏中选择"可读性消除锯齿"选项，在如图 47-31 所示的位置键入"突然，它们走着走着，发现了一块宝石。"文本。

图 47-30 键入文本

图 47-31 键入文本

60 选择新键入的文本，右击鼠标，在弹出的快捷菜单中选择"分离"选项，将文本打散，再次右击鼠标，在弹出的快捷菜单中选择"分散到图层"选项，这时文本分别显示于图层上，时间轴显示如图 47-32 所示。

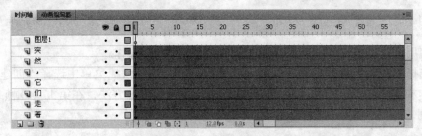
图 47-32 时间轴显示效果

61 将"图层 1"删除，将"突"层内的第 1 帧拖动至第 5 帧，使该图层内的文本在第 1~4 帧不显示。

62 使用同样的方法，从上至下依次将文本层内的第 1 帧向后累计拖动 1 帧，时间轴显示如图 47-33 所示。

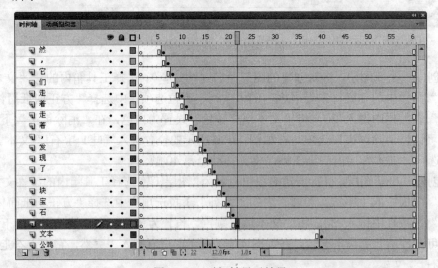
图 47-33 时间轴显示效果

63 现在本实例的制作就全部完成了,完成后的影片制作(影片制作2)截图效果如图47-34所示。

图 47-34 影片制作（影片制作 2）

64 将本实例进行保存,以便在实例 48 中应用。

实例 48 影片制作——影片制作 3

在本实例中将指导读者制作影片制作（影片制作 3）部分,该部分动画主要由两个场景组成,动画内容主要包括图片移动动画和文本逐渐显示。

在本实例中,首先创建影片剪辑元件,然后导入影片 03 的素材图像,将其转换为元件,并设置传统补间动画,接下来设置文本的显示动画,完成本实例的制作。图 48-1 所示为影片制作（影片制作 3）完成后的截图。

图 48-1 影片制作（影片制作 3）

1 打开实例 47 中保存的文件。

2 执行菜单栏中的"插入"/"新建元件"命令,打开"创建新元件"对话框。在"名称"文本框内键入"影片 03"文本,在"类型"下拉选项栏中选择"影片剪辑"选项,如图48-2 所示。

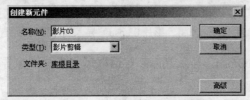

图 48-2 "创建新元件"对话框

3 退出"创建新元件"对话框后进入"影片 03"编辑窗，执行菜单栏中的"文件"/"导入"/"导入到舞台"命令，打开"导入"对话框，选择本书附带光盘中的"动画片制作"/"实例 46~50：影片制作"/"影片 03.psd"文件，如图 48-3 所示。

图 48-3　"导入"对话框

4 单击"导入"对话框中的"打开"按钮，退出"导入"对话框后打开"将'光芒.psd'导入到库"对话框，如图 48-4 所示，单击"确定"按钮，退出该对话框。

图 48-4　"将'影片 03.psd'导入到库"对话框

5 退出"将'影片 03.psd'导入到库"对话框后将素材图像导入到编辑窗内，如图 48-5 所示。

6 删除"图层 1"，选择"背景 01"层内的第 40 帧，按下键盘上的 F5 键，使该图层内的图像延续到第 40 帧。使用同样的方法，使"公鸡"层内的图像延续到第 80 帧。

7 将"盘子"层内的第 1 帧拖动至第 15 帧，选择该帧的图像，执行菜单栏中的"修改"/"转换为元件"命令，打开"转换为元件"对话框。在"名称"文本框内键入"盘子"文本，在"类型"下拉选项栏中选择"图形"选项，如图 48-6 所示，单击"确定"按钮，退出该对话框。

图 48-5 导入素材图像   图 48-6 "转换为元件"对话框

8 选择"盘子"层内的第 20 帧，按下键盘上的 F6 键，确定在该帧插入关键帧。

9 选择第 15 帧的元件，在"属性"面板中的"位置和大小"卷展栏内的 X 参数栏中键入 404，Y 参数栏中键入-110，设置元件位置。使用同样的方法将第 20 帧的元件 X 轴位置设置为 404，Y 轴位置设置为 346。

10 选择"盘子"层内的第 15 帧，右击鼠标，在弹出的快捷菜单中选择"创建传统补间"选项，确定在第 15~20 帧之间创建传统补间动画，时间轴显示如图 48-7 所示。

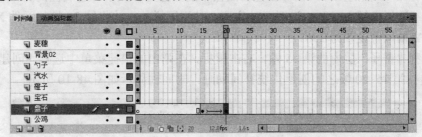

图 48-7 时间轴显示效果

11 选择"盘子"层内的第 40 帧，按下键盘上的 F5 键，使该图层内的元件在第 15~40 帧之间显示。

12 将"宝石"层内的第 1 帧拖动至第 20 帧，选择该帧的图像，执行菜单栏中的"修改"/"转换为元件"命令，打开"转换为元件"对话框。在"名称"文本框内键入"宝石"文本，在"类型"下拉选项栏中选择"图形"选项，如图 48-8 所示，单击"确定"按钮，退出该对话框。

图 48-8 "转换为元件"对话框

13 选择"宝石"层内的第 25 帧，按下键盘上的 F6 键，确定在该帧插入关键帧。

14 选择第 20 帧的元件，在"属性"面板中的"位置和大小"卷展栏内的 X 参数栏中键入 453，Y 参数栏中键入-110，设置元件位置。使用同样的方法将第 25 帧的元件 X 轴位置设置为 453，Y 轴位置设置为 335。

15 选择"宝石"层内的第 20 帧，右击鼠标，在弹出的快捷菜单中选择"创建传统补间"选项，确定在第 20~25 帧之间创建传统补间动画，时间轴显示如图 48-9 所示。

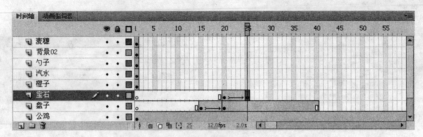

图 48-9　时间轴显示效果

16 选择"宝石"层内的第 40 帧，按下键盘上的 F5 键，使该图层内的元件在第 20~40 帧之间显示。

17 将"橙子"层内的第 1 帧拖动至第 15 帧，选择该帧的图像，将其转换为名称为"橙子"的图形元件。

18 选择"橙子"层内的第 20 帧，按下键盘上的 F6 键，确定在该帧插入关键帧。

19 选择第 15 帧的元件，在"属性"面板中的"位置和大小"卷展栏内的 X 参数栏中键入 337，Y 参数栏中键入-100，设置元件位置。使用同样的方法将第 20 帧的元件 X 轴位置设置为 337，Y 轴位置设置为 226。

20 选择"橙子"层内的第 15 帧，右击鼠标，在弹出的快捷菜单中选择"创建传统补间"选项，确定在第 15~20 帧之间创建传统补间动画，时间轴显示如图 48-10 所示。

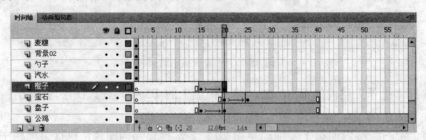

图 48-10　时间轴显示效果

21 选择"橙子"层内的第 40 帧，按下键盘上的 F5 键，使该图层内的元件在第 15~40 帧之间显示。

22 将"汽水"层内的第 1 帧拖动至第 5 帧，选择该帧的图像，将其转换为名称为"果汁"的图形元件。

23 选择"汽水"层内的第 10 帧，按下键盘上的 F6 键，确定在该帧插入关键帧。

24 选择第 10 帧的元件，在"属性"面板中的"位置和大小"卷展栏内的 X 参数栏中键入 320，Y 参数栏中键入-150，设置元件位置。使用同样的方法将第 20 帧的元件 X 轴位置设置为 320，Y 轴位置设置为 272。

25 选择"汽水"层内的第 5 帧，右击鼠标，在弹出的快捷菜单中选择"创建传统补间"选项，确定在第 5~10 帧之间创建传统补间动画，时间轴显示如图 48-11 所示。

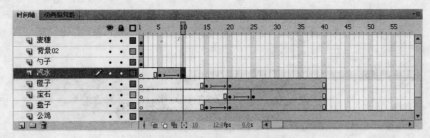

图 48-11　时间轴显示效果

26 选择"汽水"层内的第 40 帧，按下键盘上的 F5 键，使该图层内的元件在第 5~40 帧之间显示。

27 将"勺子"层内的第 1 帧拖动至第 10 帧，选择该帧的图像，将其转换为名称为"勺子"的图形元件。

28 选择"勺子"层内的第 15 帧，按下键盘上的 F6 键，确定在该帧插入关键帧。

28 选择第 10 帧的元件，在"属性"面板中的"位置和大小"卷展栏内的 X 参数栏中键入 620，Y 参数栏中键入-55，设置元件位置。使用同样的方法将第 15 帧的元件 X 轴位置设置为 620，Y 轴位置设置为 347。

30 选择"勺子"层内的第 10 帧，右击鼠标，在弹出的快捷菜单中选择"创建传统补间"选项，确定在第 10~15 帧之间创建传统补间动画，时间轴显示如图 48-12 所示。

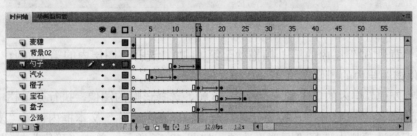

图 48-12　时间轴显示效果

31 选择"勺子"层内的第 40 帧，按下键盘上的 F5 键，使该图层内的元件在第 10~40 帧之间显示。

32 在"勺子"层内的顶层创建一个新图层，将新创建的图层命名为"图层 1"，将该图层内的第 1 帧拖动至第 20 帧。

33 选择工具箱内的 **T** "文本工具"，在"属性"面板中的"字符"卷展栏内的"系列"下拉选项栏中选择"方正剪纸简体"选项，在"大小"参数栏中键入 30，将"文本填充颜色"设置为黑色，在"消除锯齿"下拉选项栏中选择"可读性消除锯齿"选项，在如图 48-13 所示的位置键入"宝石能吃吗？"文本。

34 选择新键入的文本，右击鼠标，在弹出的快捷菜单中选择"分离"选项，将文本打散，再次右击

图 48-13　键入文本

鼠标，在弹出的快捷菜单中选择"分散到图层"选项，这时文本分别显示于图层上，时间轴显示如图 48-14 所示。

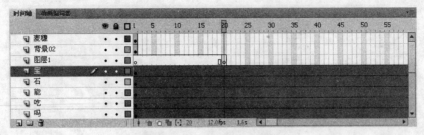

图 48-14　时间轴显示效果

35 将"图层 1"删除，将"宝"层内的第 1 帧拖动至第 20 帧，使该图层内的文本在第 1~19 帧不显示。

36 使用同样的方法，从上至下依次将文本层内的第 1 帧向后累计拖动 1 帧，时间轴显示如图 48-15 所示。

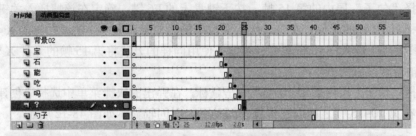

图 48-15　时间轴显示效果

37 将"背景 02"层内的第 1 帧拖动至第 41 帧，选择该图层内的第 80 帧，按下键盘上的 F5 键，使该图层内的图像在第 41~80 帧之间显示。

38 将"麦穗"层内的第 1 帧拖动至第 55 帧，选择该帧的图像，执行菜单栏中的"修改"/"转换为元件"命令，打开"转换为元件"对话框。在"名称"文本框内键入"麦穗"文本，在"类型"下拉选项栏内选择"图形"选项，如图 48-16 所示，单击"确定"按钮，退出该对话框。

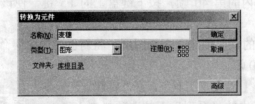

图 48-16　"转换为元件"对话框

39 选择"麦穗"层内的第 60 帧，按下键盘上的 F6 键，确定在该帧插入关键帧。

40 选择第 55 帧的元件，在"属性"面板中的"位置和大小"卷展栏内的 X 参数栏中键入 800，Y 参数栏中键入 180，设置元件位置。使用同样的方法将第 60 帧的元件 X 轴位置设置为 300，Y 轴位置设置为 180。

41 选择"麦穗"层内的第 55 帧，右击鼠标，在弹出的快捷菜单中选择"创建传统补间"

选项，确定在第 55~60 帧之间创建传统补间动画，时间轴显示如图 48-17 所示。

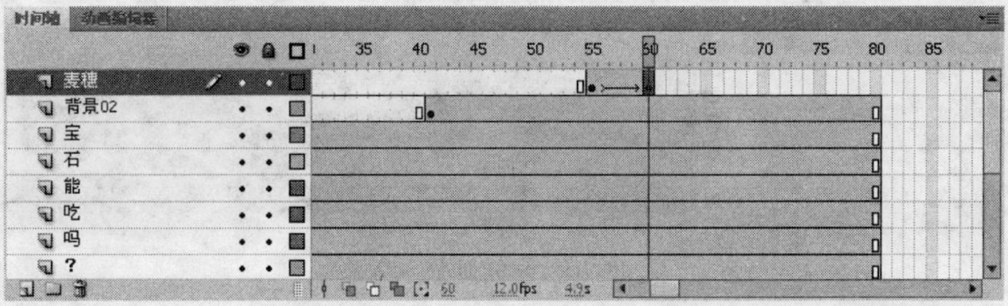

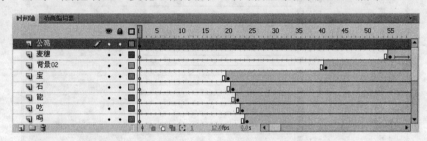

图 48-17　时间轴显示效果

42 选择"麦穗"层内的第 80 帧，按下键盘上的 F5 键，使该图层内的元件在第 55~80 帧之间显示。

43 将"公鸡"层拖动至"麦穗"层顶层，时间轴显示如图 48-18 所示。

图 48-18　时间轴显示效果

44 创建一个新图层，将新创建的图层命名为"文本"，将该图层内的第 1 帧拖动至第 41 帧。

45 选择工具箱内的 **T**"文本工具"，在"属性"面板中的"字符"卷展栏内的"系列"下拉选项栏中选择"方正剪纸简体"选项，在"大小"参数栏中键入 30，将"文本填充颜色"设置为黑色，在"消除锯齿"下拉选项栏中选择"可读性消除锯齿"选项，在如图 48-19 所示的位置键入"它想，我与其得到世界上一切宝石，倒不如得到一颗麦子好。"文本。

图 48-19　键入文本

46 选择新键入的文本，右击鼠标，在弹出的快捷菜单中选择"分离"选项，将文本打散，再次右击鼠标，在弹出的快捷菜单中选择"分散到图层"选项，这时文本分别显示于图层上，时间轴显示如图 48-20 所示。

47 将"文本"层删除，将"它"层内的第 1 帧拖动至第 45 帧，使该图层内的文本在第 1~44 帧不显示。

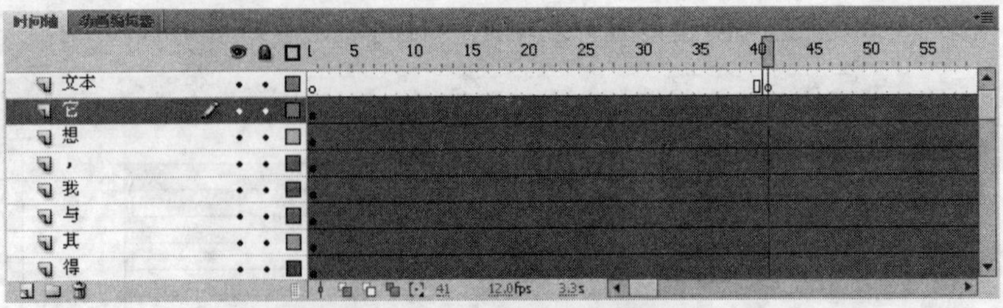

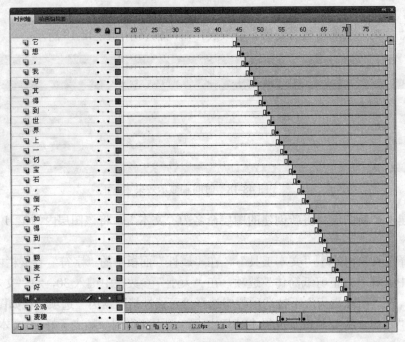

图 48-20　时间轴显示效果

48 使用同样的方法，从上至下依次将文本层内的第 1 帧向后累计拖动 1 帧，时间轴显示如图 48-21 所示。

图 48-21　时间轴显示效果

49 现在本实例的制作就全部完成了，完成后的影片制作（影片制作 3）截图效果如图 48-22 所示。

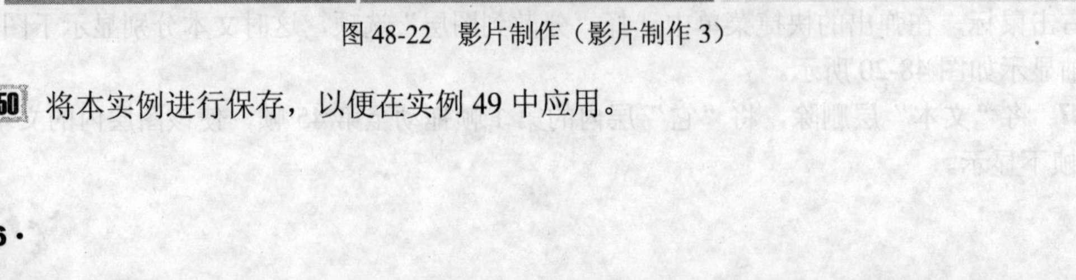

图 48-22　影片制作（影片制作 3）

50 将本实例进行保存，以便在实例 49 中应用。

实例 49 影片制作——影片制作 4

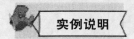
实例说明 在本实例中将指导读者制作影片制作（影片制作 4）部分。该部分动画内容主要包括公鸡、小鸡不规则的行走动画和文本显示动画。

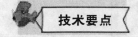
技术要点 在本实例中，首先创建影片剪辑元件，然后导入影片 04 的素材图像，设置公鸡和小鸡的行走动画将其转换为元件，接下来设置文本的显示动画，完成本实例的制作。图 49-1 所示为影片制作（影片制作 4）完成后的截图。

图 49-1 影片制作（影片制作 4）

1 打开实例 48 中保存的文件。

2 执行菜单栏中的"插入"/"新建元件"命令，打开"创建新元件"对话框。在"名称"文本框内键入"影片 04"文本，在"类型"下拉选项栏中选择"影片剪辑"选项，如图 49-2 所示。

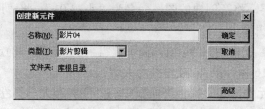

图 49-2 "创建新元件"对话框

3 退出"创建新元件"对话框后进入"影片 04"编辑窗，执行菜单栏中的"文件"/"导入"/"导入到舞台"命令，打开"导入"对话框。选择本书附带光盘中的"动画片制作"/"实例 46~50：影片制作"/"影片 04.jpg"文件，如图 49-3 所示，单击"打开"按钮，退出该对话框。

4 退出"导入"对话框后，将素材图像导入到编辑窗内，选择导入的素材图像，在"属性"面板中的"位置和大小"卷展栏内的 X 参数栏中键入 0，在 Y 参数栏中键入 0，如图 49-4 所示。

5 选择"背景 01"层内的第 40 帧，按下键盘上的 F5 键，使该图层内的图像延续到第 40 帧。

图 49-3 "导入"对话框

图 49-4 导入素材图像

6 创建一个新图层，将新创建的图层命名为"小鸡 01"。将"库"面板中的"小鸡"元件拖动至"影片 04"编辑窗内。

7 选择"小鸡 01"层内的第 15 帧，按下键盘上的 F6 键，确定将该帧转换为关键帧。使用同样的方法，将第 16 帧和第 40 帧转换为关键帧。

8 选择第 1 帧的元件，在"属性"面板中的"位置和大小"卷展栏内的 X 参数栏中键入 430，在 Y 参数栏中键入 160，在"宽度"参数栏中键入 100，"高度"参数栏中键入 125，如图 49-5 所示。

图 49-5 设置元件位置及大小

⑨　选择第 15 帧的元件，在"属性"面板中的"位置和大小"卷展栏内的 X 参数栏中键入 630，在 Y 参数栏中键入 250，设置元件位置。使用同样的方法，将第 16 帧元件的 X 轴位置设置为 630，Y 轴位置设置为 250，将第 40 帧元件的 X 轴位置设置为 210，Y 轴位置设置为 250。

⑩　选择第 1 帧的元件，执行菜单栏中的"修改" / "变形" / "水平翻转"命令，将其水平翻转，如图 49-6 所示。

图 49-6　水平翻转元件

⑪　使用同样的方法，将第 15 帧的元件进行水平翻转操作。

⑫　选择"小鸡 01"层内的第 1 帧，右击鼠标，在弹出的快捷菜单中选择"创建传统补间"选项，确定在第 1~15 帧之间创建传统补间动画。使用同样的方法，在第 16~40 帧之间创建传统补间动画，时间轴显示如图 49-7 所示。

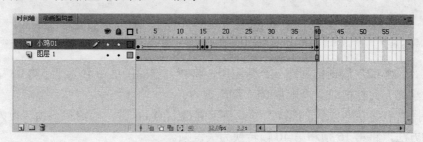

图 49-7　时间轴显示效果

⑬　在"小鸡 01"层内的顶层创建一个新图层，将新创建的图层命名为"小鸡 02"，将"库"面板中的"小鸡"元件拖动至"影片 04"编辑窗内。

⑭　选择"小鸡 02"层内的第 2 帧，按下键盘上的 F6 键，确定将该帧转换为关键帧。使用同样的方法，将第 20 帧、第 40 帧转换为关键帧。

⑮　选择第 1 帧的元件，在"属性"面板中的"位置和大小"卷展栏内的 X 参数栏中键入 330，在 Y 参数栏中键入 290，在"宽度"参数栏中键入 120，"高度"参数栏中键入 150，如图 49-8 所示。

⑯　选择第 2 帧的元件，在"属性"面板中的"位置和大小"卷展栏内的 X 参数栏中键入 330，在 Y 参数栏中键入 290，设置元件位置。使用同样的方法，将第 16 帧元件的 X 轴位置设置为 500，Y 轴位置设置为 290，将第 40 帧元件的 X 轴位置设置为 680，Y 轴位置设置为 290。

⑰　选择第 2 帧的元件，执行菜单栏中的"修改" / "变形" / "水平翻转"命令，将其水

平翻转，如图 49-9 所示。

图 49-8　设置元件位置及大小

图 49-9　水平翻转元件

18 使用同样的方法，将第 20 帧和第 40 帧的元件进行水平翻转操作。

19 选择"小鸡 02"层内的第 2 帧，右击鼠标，在弹出的快捷菜单中选择"创建传统补间"选项，确定在第 2~20 帧之间创建传统补间动画。使用同样的方法，在第 20~40 帧之间创建传统补间动画，时间轴显示如图 49-10 所示。

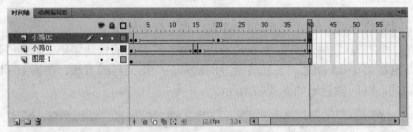

图 49-10　时间轴显示效果

20 在"小鸡 02"层顶部创建一个新图层，将新创建的图层命名为"小鸡 03"，将"库"面板中的"小鸡"元件拖动至"影片 04"编辑窗内。

21 选择"小鸡 03"层内的第 15 帧，按下键盘上的 F6 键，确定将该帧转换为关键帧。使用同样的方法，将第 16 帧和第 40 帧转换为关键帧。

22 选择第 1 帧的元件，在"属性"面板中的"位置和大小"卷展栏内的 X 参数栏中键入 550，在 Y 参数栏中键入 310，在"宽度"参数栏中键入 130，"高度"参数栏中键入 165，如图 49-11 所示。

图 49-11　设置元件位置及大小

23 选择第 15 帧的元件，在"属性"面板中的"位置和大小"卷展栏内的 X 参数栏中键入 220，在 Y 参数栏中键入 310，设置元件位置。使用同样的方法，将第 16 帧元件的 X 轴位置设置为 220，Y 轴位置设置为 310，将第 40 帧元件的 X 轴位置设置为 560，Y 轴位置设置为 310。

24 选择第 16 帧的元件，执行菜单栏中的"修改"/"变形"/"水平翻转"命令，将其水平翻转，如图 49-12 所示。

图 49-12 水平翻转元件

25 使用同样的方法，将第 40 帧内的元件进行水平翻转操作。

26 选择"小鸡 03"层内的第 1 帧，右击鼠标，在弹出的快捷菜单中选择"创建传统补间"选项，确定在第 1~15 帧之间创建传统补间动画。使用同样的方法，在第 16~40 帧之间创建传统补间动画，时间轴显示如图 49-13 所示。

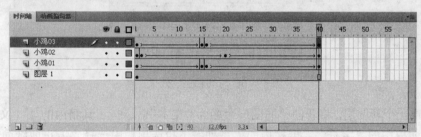

图 49-13 时间轴显示效果

27 在"小鸡 03"层顶部创建一个新图层，将新创建的图层命名为"公鸡"，将"库"面板中的"公鸡"元件拖动至"影片 04"编辑窗内。

28 选择"公鸡"层内的第 2 帧，按下键盘上的 F6 键，确定将该帧转换为关键帧。使用同样的方法，将第 15 帧、第 16 帧、第 40 帧转换为关键帧。

29 选择第 1 帧的元件，在"属性"面板中的"位置和大小"卷展栏内的 X 参数栏中键入 100，在 Y 参数栏中键入 180，在"宽度"参数栏中键入 200，"高度"参数栏中键入 340，如图 49-14 所示。

30 选择第 2 帧的元件，在"属性"面板中的"位置和大小"卷展栏内的 X 参数栏中键入 100，在 Y 参数栏中键入 180，设置元件位置。使用同样的方法，将第 15 帧元件的 X 轴位置设置为 550，Y 轴位置设置为 180，将第 16 帧元件的 X 轴位置设置为 550，Y 轴位置设置为 180，将第 40 帧元件的 X 轴位置设置为 100，Y 轴位置设置为 180。

31 选择第 2 帧的元件，执行菜单栏中的"修改"/"变形"/"水平翻转"命令，将其水平翻转，如图 49-15 所示。

图 49-14　设置元件位置及大小

图 49-15　水平翻转元件

32 使用同样的方法，将第 15 帧的元件进行水平翻转操作。

33 选择"公鸡"层内的第 2 帧，右击鼠标，在弹出的快捷菜单中选择"创建传统补间"选项，确定在第 2~15 帧之间创建传统补间动画。使用同样的方法，在第 16~40 帧之间创建传统补间动画，时间轴显示如图 49-16 所示。

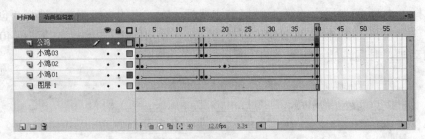
图 49-16　时间轴显示效果

34 创建一个新图层，将新创建的图层命名为"文本"，选择工具箱内的 **T** "文本工具"，在"属性"面板中的"字符"卷展栏内的"系列"下拉选项栏中选择"方正剪纸简体"选项，在"大小"参数栏中键入 30，将"文本填充颜色"设置为黑色，在"消除锯齿"下拉选项栏中选择"可读性消除锯齿"选项，在如图 49-17 所示的位置键入"于是，公鸡带着它的孩子们到了一个农场里愉快地找开了食物。"文本。

图 49-17　键入文本

35 选择新键入的文本，右击鼠标，在弹出的快捷菜单中选择"分离"选项，将文本打散，再次右击鼠标，在弹出的快捷菜单中选择"分散到图层"选项，这时文本分别显示于图层上，时间轴显示如图 49-18 所示。

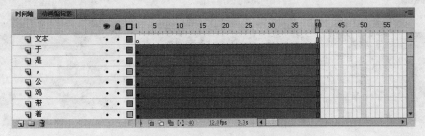

图 49-18 时间轴显示效果

36 将"文本"层删除，将"于"层内的第 1 帧拖动至第 5 帧，使该图层内的文本在第 1~4 帧不显示。

37 使用同样的方法，从上至下依次将文本层内的第 1 帧向后累计拖动 1 帧，时间轴显示如图 49-19 所示。

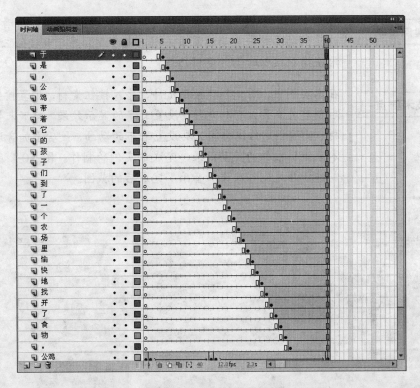

图 49-19 时间轴显示效果

38 选择"于"层内的第 40 帧，按下键盘上的 F6 键，确定将该帧转换为关键帧。

39 选择"于"层内的第 40 帧，按下键盘上的 F9 键，打开"动作-帧"面板，在该面板中键入如下代码：

```
stop();
```

40 现在本实例的制作就全部完成了,完成后的影片制作(影片制作4)截图效果如图49-20
所示。

图 49-20 影片制作(影片制作4)

41 将本实例进行保存,以便在实例 50 中应用。

实例 50 影片制作——片尾制作及添加音乐

在本实例中将指导读者制作影片制作(片尾制作及添加音乐)部分。
该实例动画部分主要由幕布关闭、文字逐渐显示和按钮三部分组成,
单击播放按钮时影片重新播放。

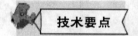

在本实例中,首先创建按钮元件,导入按钮素材,设置按钮动画,然
后创建文本影片剪辑元件,设置文字的显示效果,接下来导入幕布素
材,使用创建传统补间工具设置幕布的动画,最后添加音乐和添加脚
本来编辑按钮的互动效果,完成本实例的制作。图 50-1 所示为影片
制作(片尾制作及添加音乐)完成后的截图。

图 50-1 影片制作

[1]　打开实例 49 中保存的文件。

[2]　进入"场景 1"编辑窗，将"库"面板中的"影片 01"元件拖动至场景内，选择该元件，在"属性"面板中的"位置和大小"卷展栏内的 X 参数栏中键入 0，Y 参数栏中键入 0，设置元件位置后的效果如图 50-2 所示。

图 50-2　设置元件位置

[3]　选择"图层 1"内的第 70 帧，按下键盘上的 F5 键，使该图层内的元件延续到第 70 帧。

[4]　创建一个新图层——"图层 2"，将该图层内的第 1 帧拖动至第 71 帧。

[5]　选择第 71 帧，将"库"面板中的"影片 02"元件拖动至场景内，选择该元件，在"属性"面板中的"位置和大小"卷展栏内的 X 参数栏中键入 0，Y 参数栏中键入 0，设置元件位置后的效果如图 50-3 所示。

图 50-3　设置元件位置

[6]　选择"图层 2"内的第 130 帧，按下键盘上的 F5 键，使该图层内的元件延续到第 130 帧。

[7]　创建一个新图层——"图层 3"，将该图层内的第 1 帧拖动至第 131 帧。

[8]　选择第 131 帧，将"库"面板中的"影片 03"元件拖动至场景内，选择该元件，在"属性"面板中的"位置和大小"卷展栏内的 X 参数栏中键入 0，Y 参数栏中键入 0，设置元件位置后的效果如图 50-4 所示。

[9]　选择"图层 3"内的第 210 帧，按下键盘上的 F5 键，使该图层内的元件延续到 210 帧。

[10]　创建一个新图层——"图层 4"，将该图层内的第 1 帧拖动至第 211 帧。

图 50-4　设置元件位置

11 选择第 211 帧，将"库"面板中的"影片 04"元件拖动至场景内，选择该元件，在"属性"面板中的"位置和大小"卷展栏内的 X 参数栏中键入 0，Y 参数栏中键入 0，设置元件位置后的效果如图 50-5 所示。

图 50-5　设置元件位置

12 选择"图层 4"内的第 250 帧，按下键盘上的 F6 键，确定在该帧插入关键帧。使用同样的方法，在第 265 帧插入关键帧。

13 选择第 265 帧的元件，在"属性"面板中的"色彩效果"卷展栏内的"样式"下拉选项栏中选择 Alpha 选项，在 Alpha 参数栏中键入 0。

14 选择"图层 4"内的第 250 帧，右击鼠标，在弹出的快捷菜单中选择"创建传统补间"选项，确定在第 250~265 帧之间创建传统补间动画，时间轴显示如图 50-6 所示。

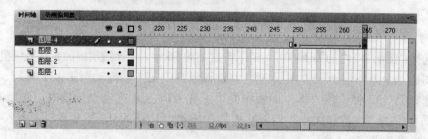

图 50-6　时间轴显示效果

15 执行菜单栏中的"文件"/"导入"/"导入到舞台"命令，打开"导入"对话框。选择本书附带光盘中的"动画片制作"/"实例 46~50：影片制作"/"幕布.psd"文件，如图 50-7

所示。

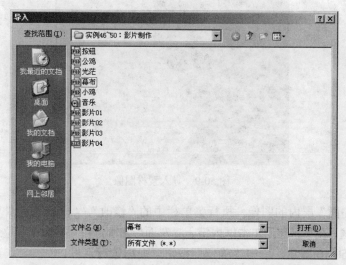

图 50-7 "导入"对话框

16 单击"导入"对话框中的"打开"按钮，退出"导入"对话框后打开"将'幕布.psd'导入到舞台"对话框，如图 50-8 所示，单击"确定"按钮，退出该对话框。

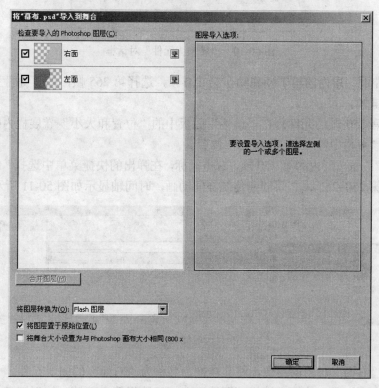

图 50-8 "将'幕布.psd'导入到舞台"对话框

17 退出"将'幕布.psd'导入到舞台"对话框后，将素材图像导入到场景内，并分别生成"左面"和"右面"层，如图 50-9 所示。

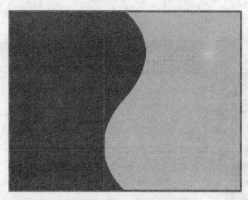

图 50-9　导入素材图像

18 选择"左面"层内的图像，执行菜单栏中的"修改"/"转换为元件"命令，打开"转换为元件"对话框。在"名称"文本框内键入"左面"文本，在"类型"下拉选项栏中选择"图形"选项，如图 50-10 所示，单击"确定"按钮，退出该对话框。

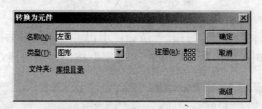

图 50-10　"转换为元件"对话框

19 将"左面"层内的第 1 帧拖动至第 250 帧，选择第 265 帧，按下键盘上的 F6 键，将该帧转换为关键帧。

20 选择第 250 帧的元件，在"属性"面板中的"位置和大小"卷展栏内的 X 参数栏中键入-472，Y 参数栏中键入 0，设置元件位置。

21 选择"左面"层内的第 250 帧，右击鼠标，在弹出的快捷菜单中选择"创建传统补间"选项，确定在第 250~265 帧之间创建传统补间动画，时间轴显示如图 50-11 所示。

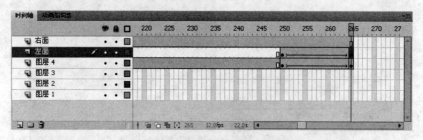

图 50-11　时间轴显示效果

22 选择"右面"层内的图像，将其转换为名称为"右面"的图形元件。

23 将"右面"层内的第 1 帧拖动至第 250 帧，选择第 265 帧，按下键盘上的 F6 键，将该帧转换为关键帧。

24 选择第 250 帧的元件，在"属性"面板中的"位置和大小"卷展栏内的 X 参数栏中键入 800，Y 参数栏中键入 0，设置元件位置。

25 选择"右面"层内的第 250 帧，右击鼠标，在弹出的快捷菜单中选择"创建传统补间"选项，确定在第 250~265 帧之间创建传统补间动画，时间轴显示如图 50-12 所示。

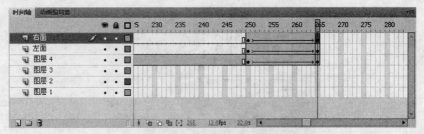

图 50-12　时间轴显示效果

26 创建一个新图层——"图层 5"，选择该图层内的第 265 帧，按下键盘上的 F6 键，确定将该帧转换为空白关键帧。

27 选择工具箱内的 **T** "文本工具"，在"属性"面板中"字符"卷展栏内的"设置字体系列"下拉选项栏中选择"方正剪纸简体"选项，在"大小"参数栏中键 40，在"字母间距"参数栏中键入 0，设置"文本填充颜色"为黑色，在"消除锯齿"下拉选项栏中选择"可读性消除锯齿"选项，然后在如图 50-13 所示的位置键入"公鸡和宝石（完）"文本。

图 50-13　键入文本

28 选择新键入的文本，执行菜单栏中的"修改"/"转换为元件"命令，打开"转换为元件"对话框。在"名称"文本框内键入"结束语"文本，在"类型"下拉选项栏中选择"影片剪辑"选项，如图 50-14 所示，单击"确定"按钮，退出该对话框。

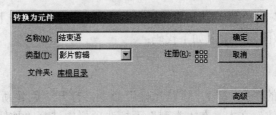

图 50-14　"转换为元件"对话框

28 双击"结束语"元件，进入"结束语"编辑窗，选择工具箱内的 **T** "文本工具"，在"属性"面板中的"文本类型"下拉选项栏中选择"动态文本"选项，在"字符"卷展栏内的"设置字体系列"下拉选项栏中选择"方正剪纸简体"选项，在"大小"参数栏中键 25，在"字母间距"参数栏中键入 0，设置"文本填充颜色"为黑色，在"消除锯齿"下拉选项栏中选择"可读性消除锯齿"选项，在"选项"卷展栏内的"变量"文本框内键入 text，然后在如图 50-15 所示的位置键入"这个故事告诉我们，自己需要的东西才是真正珍贵的。"文本。

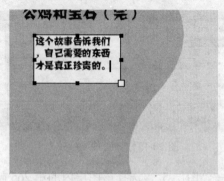

图 50-15　键入文本

30 选择"图层 1"内的第 3 帧，按下键盘上的 F5 键，使该图层内的文本延续到第 3 帧。

31 创建一个新图层——"图层 2"。

32 选择"图层 2"内的第 1 帧，按下键盘上的 F9 键，打开"动作-帧"面板，在该面板中键入如下代码：

```
texttemp=text;
text="";
textlen=1;
function judge(){
    if(Number(textlen)<=Number(length(texttemp))  and Number(textlen)<>0){
        text=texttemp.substr(0, textlen);
        textlen=textlen+1;
    }else{
        textlen=0;
    }
}
```

33 选择"图层 2"内的第 2 帧，按下键盘上的 F6 键，将该帧转换为空白关键帧，按下键盘上的 F9 键，打开"动作-帧"面板，在该面板中键入如下代码：

```
judge();
```

34 选择"图层 2"内的第 3 帧，将该帧转换为空白关键帧，按下键盘上的 F9 键，打开"动作-帧"面板，在该面板中键入如下代码：

```
gotoAndplay(2)
```

35 执行菜单栏中的"插入"/"新建元件"命令，打开"创建新元件"对话框。在"名称"文本框内键入"播放"文本，在"类型"下拉选项栏中选择"按钮"选项，如图 50-16 所示，单击"确定"按钮，退出该对话框。

36 退出"创建新元件"对话框后进入"播放"编辑窗，执行菜单栏中的"文件"/"导入"/"导入到舞台"命令，打开"导入"对话框，执行菜单栏中的"文件"/"导入"/"导入到舞台"命令，打开"导入"对话框，选择本书附带光盘中的"动画片制作"/"实例 46~50：影片制作"/"按钮.psd"文件，如图 50-17 所示。

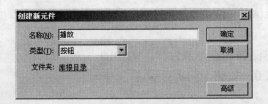

图 50-16　"创建新元件"对话框

图 50-17　"导入"对话框

37 单击"导入"对话框中的"打开"按钮,退出"导入"对话框后打开"将'按钮.psd'导入到库"对话框,如图 50-18 所示,单击"确定"按钮,退出该对话框。

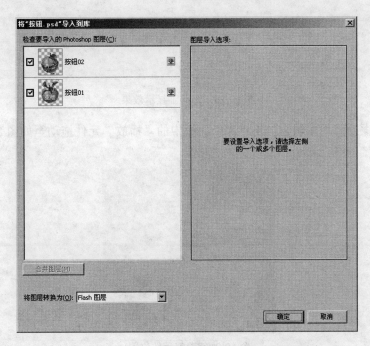

图 50-18　"将'按钮.psd'导入到库"对话框

38 退出"将'按钮.psd'导入到库"对话框后将素材图像导入到编辑窗内,分别生成"按钮 01"和"按钮 02"层。

39 选择导入的素材图像,在"属性"面板中的"位置和大小"卷展栏内的 X 参数栏中键入 0,Y 参数栏中键入 0,如图 50-19 所示。

图 50-19　设置图像位置

40 删除"图层 1",将"按钮 01"层内的"弹起"帧拖动至"指针"帧,选择"点击"帧,按下键盘上的 F5 键,使该图层内的图像在"指针"~"点击"帧之间显示,时间轴显示如图 50-20 所示。

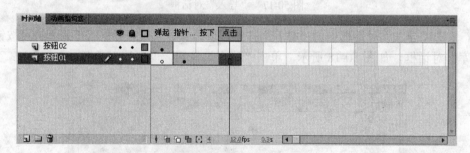

图 50-20　时间轴显示效果

41 进入"场景 1"编辑窗,将"库"面板中的"播放"元件拖动至如图 50-21 所示的位置。

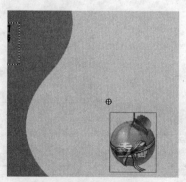

图 50-21　调整元件位置

42 选择"播放"元件，按下键盘上的 F9 键，打开"动作-按钮"面板，在该面板中键入如下代码：

```
on (press){
gotoAndPlay(1);
}
```

43 选择"图层 5"内的第 265 帧，按下键盘上的 F9 键，打开"动作-帧"面板，在该面板中键入如下代码：

```
stop();
```

44 创建一个新图层——"图层 6"，执行菜单栏中的"文件"/"导入"/"导入到舞台"命令，打开"导入"对话框，选择本书附带光盘中的"动画片制作"/"实例 46~50：影片制作"/"音乐.mp3"文件，如图 50-22 所示，单击"打开"按钮，退出该对话框。

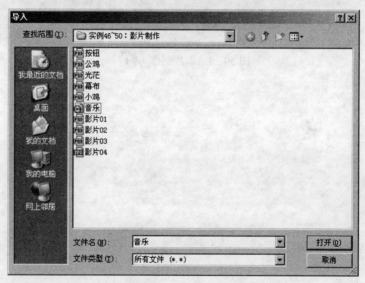

图 50-22 "导入"对话框

45 退出"导入"对话框后将"音乐.mp3"文件导入至"库"面板中，然后将该文件拖动至"图层 6"内，时间轴显示如图 50-23 所示。

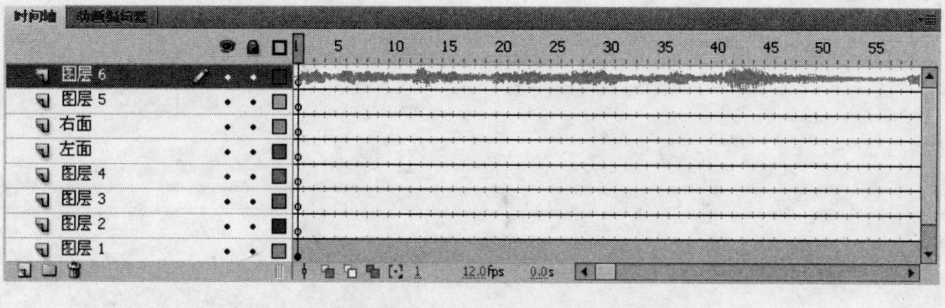

图 50-23 时间轴显示效果

46 现在本实例的制作就全部完成了，按下键盘上的 Ctrl+Enter 组合键，测试影片效果，图 50-24 所示为本实例在不同帧的显示效果。如果读者在制作过程中遇到了什么问题，可以打开本书附带光盘文件"动画片制作"/"实例 46~50：影片制作"/"影片制作.fla"，该实例为完成后的文件。

图 50-24　影片制作